Information Literacy

情報リテラシー教科書

Windows 11
Office+Access 2021
対応版

矢野 文彦［監修］

Ohmsha

執筆者一覧

矢野 文彦（監修）
　桜美林大学 リベラルアーツ学群 教授、工学博士（慶應義塾大学）
末代 誠仁（第1章担当）
　桜美林大学 リベラルアーツ学群 准教授、博士（工学）
　（東京農工大学）
笠見 直子（第2章担当）
　桜美林大学 非常勤講師、修士（MPhil in Education）
　（ケンブリッジ大学）
出井 智子（第3章担当）
　桜美林大学 非常勤講師、修士（教育学）（横浜国立大学）
有田 友和（第4章担当）
　桜美林大学 リベラルアーツ学群 准教授、博士（理学）（日本大学）
山本 裕子（第5章担当）
　名古屋商科大学 国際学部 准教授、博士（人間科学）（早稲田大学）
吉野 志保（第5章担当）
　桜美林大学 非常勤講師、博士（人間科学）（早稲田大学）
トップスタジオ（第6章担当）

　マンガ：井上いろは／トレンド・プロ

監修のことば

　30年ほど前、コンピュータを使うためには、特別な知識と技術が必要だと考えられていました。その後のコンピュータ価格の低下、ソフトウェアの進歩やインターフェースの改良で、コンピュータが求めやすく扱いやすい道具になったことから、多くの人にとってコンピュータは身近な存在になりました。今やコンピュータは、会社での報告書作成やデータ処理といった仕事の場面、大学でのレポート・論文作成、それに向けた情報収集やプレゼン資料の作成といった学業の場面での利用に限らず、SNSでの個人の情報発信、インターネット・ショッピングといった日常生活での利用範囲が拡大し続けています。さらに、iPadに代表されるタブレット端末やスマートフォンが登場し、その利便性と使いやすさから、特に学習することなく多くの人がそれらを利用するようになっています。気軽に情報発信ができる一方で、知識がないが故に引き起こしてしまうトラブルも年々増加し続けています。

　最近、気になる報道をたびたび目にします。それは、これだけコンピュータが普及してきているにもかかわらず、コンピュータが使えない若者が増えているとの報道です。これは、スマートフォンなどの機器で事足りると考えている若者が増えているのが原因かもしれません。確かにスマートフォンなどを使いこなせることは大切なことですが、これから社会へ巣立っていくためにも、コンピュータの知識とスキルを身に付けておくことも非常に大事です。

　この本は大学の初年度に受講するコンピュータリテラシーの教科書として書かれています。大学のコンピュータ環境はWindows 10 ＋ Office 2016の組み合わせが現状では多いと思いますが、市販されているコンピュータは最新の環境となっていることが多いので、ここではWindows 11 ＋ Office 2021の組み合わせで説明することにしました。

　この本の特徴の1つとして、そのベースを学生の日常生活に置くように努めていることが挙げられます。例えば、大学でコンピュータを扱う上で必要な知識だけでなく、タッチパネル対応パソコンでの用語も説明しています（第1章）。コンピュータやネットワークを利用する際、大学では情報センターなどがそれらを管理しているので、利用者はあまり意識せずに安全な状態で使えています。しかし、自宅ではそうはいきません。自宅でインターネットに接続する際に気をつけなければならない事柄（セキュリティ）や必要になる用語についてもカバーする内容になっています（第2章）。

　このような内容構成は、執筆者らがコンピュータリテラシーという科目を、20年近くにわたって担当した経験からでてきたものです。高校までで情報科を履修済みの学生が増え、タイピングが早い、文書作成ができる、表計算をしたことがある、またはプレゼンテーション資料の作成経験がある、そういった学生は確かに年々増えてきています。しかしながら、私たちは、実際に講義や演習指導を行っていく中で、次のような事態に直面しています。大学のメールを携帯に転送する設定で混乱する、文書

作成はできても欠席連絡のメールで名乗るのを忘れている、セキュリティやネチケットについての意識が希薄でインターネットの情報を切り貼りする、コンピュータの操作はできるが用語についてはほとんど理解していない、与えられた数値で指示があれば関数を利用できるが自分の意志でデータ加工はできない、プレゼンテーションをアニメーション付きで作れるけれども何を言いたいのかさっぱりわからないものを作ってしまう、といった具合です。この経験をもとに、今回執筆に参加した各章の担当者は、この科目を履修したら、インターネット環境で自分の身を自分で守れるようになるとともに、きちんと節度を持ち、理解を伴って、コンピュータをツールとして使いながら、自分の考えを表現できるようになってほしいといった、それぞれの思いを大事にして執筆しています。

　第1章のコンピュータの基礎は末代誠仁が担当し、文字入力に必要な基礎とファイル管理に加えて、ハードウェアとオペレーティングシステムについても解説しています。第2章のネットワークは笠見直子が担当し、インターネットに接続し、コンピュータを利用していく際に必要となる知識や守るべき事柄を、特に図と例を用いて説明しています。第3章のMicrosoft Wordは出井智子が担当し、1ページに表や図、文字をレイアウトしたお知らせの作成を経て、レポートを想定した、自分の文章と他人の文章をきちんと分けるための方法や、複数ページの文書作成での技術を解説しています。第4章は有田友和が担当し、Microsoft Excelでのデータの入力方法から、データを加工してさらに可視化していく方法に加え、表やグラフを例にデータの連携方法も解説しています。第5章は山本裕子・吉野志保が担当し、Microsoft PowerPointを使ったプレゼンテーションの留意点を踏まえた上で、必要な操作方法とともに自分の考えや意見を他人によりよく伝えるためにはという展開になっており、プレゼンテーションだけでなくレポート作成にも役立つ内容を目指しています。第6章のMicrosoft Accessは、リレーショナルデータベースの概念をはじめ、データの入力方法や、クエリ、リレーションシップを使ったデータの操作方法、またフォームやレポートの作成の仕方についても解説しています。

　願わくは、この本の内容を学習した方には、自宅でもあまり苦なくコンピュータが操作でき、その上で、思考のツールとしてコンピュータを活用できるようになっていただけたらと思います。逆に、教える立場の方には、こういう例で教えているのか、なぜこういう流れなのかと思われる面から、各章の担当者の考えや思いを汲んでいただければ幸いです。

　最後に、本書を出版するにあたり、適切なアドバイスと丁寧な編集作業をしていただいた、株式会社オーム社編集局の皆さま、トップスタジオ関係者の皆さまに深く感謝いたします。

　2022年11月

矢　野　文　彦

目　次

第*1*章■パーソナルコンピュータの基礎 　1

第2章■インターネット利用　　　　　　　　　27

第3章■Microsoft Word

第5章■Microsoft PowerPoint 193

第6章■Microsoft Access   233

第1章
パーソナルコンピュータの基礎

よーし！
まずはパソコンに
慣れなくっちゃね

リンちゃんも
パソコン持ってるんだ

はい！
入学祝いで
もらいました

ほとんど
初心者
なんですが…

パソコンが
使いこなせると
楽しいよ

基本操作を
マスターすれば
これ一台で
いろんなことが
できるんだ

WWW

インターネット

メール

へー！

レポート作成

音楽や映像を
楽しむ

でも！最初は
合宿の手配からだ

ハイ！

カタ
よ
YO

て
TE

い
ー

ひよ
HYO

う
U

っと…

あれ？リンちゃんキーボードに慣れてないの？

実は…

入力の速さを上げるには両手の指を使ってさらにキーボードを見ないで入力できるようになるといいよ

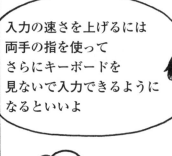

フムフム…

サイトメソッド

タッチタイピング

でもキーがたくさんあって指がからまりそうですよね

入力しやすい指ごとの割り当てがあるからそれにしたがえば大丈夫！

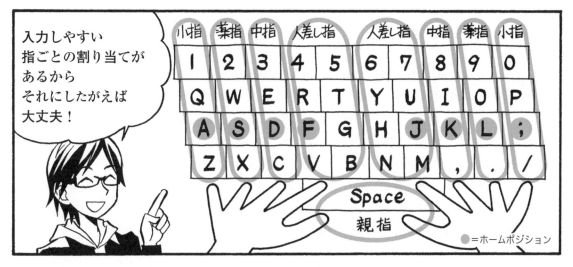

小指　薬指　中指　人差し指　　人差し指　中指　薬指　小指

1	2	3	4	5	6	7	8	9	0
Q	W	E	R	T	Y	U	I	O	P
A	S	D	F	G	H	J	K	L	;
Z	X	C	V	B	N	M	,	.	/

Space
親指

●＝ホームポジション

じゃあホームポジションに指をおいてみよう

えっとーこうかな

ううんGとHが見えるのが正解

キーを入力してないときはここに指を戻すんだよ

は、はい！

キャー

ドキドキ

1.1 Windows 11 の基本操作

1.1.1 パーソナルコンピュータ

　世の中には様々なコンピュータがあります。ほとんどのテレビ、炊飯器、洗濯機にはコンピュータが搭載されています。カーナビゲーションシステムやスマートフォンもコンピュータです。そして、キーボード、マウス、ディスプレイを備えた「**パーソナルコンピュータ（パソコン）**」が、社会の様々な場面で使用されています。ここでは、Windows 11 を搭載したパソコンを取り上げ、その基礎について勉強します。

1.1.2 マウスの使い方

　Windows 11は、**Graphical User Interface（GUI）** という視覚的な操作方法を採用しており、多くの操作はマウスで行うことができます。Windows 11はタッチパネル搭載パソコンなどではタッチ操作を行うこともできますが、ここでは主にマウスで行う操作を解説します。

　マウスには、左ボタン、右ボタンがあります（図1-1）。マウスを動かすと、パソコンのディスプレイで「**マウスポインタ**」が動きます。マウスポインタを画面上のアイコンなどに合わせてマウスの左ボタンを押すことを「**左クリック**」または「**クリック**」、右ボタンを押すことを「**右クリック**」と言います。また、左ボタンを素早く2回押すことを「**ダブルクリック**」と言います。マウスポインタを画面上のアイコンなどに合わせて左ボタンを押したままマウスを動かすことを「**ドラッグ**」、ドラッグの後で左ボタンを離すことを「**ドロップ**」と言います。ドラッグとドロップは一連の操作になるので「**ドラッグ&ドロップ**」とも呼ばれます。

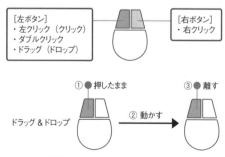

図1-1　マウスのボタンと動作

1.1.3 Windows 11 の画面構成

Windows 11を搭載したPCでは、デスクトップ下部中央の 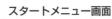 （スタート）をクリックする（またはキーボードのWindowsキー 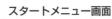 を押す）と、スタートメニューが表示されます。スタートメニュー右下には、コンピュータの電源OFF（シャットダウン）や再起動を行うボタン（ ⏻ ）が表示されます。また、スタートメニュー右上の ［**すべてのアプリ**］ をクリックすると、様々なアプリの起動を行うメニューが表示されます（図1-2）。

なお、 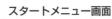 （スタート）が表示されているデスクトップ下部中央のエリアのことを、**タスクバー**と言います。タスクバーには、最初から設定されているいくつかのアプリケーションソフトウェアのほか、使用中のアプリのアイコンが表示されます。使用中のアプリのアイコンを右クリックして「タスクバーにピン留めする」をクリックすると、そのアプリのアイコンをタスクバーに固定できます。

デスクトップ

スタートメニュー画面

①デスクトップ下部の［**スタート**］をクリック　➡　②［**すべてのアプリ**］をクリック

③アプリメニュー画面でアプリを選択して起動する

アプリメニュー画面

図1-2　Windows 11の画面例

1.2 キーボードと文字入力

1.2.1 キーボードの基本

　キーボードは、パソコンを有効に使うために欠かせない道具です。パソコンのキーボードには、アルファベット、数字、記号など文字を入力するキー、および特別な機能を使うためのキー（ Esc 、 半角/全角 、 F1 〜 F12 、 Backspace 、 Delete 、 Space 、その他）が並んでいます（図1-3）。

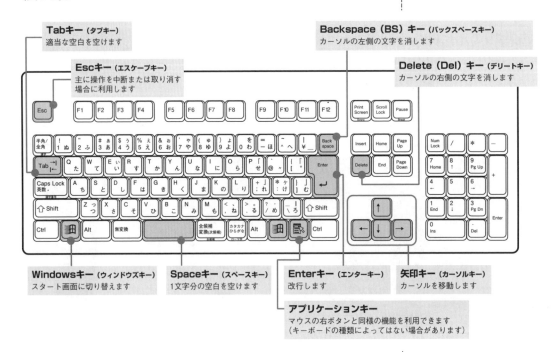

図1-3　キーボード

　キーボードを使用するときは、手の指を「**ホームポジション**」に合わせます。ホームポジションとは、左手の人差し指／中指／薬指／小指をそれぞれ F ／ D ／ S ／ A キーに、右手の人差し指／中指／薬指／小指をそれぞれ J ／ K ／ L ／ ; キーに、親指を Space キーに置いた状態です。

　各キーを担当する指を図1-4に示します。ホームポジション以外のキーを押すときは、指を一時的にホームポジションから離しても構いません。ただし、1つのキーを押すごとにすべての指をホームポジションに戻します。

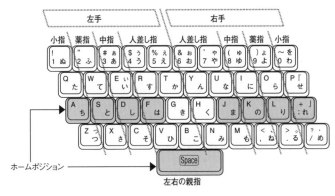

図1-4　ホームポジション

　指とキーとの対応が示されていないキーを押すときは、キーボード左側のキー（￼半角/全角￼、￼Caps Lock￼など）は左手の小指で、右側のキー（@、:、￼Backspace￼、￼Enter￼など）は右手の小指で押します。ただし、ホームポジションから右に大きく離れた↑、↓、←、→などのキーは、右手の他の指を利用しても構いません。

1.2.2　アプリケーションソフトウェアと文字入力

　「**メモ帳**」は、Windows 11に付属するアプリケーションソフトウェアの1つで、キーボードを用いた文字（文章）の入力ができます。起動するときは画面下部中央の ▦（スタート）をクリックしてスタートメニューを表示します。続いて、メニュー右上の［**すべてのアプリ**］をクリックしてスクロールし、アプリのリストを表示してから、キーボードの↑、↓キーで［**ま**］の段の［**メモ帳**］をクリックします（図1-5）。

① ▦（スタート）をクリックしてスタートメニューを表示

②［**すべてのアプリ**］をクリック

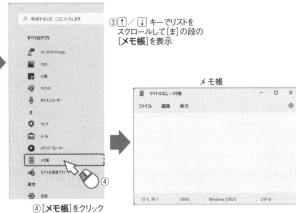

③↑／↓キーでリストをスクロールして［ま］の段の［**メモ帳**］を表示

④［**メモ帳**］をクリック

図1-5　メモ帳の起動

メモ帳が起動したら、キーボードを使ってアルファベット、数字、記号などを入力してみましょう。

1.2.3　文字の入力と消去

Windowsには、文字入力のためのいくつかのモードがあります（表1-1）。

表1-1　文字入力モード

モード	意味
半角英数字 （直接入力）	キーボードに印字されたアルファベット／数字／記号を半角文字として入力するモードです。後述する全角英数字モードよりも文字の幅が狭くなります
ひらがな	ひらがなを入力するモードです。「**かな漢字変換**」を利用して漢字を入力することができます
全角英数字	キーボードに印字されたアルファベット／数字／記号を全角文字として入力するモードです。半角英数字モードよりも文字の幅が広くなります
全角カタカナ	カタカナを全角文字として入力するモードです。半角カタカナモードよりも文字の幅が広くなります
半角カタカナ	カタカナを半角文字として入力するモードです。全角カタカナモードよりも文字の幅が狭くなります

各モードは、デスクトップ右下の「**IME**」インジケーター（ あ や A など）をマウスで右クリックして、表示されるメニューで選択できます。また、キーボードを使った入力モードの切り替えもできます（図1-6）。

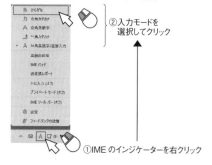

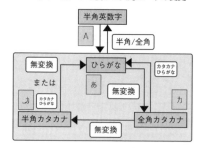

図1-6　入力モードの切り替え

半角／全角英数字モードでアルファベットの大文字／小文字を切り替えたいときは[Shift]＋[Caps Lock]キーを押します。[Shift]キーを押しながら[A]～[Z]のキーを押しても構いません。[Shift]キーを押しながら数字／記号が印字されたキーを押すと、入力できる数字／記号が変化します。

ひらがなモード、半角／全角カタカナモードでは、入力方法として「**かな入力（オフ）**」と「**かな入力（オン）**」を選択できます。かな入力（オフ）ではローマ字で文字を入力します。入力方法の切り替えはIMEのインジケーターを右クリックして選択します（図1-7）。

Attention

「[Shift]＋[Caps Lock]キーを押す」とは、[Shift]キーを押したまま[Caps Lock]キーを押すことです。1つめのキーを押したままで2つめのキーを押す動作を「＋」マークで表すことがありますので注意してください。

入力した文字を消去するには Backspace キー、または Delete キーを使用します。

② 「かな入力（オフ）」または「かな入力（オン）」をクリック

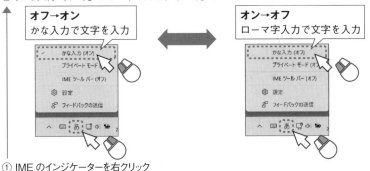

① IMEのインジケーターを右クリック

図1-7　ローマ字入力とかな入力の切り替え

1.2.4　かな漢字変換

ひらがなモード、半角／全角カタカナモードでは、IMEを用いた「**かな漢字変換**」を利用できます。かな漢字変換を行う場合は、はじめにかな文字（文字列）を入力してから Space キーを押します（図1-8）。Space キーを2度押すと変換候補（同音異語）のリストが表示されます。さらに Space キーを押す、または矢印キーの ↑ 、 ↓ を押すと変換候補を指定できます。Space キーを押した後で矢印キーの ← 、 → を押すと単語、文節の区切りを移動できます。Space キーを押した後で Shift + ← 、 Shift + → を押すと単語、文節の区切りを動かすことができます。正しく変換できたら Enter キーで確定します。

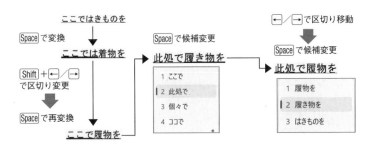

図1-8　変換候補・区切りの変更

また、キーボードのファンクションキー F6 ～ F10 を用いて変換候補を直接指定することができます（表1-2）。複数回押すと変換結果が変化します。

表1-2　ファンクションキーを用いた変換

モード	意味
F6	漢字などに変換した文字をひらがなに戻します（阿→あ）
F7	全角カタカナに変換します（あ→ア）
F8	半角カタカナに変換します（あ→ｱ）
F9	全角英数に変換します（あ→ａ）
F10	半角英数に変換します（あ→a）

Advice

Space キーの他にも 変換 キーを用いてかな漢字変換を行うことができます。全角／半角カタカナへの変換には 無変換 キーを用いることもできます。

1.2.5 タッチタイピング

　キーの印字に目線を移すことなくキーボードを使うことを「**タッチタイピング**」と言います。タッチタイピング練習用のアプリケーションソフトウェアを使うと効率よく覚えられます。まずはホームポジションの各キーと G 、 H のキーが正しく打てるように練習しましょう（人差し指を置く F と J のキーには突起があります）。続いて、 Q 、 W 、 E …の段、 Z 、 X 、 C …の段、と順番に覚えていく方法が一般的です。常にホームポジションを意識することと、実際にキーボードを使って十分にトレーニングすることが大切です。

1.2.6 IMEパッドによる手書き文字入力

　読み方のわからない文字を入力するときは「**IMEパッド**」を使います。IMEパッドはIMEのインジケーターを右クリックして選択・起動します。左のメニューで［**手書き**］を選び、すぐ右の枠内でマウスをドラッグすると線が描けます（図1-9）。文字の形を描いて、右の欄に適当な候補（文字）が表示されたらクリックして文字を入力できます。

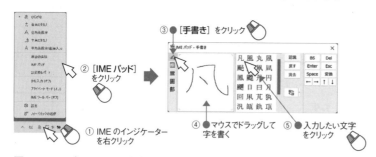

図1-9　IMEパッドによる文字の入力

1.2.7 その他のキーについて

　よく使用するキーについて表1-3に示します。

表1-3　よく使用するキー

キー	意味
Backspace	手前の文字を削除します
Delete	以降の文字を削除します
Insert	文中（文字列中）への文字の入力方法として挿入モード／上書きモードを切り替えます
Print Screen	画面をキャプチャーできます（ワードプロセッサなどに貼り付けられます）
Ctrl	他のキーと組み合わせることで様々な機能を利用できます
Alt	アプリケーションソフトウェアのボタンに記載された文字と組み合わせてショートカット機能を利用できます
（アプリケーションキー）	アプリケーションキー。マウスの右ボタンと同様の機能を利用できます

■コラム■　単語の登録とユーザー辞書ツール

　頻繁に入力するにもかかわらず、簡単にはかな漢字変換できない単語（人名など）はIMEに登録しておくと便利です。手順は次のとおりです（図1-10）。

（1）IMEのインジケーターを右クリックして［**単語の追加**］をクリックします。
（2）［**単語**］の欄に登録したい単語を入力します（読み方のわからない文字はIMEパッドを使って入力します）。
（3）［**よみ**］をひらがなで入力し、［**品詞**］の種類をクリックで選択します。
（4）［**登録**］ボタンをクリックして登録作業を完了します。

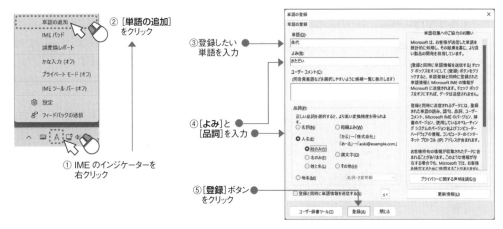

図1-10　単語の登録

　登録した単語は、［**単語の登録**］画面左下の［**ユーザー辞書ツール**］をクリックして表示される［**Microsoft IMEユーザー辞書ツール**］の画面で確認、編集、または削除できます（図1-11）。

① ［単語の登録］ダイアログ左下の　　② 登録済みの単語の確認・編集・削除
　［ユーザー辞書ツール］をクリック

図1-11　ユーザー辞書ツール

1.3 ファイルの保存・編集

1.3.1 ファイルとドライブ

コンピュータでは文書、画像、音声など様々なデータを「**ファイル**」として扱います。ファイルの記録・読み出しのためにコンピュータに接続された記憶装置を「**ドライブ**」と呼びます。コンピュータに接続されたドライブを確認するには、画面下部中央の ▦ （スタート）をクリック→スタートメニュー右上の［**すべてのアプリ**］をクリック→スクロールして［**エクスプローラー**］をクリック、という順で操作します。エクスプローラー左枠の［**PC**］をクリックするとドライブが表示されます（図1-12）。

■ Advice

エクスプローラーはWindowsに標準搭載されたツールで、ファイル操作などに利用します。

■ Advice

スタートメニュー内に［**エクスプローラー**］が表示されていればクリックして起動できます。

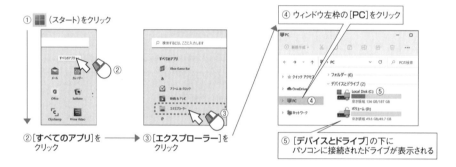

図1-12 ［PC］の表示

それぞれのドライブに「**ボリュームラベル（ドライブ名：）**」が表示されます。ボリュームラベルとドライブ名のうち、特にドライブ名（1文字のアルファベット＋ " : "で表される）はドライブを区別する重要な情報になります。

■ Attention

ボリュームラベルはパソコンによって異なります。また、自分で変更することも可能です。

1.3.2 USBメモリの挿入と取り外し

先述の方法で［**PC**］ウィンドウを表示してから、USBポートに着脱可能な装置USBメモリを挿入します。ウィンドウ内に新しいドライブが出現したら、ドライブ名を確認しておいてください。

USBメモリを取り外す際には、パソコンをシャットダウンします。シャットダウンしない場合は、デスクトップ右下の通知領域にある［**ハードウェアを安全に取り外してメディアを取り出す**］をマウスでクリックします。USBメモリのドライブ名を含む［**○○の取り出し**］をクリックし、「**○○はコンピューターから安全に取り外すことができま**

■ Advice

ダイアログボックスは、何らかのコマンドや処理を実行するための、ボタンおよび各種オプションが用意されたサブウィンドウです。

す。」のバルーンが出てから取り外します（図1-13）。ただし、エラーのダイアログボックスが表示される場合はUSBメモリを取り外せません。パソコンがUSBメモリを使用していない状態（シャットダウンするなど）にしてから取り外してください。

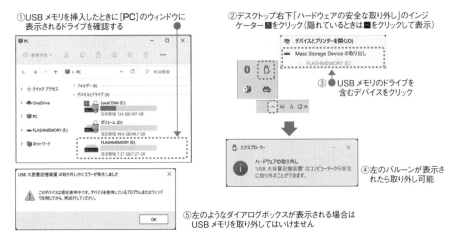

図1-13　ハードウェアの安全な取り外し

USBメモリを取り外す際には、［**PC**］ウィンドウからドライブが消えます。USBメモリを再度使用する場合は、取り外したUSBメモリを改めて挿入し直してください。

1.3.3　USBメモリにファイルを保存する

まず、USBメモリを挿入した状態で、メモ帳を起動して適当な文章を入力してください。続いて、以下の手順で文章をファイルとして保存します（図1-14）。

① メモ帳のメニューから［**ファイル**］→［**名前を付けて保存**］をクリックします。

② ［**名前を付けて保存**］ダイアログボックスが表示されたら、左枠の［**PC**］をクリックします。

③ 右枠にあるUSBメモリのドライブをクリックし、［**開く**］ボタンをクリックします。

④ ［**ファイル名**］の欄に適当なファイル名を入力して［**保存**］ボタンをクリックします。

ダイアログボックスが閉じたら、メモ帳のメニューから［**ファイル**］→［**メモ帳の終了**］をクリックするか、右上の［**閉じる**］ボタン（ ✕ ）をクリックして終了してください。

> **Attention**
>
> 「○○はコンピュータから安全に取り外すことができます。」のバルーンが表示されない場合がありますが、［**PC**］ウィンドウからUSBメモリのドライブが消えれば取り外すことができます。

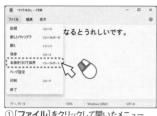

①[ファイル]をクリックして開いたメニューの[名前を付けて保存]をクリック

②ダイアログ左枠の[PC]をクリック

③右枠のUSBメモリのドライブ（FLASHMEMORY (E:)）をクリックして[開く]ボタンをクリック

④キーボードでファイル名を入力して[**保存**]ボタンをクリック（拡張子は入力しなくてもかまいません）

拡張子は[**ファイルの種類**]として表示されています（メモ帳は「**txt**」）

図1-14　ファイルに名前を付けて保存

　ファイルを保存する際に付ける名前には、ファイル名の他に「**拡張子**」（一般的に半角英数3〜4文字）があります。拡張子はファイルの種類に応じて自動的に付けられます（メモ帳では「**txt**」）。拡張子を合わせると「**ファイル名.拡張子**」という名前になります。同様の方法で、USBメモリの他にも、ハードディスクドライブ（HDD）、ソリッドステートドライブ（SSD）など書き込み可能なドライブにファイルを保存することができます。

■**Attention**

　公共のパソコンでは、Windowsがインストールされたドライブ（一般的にはC:ドライブ）にファイルを保存できない場合があります。

■**Attention**

　拡張子にはtxtの他にも、画像ファイルのbmp、png、jpg、音声ファイルのwav、mp3など様々なものがあります。

■**コラム**■　拡張子の表示／非表示

　パソコンの環境によっては拡張子がウィンドウなどに表示されないことがあります。拡張子を表示したい場合は、[**PC**]ウィンドウを開き、[**表示**]→[**表示**]→[**ファイル名拡張子**]にチェックを入れてください（図1-15）。

　なお、本書の図では基本的に拡張子を表示しています。

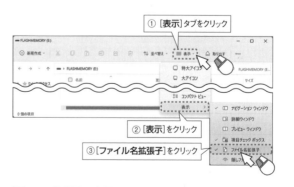

①[表示]タブをクリック

②[表示]をクリック

③[ファイル名拡張子]をクリック

図1-15　拡張子の表示

1.3.4　保存したファイルの再編集と上書き保存

　USBメモリに保存したファイルを開くには、次の2つの方法があります。

●メモ帳を起動し、メニューから［**ファイル**］→［**開く**］をクリックします。［**開く**］ダイアログボックスが開いたら左枠の［**PC**］をクリックし、右枠でUSBメモリを表すドライブ名をクリックしてから［**開く**］ボタンをクリックします。右枠に先ほど保存したファイルが表示されたらクリックして、もう一度［**開く**］ボタンをクリックします（図1-16）。

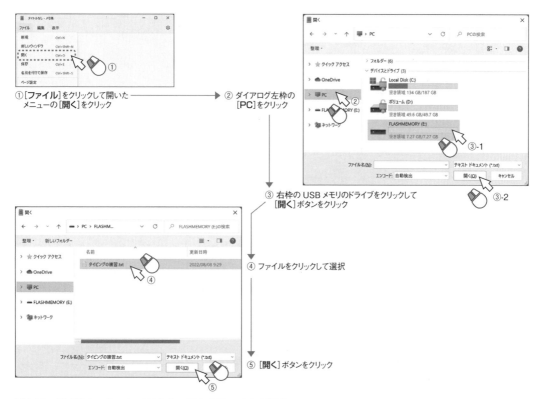

①［**ファイル**］をクリックして開いた
　メニューの［**開く**］をクリック

② ダイアログ左枠の
　［**PC**］をクリック

③ 右枠の USB メモリのドライブをクリックして
　［**開く**］ボタンをクリック

④ ファイルをクリックして選択

⑤ ［**開く**］ボタンをクリック

図1-16　アプリケーションソフトウェアからファイルを開く

●図1-12の方法でエクスプローラーを開き、［**PC**］ウィンドウの中にあるUSBメモリのドライブをダブルクリック（または右クリックして［**開く**］をクリック）して、USBメモリの中身を表示します。先ほど［**名前を付けて保存**］したファイルを探してダブルクリック（または右クリックして［**開く**］をクリック）します（図1-17）。

①[PC]ウィンドウで
　USBメモリのドライブをダブルクリック

② ファイルをダブルクリック

図1-17　ファイルを表示して開く

　ファイルの編集（文字の追加、削除など）を行った場合は、メモ帳のメニューから［**ファイル**］→［**保存**］をクリックし、編集内容をファイルに記録します（図1-18）。作業が終了したらメモ帳を終了します。

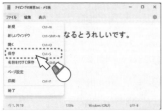

①［**ファイル**］をクリックして開いたメニューの
　［**保存**］をクリック

図1-18　上書き保存

1.3.5　フォルダーによるファイルの整理

　1つのドライブに多数のファイルを保存する場合は、ドライブの中にフォルダーを作成してファイルを整理します。

　USBメモリの中にフォルダーを作成するには、次のような方法があります。

- ●USBメモリの中身を表示したウィンドウの［**新規作成**］ボタンをクリックして、［**フォルダー**］をクリックします（図1-19a）。
- ●USBメモリの中身を表示したウィンドウ内の何もないところでマウスを右クリックして、［**新規作成**］→［**フォルダー**］をクリックします（図1-19b）。

　フォルダーが作成できたら、フォルダーの名前を入力します。なお、フォルダーに拡張子の設定はありません。

図1-19a　フォルダーの新規作成

① ドライブのウィンドウで[**新規作成**]タブをクリック
② [**フォルダー**]をクリック
③ フォルダー名を入力

① ドライブの中の何もないところで右クリック
② [**新規作成**]→[**フォルダー**]をクリック
③ フォルダー名を入力

図1-19b　フォルダーの新規作成

　フォルダーの中にファイルを保存する場合は[**名前を付けて保存**]
ダイアログボックスでドライブを選択後、右枠でフォルダーをクリックして[**開く**]ボタンをクリックし、フォルダーの中身を表示してからファイル名を入力して[**保存**]をクリックします（図1-20）。

■ Attention

　「名前を付けて保存」ダイアログボックスの表示は1.3.3の図1-14を参照してください。

図1-20　フォルダーの中にファイルを保存

① [**名前を付けて保存**]ダイアログボックスでフォルダーをクリック
② [**開く**]ボタンをクリック
③ ファイル名を入力して[**保存**]ボタンをクリック

　フォルダーには複数のファイルを保存することができます。フォルダーの中にフォルダーを作ることもできます。
　フォルダーをダブルクリックして開くことで、フォルダーの中身を確認したり、フォルダーの中のファイルを開くことができます。[↑]ボタンを使うと、現在表示しているフォルダーの外に戻ることができ

ます（図1-21）。

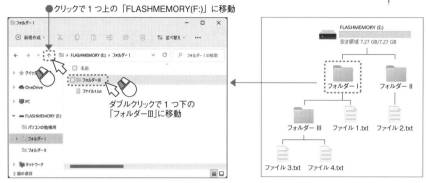

図1-21　フォルダーの階層構造

　適切なフォルダー名を付けてファイルを上手に管理しましょう。

1.3.6　ファイル名／フォルダー名の変更

　ファイル名、フォルダー名を変更するには、図1-22のようにファイル、フォルダーをクリックしてから ⊟ （名前の変更）をクリックします（またはファイル、フォルダーを右クリックしてから ⊟ をクリックします）。そして、キーボードを使って適切なファイル名、フォルダー名を入力します。なお、ファイル名と一緒に拡張子が表示されている場合は、拡張子を変更しないよう注意してください。ファイル名の変更の際に拡張子を変更するとコンピュータがファイルを正しく扱えなくなり、誤作動の原因となります。

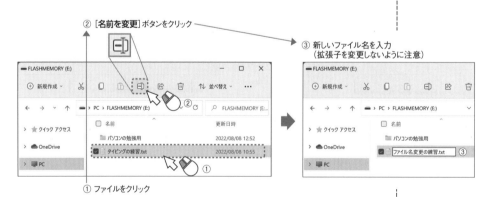

図1-22　ファイル名の変更

1.3.7 ファイル／フォルダーの移動とコピー

ファイル、フォルダーは、異なるドライブ間、フォルダー間で移動・コピーができます。移動では、移動元のファイル、フォルダーが消え、移動先となるドライブまたはフォルダーに移ります。コピーでは、コピー元のファイル、フォルダーを残したままコピー先に複製ができます。ファイルの移動、コピーには次のような方法があります。

●方法1　コピー／切り取り、貼り付けのボタンを使用（図1-23a）

① 移動／コピーするファイルを含むドライブまたはフォルダーをウィンドウで表示してファイルをクリックします。

② ウィンドウ上部にあるボタンのうち、移動する場合は ✂ （切り取り）を、コピーする場合は ▯ （コピー）をクリックします。

③ 移動／コピー先となるドライブまたはフォルダーをウィンドウで表示して、 📋 （貼り付け）をクリックします。

図1-23a　ファイルの移動・コピー（方法1）

●方法2　右クリックを使用（図1-23b）

① 移動／コピーするファイルがあるドライブまたはフォルダーをウィンドウで表示してファイルを右クリックします。

② メニューの ✂ （移動の場合）または ▯ （コピーの場合）をクリックして選択します。

③ 移動／コピー先となるドライブまたはフォルダーをウィンドウで表示して、何もないところで右クリックして 📋 をクリックします。

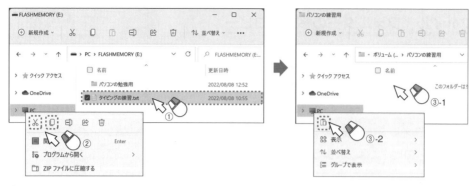

① 移動／コピーするファイルを右クリック
② メニューの ✂ (移動時)、または ⬜ (コピー時)をクリック
③ 移動先／コピー先のウィンドウ内で右クリックして 🗐 をクリック

図1-23b　ファイルの移動・コピー（方法2）

●方法3　ドラッグ&ドロップを使用（図1-23c）

① 移動／コピーするファイルがあるドライブまたはフォルダーと
移動／コピー先となるドライブまたはフォルダーのウィンドウ
を並べて表示します。

② 移動／コピーしたいファイルをドラッグしてからマウスの左ボ
タンを離します（ドロップします）。

① 移動 / コピーするファイルのあるドライブまたはフォルダー と、移動先 / コピー先となるドライブまたはフォルダー を並べて表示しておく

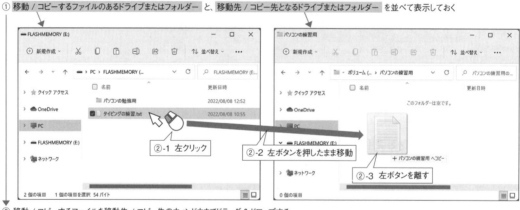

② 移動 / コピーするファイルを移動先 / コピー先のウィンドウまでドラッグ & ドロップする

図1-23c　ファイルの移動・コピー（方法3）

　フォルダーもファイルと同じ操作で移動／コピーできます。なお、
方法3ではコピー元とコピー先が同一のドライブだと移動、異なるド
ライブだとコピーになりますが、ドロップするときに Ctrl キーを押し
ておくと移動をコピーに、 Shift キーを押しておくとコピーを移動に、
それぞれ切り替えができます。

Advice

　マウスの左ボタンの代わ
りに右ボタンを使う「右ド
ラッグ」を用いると、操作
の後で移動／コピーを選択
することもできます。

1.3.8　ファイル／フォルダーの削除

　ファイルを削除する場合は、ファイルをクリックしてからウィンドウ上部の 🗑 （削除）をクリックします。または、ファイルを右クリックしてメニュー内の 🗑 をクリックするか、ファイルをクリックしてキーボードの Delete キーを押しても削除できます。

　削除したときに、「このファイルを完全に削除しますか？」という警告メッセージ（図1-24右）が表示されることがあります。この場合、[はい（Y）] を選択するとファイルが完全に削除されるので注意してください（例：USBメモリにあるファイル）。一方で、前述の警告メッセージが表示されない場合は、削除したファイルが「**ごみ箱**」の中に残っています。ごみ箱がデスクトップに表示されている場合は、ダブルクリックすると中身を見ることができます。ごみ箱にあるファイルは、別の場所に移動（または右クリックして [**元の場所に戻す**] をクリック）することで復元できます。

　ごみ箱にあるファイルを Delete キーなどで削除するか、またはごみ箱のアイコンを右クリック（あるいは [**ごみ箱**] ウィンドウ内の何もないところで右クリック）して [**ごみ箱を空にする**] をクリックすると、ファイルを完全に削除できます。

　フォルダーも、ファイルと同様の方法で削除や復元を行うことができます。

Hint

　デスクトップにゴミ箱を表示したい場合は、デスクトップの何もないところで右クリックしてから、[**個人設定**]→[**テーマ**]→[**デスクトップアイコンの設定**]とクリックして、ゴミ箱にチェックを入れます。

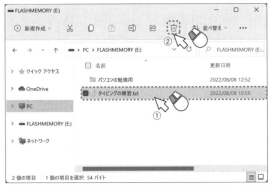

① 削除するファイルをクリック
② 🗑 をクリック

デスクトップにある
「ごみ箱」のアイコン

空のとき　　ファイルが
　　　　　　入っているとき

USB メモリのファイル、フォルダを削除する場合は
ごみ箱に残らないので注意しましょう

図1-24　ファイルの削除

■コラム■　圧縮フォルダー

　複数のファイルをまとめて管理するには、フォルダーの他に「**圧縮フォルダー**」を利用する方法があります。圧縮フォルダーは「**zip**」という拡張子を持つファイルですが、フォルダーと同様に複数のファイルを入れておくことができます。

　圧縮フォルダーを作成する場合は、ドライブやフォルダーの中身を表示したウィンドウで、圧縮したいファイルやフォルダーを選択して右クリックし、[**zipファイルに圧縮する**]をクリックします。圧縮フォルダー名を入力（または変更）する場合は拡張子を変更しないように注意しましょう。圧縮フォルダーにファイルを移動またはコピーする方法はフォルダーと同様です。

　圧縮フォルダーは形式的には1つのファイルのため、中のファイルを頻繁に編集するには不向きです。しかし、ネットワークを介して複数のファイルを他の人とやりとりする場合、古いファイルをまとめておきたい場合などには扱いやすく便利です。

　ちなみに、zip形式はWindowsでの標準的な圧縮形式ですが、他にも様々な圧縮形式が存在します。また、圧縮フォルダーの他に圧縮ファイルという呼び方も広く使われています。圧縮フォルダーにはファイルサイズを小さくできるという利点がありますが、大容量の補助記憶装置が安価で手に入るようになった近年ではこの利点が役に立つケースは少なくなってきました。一方で、関連性の高いファイルを適切に整理・集約するアーカイビング（archiving）のために圧縮フォルダーが活用されています。圧縮フォルダー／圧縮ファイルのことをアーカイブファイルと呼ぶこともあります。

■コラム■　ファイルの削除とデータの削除

　前述の1.3.8の方法でファイルを削除しても、補助記憶装置にデータが残ってしまう場合があります。ファイルはコンピュータがデータを管理する「手段」であり、この手段だけを削除してもデータ自体は消えないことがあるのです。補助記憶装置に残されたデータを削除する方法はいくつかありますが、どれも非常に手間が掛かります。また、データを削除するたびに補助記憶装置に負担が掛かるため、頻繁にデータを削除していると故障の原因にもなります。そのため、本書ではデータを削除する方法は扱いませんが、消したはずのファイルを第三者がデータから復元してしまう恐れがありますので、1.4および第2章の内容をよく読んで補助記憶装置の管理を徹底してください。

1.4 パーソナルコンピュータの構成要素

1.4.1 パーソナルコンピュータの構成例

表1-4はパソコンの仕様の一例です。

表1-4 パーソナルコンピュータの仕様例

中央演算装置（CPU）	Intel Core i5
主記憶装置（メインメモリ）	8GB
ディスプレイ	解像度：1,920×1,080ドット（タッチパネル有）
補助記憶装置（SSD）	256GB（または500GBのHDD）
補助記憶装置（光学ドライブ）	ブルーレイディスクドライブ
オペレーティングシステム（OS）	Windows 11（64bit）
環境条件	温度5〜35℃、湿度20〜80%（ただし結露しないこと）

中央演算装置（CPU）はコンピュータの頭脳にあたります。処理速度が速いもの、消費電力が少ないもの、価格がリーズナブルなものなど多くの種類があります。主記憶装置はコンピュータが使用中のデータを置く場所です。容量が大きいと大容量のデータを効率よく扱えます。ディスプレイの解像度は大きいほど画面に多くの情報を表示できます。タッチパネル付きのディスプレイでは、マウスの代わりに指などで画面を直接操作できます。補助記憶装置、オペレーティングシステムについては後述します。

パソコンは精密機器です。利用する場所の気温、湿度に注意しましょう。また、パソコン近辺での飲食、喫煙は、水分、食べかす、微粒子などによる故障やトラブルを招くため避けましょう。

1.4.2 補助記憶装置

SSD、HDD、光学ドライブ、USBメモリ、SDカードなどは「**補助記憶装置**」に分類されます。多くの補助記憶装置はファイルの保存・読み出しに利用され、[**PC**]のドライブとして操作することができます。

補助記憶装置のうち、光学ドライブのように情報記録媒体（メディア）を入れ替えられるもの、およびUSBメモリやSDカードのように小型で取り外しが簡単なものは紛失・盗難の危険が高くなります。また、補助記憶装置の不用意な使用、安全が確認できない他者との貸し借りは、破損、個人情報の流出、マルウェア感染（2.4参照）などの原因

となります。補助記憶装置および保存したファイルは慎重に扱いましょう。大切なファイルは複数の補助記憶装置にコピー（バックアップ）しておくと安全性が高まります。

1.4.3　オペレーティングシステム（OS）

　オペレーティングシステム（OS）は「**基本ソフト**」とも呼ばれ、コンピュータを構成する機器（ハードウェア）の抽象化、資源の管理などを提供します。また、複数のアプリケーションソフトウェアを効率よく運用するための機能、基本的なアプリケーションソフトなどもOSの機能として提供されています。

■ハードウェアの抽象化

　パソコンには、メーカー、形態など様々なものがあります。しかし、私たちはそれらの違いを意識しなくてもパソコンを使うことができます。例えば、ノート型／デスクトップ型ではマウス（ポインティングデバイス）の形状が異なりますが、ともに左／右クリック、ダブルクリックなどの操作を行うことができます。また、補助記憶装置はSSD、HDD、USBメモリ、SDカード、光学ドライブなど様々ですが、すべて「**ドライブ**」としてファイルの保存・読み出しを行うことができます。このように、利用するハードウェアの具体的な差を利用者が意識しなくてもパソコンを利用できる機能を、「**OSによるハードウェアの抽象化**」と言います。

■資源の管理

　コンピュータは、複数のアプリケーションソフトウェアが同時に1つのファイルやドライブを使用しようとする場合でも、混乱することなくアプリケーションソフトウェア、ハードウェアを管理・運用しなければなりません。このような場合にアプリケーションソフトウェア、ハードウェアなどを混乱なく扱う機能を「**OSによる資源の管理**」と言います。

■その他の機能

　多くのアプリケーションソフトウェアを同時に使用したり、1つのアプリケーションが多数の作業を行う場合、OSがアプリケーション／作業の優先度を適切に判断してコンピュータの効率を高めます。また、近年では、メモ帳（テキスト編集）、ペイント（画像編集）、Webブラウザ、地図表示、情報検索、ニュース閲覧といったアプリケーションソフトウェアがOSに付属して提供されるようになっています。

1.4.4　アプリケーションソフトウェアとオフィススイート

　アプリケーションソフトウェアには、OSに付属のもの以外にも、パソコンのメーカーが追加するもの、利用者がパソコンの購入後に追加するものなどがあります。アプリケーションソフトウェアを追加することで、パソコンに新しい機能を追加したり、仕事の効率を高めたりできます。

　事務処理で利用されることの多いアプリケーションソフトウェアを統合した製品を「**オフィススイート**」（Office suite）と呼びます。本書で紹介するMicrosoft Office 2021は、Word 2021（ワードプロセッサ）、Excel 2021（表計算）、PowerPoint 2021（プレゼンテーション）などのアプリケーションソフトウェアを統合したオフィススイートで、多くのメーカーや利用者がパソコンに追加して利用しています。オフィススイートの使い方を学ぶことは、社会における事務処理を学ぶことにもつながります。しっかり勉強してコンピュータの基本能力（リテラシー）の習得を目指してください。

1.4.5　クラウドサービス

　近年では、アプリケーションソフトウェアや補助記憶装置などが果たしてきた役割をインターネット上のサービスで提供するクラウドサービスが普及しています。Webブラウザ（Microsoft Edgeなど）の画面内で提供されるクラウドサービスの多くは、特別なアプリケーションソフトウェアをコンピュータにインストールしなくても利用できます。また、様々なコンピュータ／OSで同じサービスを受けられる利点があります。

　ただし、「インターネットから切断されると十分なサービスを受けられなくなる」、「ファイルの保存／管理の設定を誤ると正しくファイルが保存されない／情報の流出が発生する」、といったリスクもあります。また、Microsoft Officeのように、クラウドサービスとして提供されるオンライン版では利用できない機能があるアプリケーションソフトウェアもあります。

　本書では、コンピュータにインストールされたオフライン版のMicrosoft Office 2021を使って説明を行います。クラウドサービスについては、本書で紹介する知識／スキルが十分に身についてから活用することをお勧めします。

Attention

　Microsoft Office 2021には、含まれるアプリケーションソフトウェアやそれらのライセンス形態に違いのある複数の種類の製品があります。みなさんが利用するMicrosoft Office 2021について確認しておきましょう。

Advice

　コンピュータにオフライン版のMicrosoft Officeがインストールされているかどうかについてはコンピュータを購入した販売店にお問い合わせください。

■コラム■　情報リテラシーと人工知能

　「リテラシー」という言葉は様々な分野で使われていますが、元々は読み書きを正しく行う力のことを指しました。「読む」とは、誰かが表現したことを正しく受け取り、自分自身の活動に適切に活かすことです。また、「書く」とは、自分自身が誰か（将来の自分を含む）のために行う表現です。そして、表現をやりとりするためのリテラシーは、私たちが社会の一員であるために不可欠なものです。

　皆さんは、コンピュータを通して様々な表現を情報として受け取っています。文字、写真、動画などの形で情報化された誰かの表現が、皆さんの生活や考え方に影響を与えています。そして、皆さんも様々な表現を情報として発信し、社会に影響を与えていくことになります。そのような情報のやり取りを、皆さんにとって好ましいものにするために、情報リテラシーが存在します。

　西暦2045年頃には、人工知能が人間の知能を超えるsingularity（シンギュラリティ／特異点）が到来するといわれています。人間に代わって表現を行う賢いコンピュータも出現するでしょう。そのとき、人間にとって情報リテラシーは不要になるのでしょうか。答えは、たぶん「いいえ」です。なぜなら、表現は他の人から見た皆さん自身だからです。人間は、自分を表現しない誰かを意識することも好きになることもできません。そして、誰かに対して自分を適切に表現することは人生の充実につながります。ですから、皆さんは人工知能に負けないように表現を続け、誰かの表現を受け取り続ける必要がありますし、そのための情報リテラシーは大切なのです。それに、singularityの到来までにはまだ20年ほどあります。情報社会を自分らしく生きていくために、情報リテラシーをしっかり学んでください。

第2章
インターネット利用

さて
インターネットで
コート付きの
宿泊場所を
調べよう

はい！

あっ すぐ
出てきた！

合宿.com

インター
ネットって
便利ですよねー

うん

世界中に張りめぐら
されたネットワーク上に
様々な情報が
公開されているからね

わあ！

でも
便利な反面
気をつける
べき点が
いくつかある

何ですか？

まず、ウイルスなど
セキュリティに
気をつけよう

ウイルス

個人情報漏えい

スパイウェア

なりすまし

自分の身は
自分で守る！

はい！

また
画面に
向かって
いても

ネットワークの
向こうには
人がいるので…

一般社会と同じく
マナーやルールを守り
気持ちの良い丁寧な
コミュニケーションを
図ろう

はい

あと
レポートなどで
インターネットの情報を
参照することも
あるだろうけど…

それは
もちろん!

インターネット上では
誰でも自由に
発信できるから
中には
信頼性の低い情報や
有害な情報もある

だから
正しい情報や
必要な情報を
自分で判断
しなくては
いけないんだ

ガーン

再提出

情報の出所が
不明瞭です

わかり
ました!

あっここ
素敵!

どれ
どれ

喫茶チェリーブロッサム

あっ

こら!
合宿所は?

ごめん
なさーい

だって
おいしそう
だったん
だもん

2.1 インターネットの基礎

　パソコンやスマートフォンなどの普及によってネットワークにつながる環境が整い、日常生活の多くの場面でインターネットが利用されるようになりました。

　一方で、情報漏洩、コンピュータウイルス、ネットいじめなどが社会問題となっています。

　この章では、学生の皆さんがマナーを守って効果的かつ安全にインターネットを活用できるように、最低限必要な知識（インターネットの仕組み、情報検索、電子メール、情報セキュリティ、情報モラルなど）について学習します。

　また章末では、日々変化するネット社会に対応できるよう、参考になるWebサイトを紹介しますので、各種の最新動向を確認するようにしてください。

　最初に、インターネットの仕組みを理解し、インターネットに接続する方法について取り上げます。

図2-1　インターネット

2.1.1　インターネットの仕組み

　　コンピュータネットワークとは、コンピュータ同士をケーブルや無線などで接続し、データをやりとりできる状態にしたものです。現在、大学や会社だけでなく家庭でもコンピュータネットワーク（LAN）の利用が普及しています。

　　インターネットとは、このような世界中の多くのコンピュータネットワークを相互につないで、データをやりとりできる状態にしたものです。

　　一般的にネットワークとは、「個々の人のつながり」「情報の交換を行うグループ」のことです。人間同士のネットワークでやりとりを円滑にするためのルールがあるのと同じように、コンピュータネットワークでもコンピュータ同士のやりとりをスムーズに行うための手順（ルール）が必要です。この手順のことを**プロトコル**（規約）と言います（図2-2）。TCP/IP（Transmission Control Protocol / Internet Protocol）は、コンピュータネットワークで最もよく使われている世界共通のプロトコルです。

Keyword

◆LAN（Local Area Network）
　1つの建物内や敷地内など、比較的狭く限られたエリアにおいて複数のパソコンが接続された通信網のことです。

> **プロトコル**　コンピュータ同士のやりとりの手順
>
> 電話で話すときと似ています
>
> ①受話器をとる
> ②ダイヤルする
> ③呼び出し音
> ④「もしもし…」で会話スタート
> ⑤「じゃあね」で会話の終わり
> ⑥受話器を置く
>
> **電話のプロトコル**
>
> ①通信始めるよ
> ②OK
> ③今からデータ送るよ
> ④受けとったよ
> ⑤通信終わるよ
> ⑥Bye
>
> **コンピュータ通信のプロトコル**

図2-2　プロトコルのイメージ

　　私たちが電話をかけるとき「受話器をとり、ダイヤルし、『もしもし○○です』と名乗ってから会話をする」のと同じように、コンピュータ同士が通信するときにもルールに基づいた手順があります。電話口の双方が異なる言語で話すと会話がうまくできないのと同じように、コンピュータ同士でも異なるプロトコルでは通信できないため、同じプロトコルを利用することが必要です。

　　インターネット上では、TCP/IPを中心とした共通のプロトコルを利用することによって、使用する機種の違いを超えて、様々な情報通信

機器が相互にやりとりできるようになりました（図2-3）。

昔はメーカーごとに独自のプロトコルがあり
異なるメーカー同士ではネットワーク通信できませんでした

図2-3　共通プロトコルの使用

　ネットワーク上でサービスを提供するコンピュータを**サーバ**、そのサービスを利用するパソコン、携帯電話、スマートフォンやタブレットなどを**クライアント**と呼びます（図2-4）。TCP/IPを利用した多くのサービスは、クライアントとサーバのやりとりにより成立しています。

①Webサーバの場合

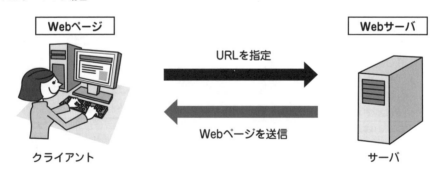

②プロキシ（代理）サーバの場合

クライアントに代わって、外部のサーバとのやりとりを代理でしてくれます

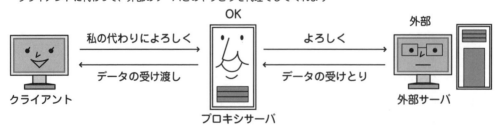

メリット　①クライアントの安全性の向上
　　　　　②匿名性の向上（クライアントのIPアドレスやコンピュータ名が外部に知られない）
　　　　　③Webページ表示の高速化

図2-4　クライアントとサーバ

IP（Internet Protocol）**アドレス**とは、TCP/IPを利用するネットワークに接続したコンピュータを特定するためのもので、コンピュータの住所のようなものです（図2-5）。

IPアドレス	コンピュータの住所

	←――――――――― ネットワーク部 ―――――――――→		←―― ホスト部 ――→
2進数	1 1 0 0 0 0 0 0　1 0 1 0 1 0 0 0	0 0 0 0 0 0 0 1	0 0 0 0 0 0 0 1
10進数	192　　　　　168	1	1

IPアドレス
192.168.1.1/24

・IPアドレスには、グローバルIPアドレスとプライベートIPアドレスという区分けがあります（上図はプライベートIPアドレスの例）。
・グローバルIPアドレスは、インターネット全体で重複がないように、ICANN（Internet Corporation for Assigned Names and Numbers）が管理しています。日本ではJPNIC（Japan Network Information Center）が管理を代行しています。プライベートIPアドレスは、組織内（大学や会社など）のネットワークで重複がないように設定されています。

図2-5　IPアドレス

IPアドレスは数値の並びであり、人間にとっては覚えにくいものです。そのため、各パソコンにはドメイン名という名前を付けて管理します。ドメイン名とIPアドレスを相互に変換するシステムをDNS（Domain Name System）と言います（図2-6）。

IPアドレスとDNS

図2-6　IPアドレスとDNS

2.1.2　インターネット接続

インターネットを利用するには、**光回線**や**CATV回線**などを提供する回線事業者と、インターネット接続事業者である**インターネットサービスプロバイダ**と契約します。また、携帯電話会社と契約して、モバイル回線（5G・4G・LTEなど）を通じてインターネットを利用することもできます。

Keyword

◆IPv6

これまでIPv4と呼ばれる32ビットのIPアドレス体系が主に使用されてきましたが、IPアドレスの不足のため、IPv6と呼ばれる128ビットのIPアドレス体系の普及が進んでいます。

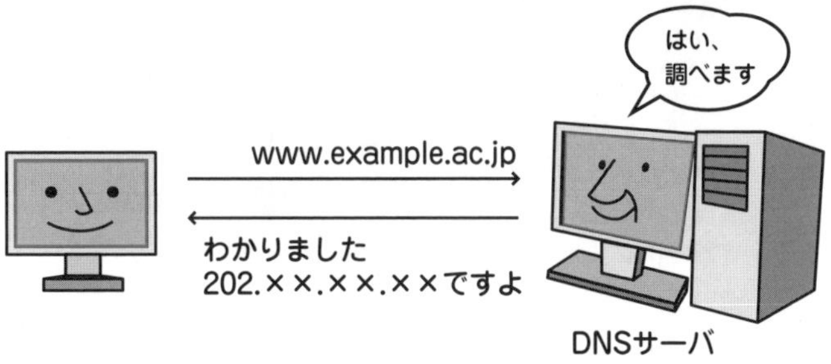

（128ビットを16ビットずつ8つに":"で区切った数値列を、16進数で表記します。）

IPv6アドレス例
ABCD:EF01:2345:
6789:ABCD:EF01:
2345:6789

■有線LAN接続と無線LAN接続

インターネットに接続するには、プロバイダから提供される接続機器（ONUなど）にLANケーブルをつなげてインターネットに接続する方法（**有線LAN接続**）と、Wi-Fiルータなどを導入して無線で接続する方法（**無線LAN接続**）があります。図2-7に有線LANと無線LANそれぞれのインターネット接続の例を示します。表2-1に有線LAN接続と比べた無線LAN接続のメリットとデメリットを示します。

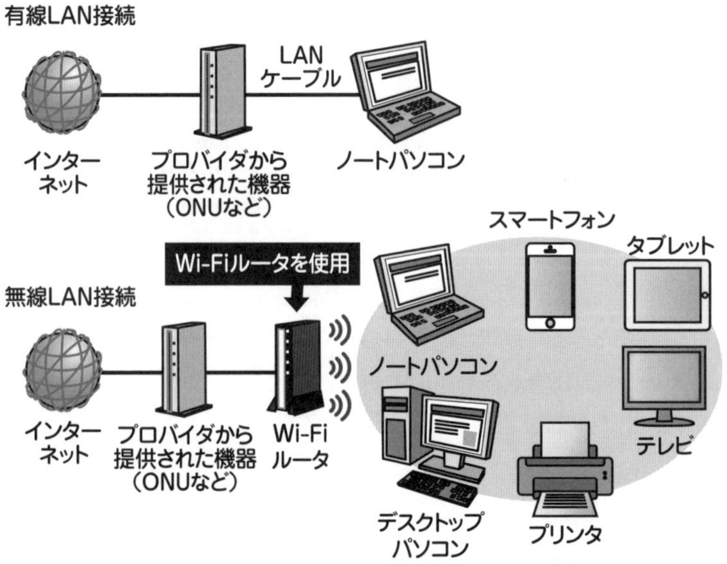

有線LAN接続

無線LAN接続

図2-7　インターネット接続機器の例

表2-1　無線LANのメリットとデメリット

メリット	デメリット
・LAN端子がないスマートフォンなども接続できる ・ケーブルなしで通信できる ・移動しながら通信できる	・有線LANより速度が遅い ・通信が不安定になることがある ・有線LANに比べてセキュリティが脆い

■無線LANの規格

無線LANにはIEEEという団体が決めた規格があり、規格ごとにデータの伝わる速度（**伝送速度**）や使用する電波の周波数帯域などが異なります。Wi-Fiの普及を行っている団体であるWi-Fi Allianceは、規格名をわかりやすくするため、6番目の規格であるIEEE 802.11ax（11ax）を「**Wi-Fi 6**」と呼ぶことにしました。

Advice

光回線では、通信事業者の光通信網から家庭内に光ファイバを引き入れ、インターネットに接続します。速度は100Mbps〜2Gbps程度で高速です。

CATVでは、ケーブルテレビネットワークの回線を利用します。速度は最大1Gbps程度です。bpsという単位については、次ページの側注を参照してください。

Advice

モバイル通信の規格は、3G、LTE、4Gなどが次々と登場し、2020年より、高速で低遅延な5G（第5世代移動通信システム）サービスが都市部を中心に開始されました。5G対応のスマートフォンを使用していても、5Gの電波が届かない場所では、自動的に4Gに切り替わります。なお、4Gや5G対応のスマートフォンであっても自宅などではWi-Fiを使用してインターネットに接続することで、通信コストを控えることができます。

Keyword

◆Wi-Fiルータ

①Wi-Fiで親機と子機の間を無線でつなぐ機能と、②外部のネットワークを接続するルータ機能を持つ装置です。

Keyword

◆ONU（光回線終端装置）

光信号とデジタル信号を相互に変換する装置です。

Advice

2022年現在の無線LAN規格の主流は11acですが、今後は11ax対応機器の利用が広がるでしょう。

理論的には、アンテナ1本あたり、例えば11nで300Mbps、11ac
で867Mbpsの速度で通信が可能です。なお、複数のアンテナを利用
すると、それぞれの規格の整数倍となる速度で通信できます。市販さ
れている製品としては、複数種類の規格やアンテナ数を装備した製品
があり、高速な通信を実現しています。ただし、実際の通信スピード
は最大伝送速度（理論値）に達しないことがほとんどです。

表2-2　無線LANの規格

規格名	IEEE 802.11b	IEEE 802.11a	IEEE 802.11g	IEEE 802.11n	IEEE 802.11ac	IEEE 802.11ax
最大伝送速度（理論値）	11Mbps	54Mbps	54Mbps	600Mbps	6.9Gbps	9.6Gbps
周波数帯	2.4GHz 帯	5GHz 帯	2.4GHz 帯	2.4GHz 帯 5GHz 帯	5GHz 帯	2.4GHz 帯 5GHz 帯
呼称				Wi-Fi 4	Wi-Fi 5	Wi-Fi 6

※ 総務省 Wi-Fi利用者向け簡易マニュアル(令和2年5月版）を参考に表を作成

■無線LANのセキュリティ方式

　無線LANを利用するときは、他人に勝手に回線を使われたり、通信
中のデータを盗まれたりしないように、暗号化の設定が必要です（図
2-8）。暗号化の方式にはセキュリティレベルの異なる複数の種類（表
2-3）があるので、適切な暗号化方式を選択することが重要です。

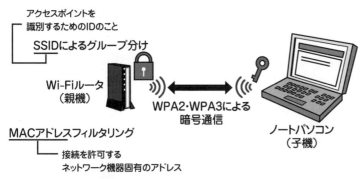

図2-8　無線LANの暗号化

表2-3　無線LANの暗号化規格

	WEP	WPA	WPA2	WPA3
安全度	低い	←	→	高い

■Wi-Fi利用の注意点

　家庭でWi-Fiを利用するときは、以下の点に注意してください。

Keyword

◆bps

　一定時間内に送ることの
できるデータの量のこと。
bits per secondの略で、1
秒間に何ビットのデータを
送ることができるかを示す
単位として使われています
（ビットについては60ペー
ジを参照）。

2.1

インターネットの基礎

●家庭で利用する場合

① 大事な情報を入力する際は、SSL/TLS（2.5.2参照）を利用しているサイトであるかを確認してください。

② **アクセスポイント**を設置する場合、暗号化方式としてWPA2またはWPA3を選択してください。

③ アクセスポイント接続のためのパスワードは、他人が推測できないものにしてください。

●外出先で利用する場合

① 不明なアクセスポイントには接続しないでください。

② アクセスポイントの名称（**SSID**）を確認してください。

③ 接続時に同意画面などが表示された場合は、説明をよく読んで内容に問題がないか判断してください。

④ 接続先のセキュリティ対策を確認してください。

「暗号化なし」「WEP」「WPA」の場合は通信内容が盗み見られる危険があります。セキュリティが高いと思われていた「WPA2」にも脆弱性が発見されたため、よりセキュリティを強固にした「WPA3」が登場しました。アクセスポイントと接続機器の両方が「WPA3」に対応している場合は、「WPA3」に設定しましょう。

■ Attention

①の注意点は、特に「家庭で無線LANを使う場合」に限ったものではなく、有線LANであっても気をつけるべきことです。

■ Keyword

◆**アクセスポイント**

パソコンやスマートフォンなどの端末を外部のネットワークにつなげるための接続ポイントのことです。

■コラム■　IoT と人工知能（AI）

IoTやAIの技術の発展に伴い、私たちの生活はより便利になりました。身近な例を見てみましょう。

■IoT

IoT（**Internet of Things**：モノのインターネット）とは、身の周りのあらゆるモノがインターネットにつながる仕組みのことを言います。

テレビやエアコンなど私たちの日常生活において身近な機器がインターネットにつながることで、それらを遠隔で操作することが可能となります。また、機器のセンサーなどから送られた情報が蓄積・分析されることで、人が関与しなくても機器が自律的に情報をフィードバックするようになります。例えば、自動販売機の飲み物が不足しそうになったときに、自動販売機から会社に情報が送られ、その情報に基づいて飲み物が補充されるようになります。

■AI

人工知能（AI）とは、コンピュータプログラムで人の知的な活動の一部を再現したものです。将棋の対戦ゲームやスマートスピーカーなどのソフトウェアは、AIが使われた代表例です。AIを支える技術の1つである機械学習は、大量のデータを繰り返し学習することで、その中に潜んでいるルールやパターンを見つけ出します。将棋の対戦ゲームでは、過去からの膨大な対戦データなどを継続的に学習させ続けることによって、時には人が思いつかないような「よりよい手」を見出すことが可能となっています。

■コラム■　クラウドサービス

これまでは、データやソフトウェアは自分のパソコンの中に保存して利用・管理するのが一般的でした。クラウドサービスでは、データやソフトウェアをインターネット上に置いておくことができ、利用者はパソコンやスマートフォンなど、様々な端末からそれらのデータやソフトウェアを利用できます。

Microsoft OneDriveやGoogle Driveのようなクラウドストレージサービスも、クラウドサービスの一種です。**クラウドストレージ**とは、インターネット上でデータを保存できるディスクスペースのことであり、サービス利用者は、ファイルを持ち歩かなくても、インターネット上に置いてあるファイルを編集し、編集したファイルを再びインターネット上に保存できるようになりました（図2-9）。

しかし、このようなサービスでは、利用者がインターネット上のどこにファイルが保存されているのかを意識することは困難です。クラウドサービスを活用する際には、取り扱う情報の機密性、プライバシー、リスクなどに十分配慮する必要があります。ファイルを共有する場合は、公開範囲や編集権限の設定をよく確認し、個人情報などの大切な情報を誤って漏洩しないように十分注意してください。

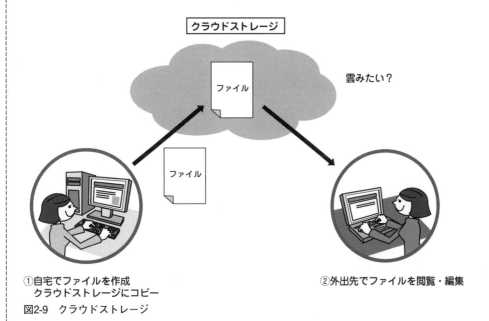

①自宅でファイルを作成
　クラウドストレージにコピー
②外出先でファイルを閲覧・編集

図2-9　クラウドストレージ

また、Twitter・Facebook・InstagramなどのSNSを利用する場合も、インターネットに接続して「自分が所有していないコンピュータリソースを利用している」ことを認識しましょう。

■クラウドサービス利用のリスクと対応策

① データが消失するリスク。ネットワークに接続できない環境では利用できないリスク
　→ 手元のパソコンにバックアップしてください。

② 外部への情報漏洩のリスク
　→ 機密性の高い情報や流出して困るような情報は扱わないようにしてください。

③ IDやパスワードの流出・悪用のリスク
　→ 不正アクセスされないように、パスワード管理はしっかり行ってください。複数のインターネットサービスで同じパスワードを使い回したり、他人が推測しやすいパスワードを使用するのは厳禁です。

④ サービス提供会社の都合で、サービス内容が変更されたり、サービス自体が打ち切られたり、データが海外で保管されたりする場合のリスク
　→ 利用規約をよく確認し、信頼できる会社を選んでください。

2.2
WWW の情報検索

　ここでは、インターネット上の膨大な情報の中から必要な情報を探し出すことができるよう、ネット検索の方法を学びます。

2.2.1　ネット検索

　Webページとは、インターネット上に公開されている情報のことです。Webページの内容は**WWWサーバ**（Webサーバ）で管理されています。**WWW**（World Wide Web）とは、世界中に張りめぐらされたクモの巣という意味であり、インターネットでWebページを表示する仕組みを指しています（図2-10）。

　Webページは、入り口である**トップページ**を含む複数のページでひとまとまりになっています。このまとまりのことを**Webサイト**と言います。

　Webページを閲覧するには、**Webブラウザ**（ブラウザ）というソフトを使います。ブラウザは、指定されたURLに基づいてWebサーバ上のデータからWebページを表示します。

■**Keyword**

◆ホームページ

　元々はWebサイトの入り口のページを指す言葉でしたが、日本ではWebサイトと同じ意味で使われることも多いようです。

■**Advice**

　HTTP（Hyper Text Transfer Protocol）は、Webページのデータを送受信するためのプロトコルです。

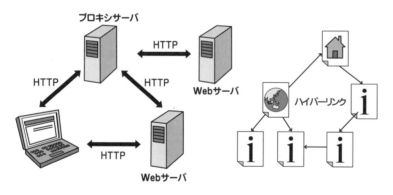

図2-10　WWW

■Microsoft Edge

　Windows 11には、標準ブラウザとして**Edge**が採用されています。

　Edgeを起動するときは、タスクバーの［**Microsoft Edge**］アイコン（ <img> ）をクリックするか、スタートメニューの［**すべてのアプリ**］から［**Microsoft Edge**］を選択します。

　図2-11でEdgeの画面を、表2-4で各部の名称と役割を紹介します。

①タブ ②新しいタブ ⑥アドレスバー ⑦このページを お気に入りに 追加 ⑧お気に入り ⑨コレクション ⑩個人

③戻る ④進む ⑤最新の 情報に 更新

⑪設定など

⑫スクロールバー

図2-11 Microsoft Edgeバージョン100.0.1185.39の画面
（オーム社のWebページの場合）

表2-4 Microsoft Edgeの画面構成

名称	機能
①タブ	表示中のWebページ名が表示されます。複数のページの中から、表示するページを切り替えることができます
②新しいタブ	クリックすると、新しいタブが表示されます
③戻る	1つ前に表示した画面に進みます
④進む	1つ後に表示した画面に進みます
⑤最新の情報に更新	再度Webページを読み込みます
⑥アドレスバー	WebページのURLが表示されます。キーワードを入力すればネット検索できます
⑦このページをお気に入りに追加	表示中のWebページをお気に入りに追加できます
⑧お気に入り	「お気に入り」に登録したWebページの一覧が表示されます
⑨コレクション	Webページ、画像や文章、メモなどを一覧に追加し、情報を整理することができます
⑩個人	Microsoft アカウントで Microsoft Edge にサインインすると、Edgeのお気に入りや設定などを、異なるデバイス間で同期することができます
⑪設定など	ページの拡大縮小表示、ページ内の検索、印刷、設定などが行えます
⑫スクロールバー	画面をスクロールするときに使います

■Webページの表示

URL（Uniform Resource Locator）とは、インターネット上の情報を格納してある場所を指し示すものです。ブラウザのアドレスバーに表示されるURLがWebページのインターネット上でのアドレスです。URLの形式は図2-12のようになっています。アドレスがわかっているWebページを表示するときは、アドレスバーにURLを直接入力し、Enterを押します。

■Advice

◆Edge起動時に表示するページの設定

① ［…］→［設定］をクリック

② ［[スタート]、[ホーム]、および[新規]タブ］をクリック

③ ［Microsoft Edgeの起動時］にて ［これらのページを開く］をクリック

④ ［新しいページを追加してください]をクリック

⑤ 表示するページのURLを入力

⑥ ［追加］をクリック

■Advice

◆よく使う記号の読み方
- ：　コロン
- ／　スラッシュ
- ．　ドット
- ＠　アットマーク
- －　ハイフン
- ＿　アンダースコア
- ～　チルダ

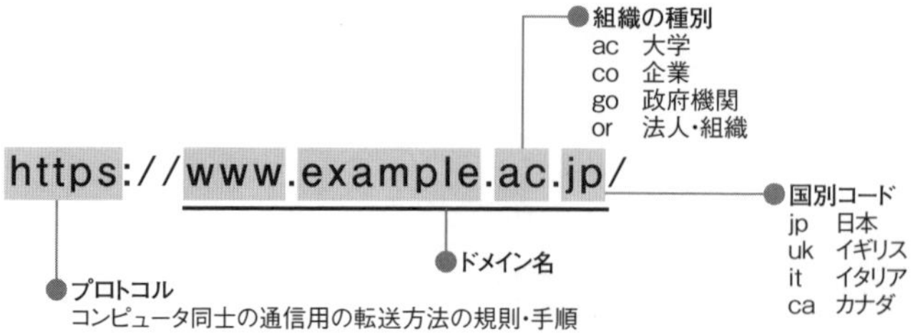

図の部分：

● 組織の種別
ac 大学
co 企業
go 政府機関
or 法人・組織

https://www.example.ac.jp/

● 国別コード
jp 日本
uk イギリス
it イタリア
ca カナダ

● ドメイン名

● プロトコル
コンピュータ同士の通信用の転送方法の規則・手順

図2-12 URL

ドメイン名は、ホームページアドレスやメールアドレスなどの一部分として使われる、インターネット上のコンピュータを識別するための名前です。図2-12の「https://www.example.ac.jp/」を例にドメイン名の構造を見てみます。

ドメイン名は、基本的に「(ホスト名.)組織名.組織の種別.国名」という形式になります。ホスト名は、インターネットに接続したコンピュータに付けられた名前で、wwwはWebサーバを意味します。exampleが組織名、acが組織の種別、jpが国名となります。表2-5に、代表的なドメインの例を示します。

表2-5 ドメインの代表的な例

組織の種別を示すドメイン		国名を示すドメイン	
組織の種別	ドメイン	国 名	ドメイン
企業	co	日本	jp
政府機関	go	イギリス	uk
大学・研究機関	ac	ドイツ	de
学校	ed	フランス	fr
ネットワークサービスプロバイダ	ne	イタリア	it
その他の組織	or	韓国	kr
		中国	cn

一般ドメイン	
gTLD	ドメイン
企業組織	com
ネットワークサービスプロバイダ	net
非営利団体	org

■検索エンジン

検索エンジンは、Web上の大量の情報から必要な情報を探し出すために使います。代表的な検索エンジンとしては、以下のものがあります。

・Google（https://www.google.co.jp/）

・Yahoo!（https://www.yahoo.co.jp/）

■検索オプション

インターネット上には膨大な情報があるため、検索しても目的のWebページがうまく探せないことがあります。このような場合、条件を細かく絞り込むことで、効率的に情報を探すことができます。

Advice

ドメイン名は「小分類.中分類.大分類」のように階層構造になっています。ドットで区切った最後の文字列が**トップレベルドメイン**と呼ばれる最上位の階層で、多くの場合、国別ドメイン名となります。

しかし、これとは別に「.com」「.net」「.org」などの**一般ドメイン名**も普及しています。

Advice

httpsは、Webサーバとの通信を暗号化するプロトコルです（詳細は2.5.2参照）。

Advice

◆**検索エンジンの変更**

Edgeで検索を行うと、標準としてマイクロソフト社のBingという検索エンジンが使用されます。Googleの検索エンジンを使いたい場合は、一度、Googleで検索し、右上の[…]→[設定]→[プライバシー、検索、サービス]をクリックします。次に[アドレスバーと検索]の[アドレスバーで使用する検索エンジン]にて[Google]を選択します。

　ここでは、Googleの絞り込み検索の例を紹介します。[**検索オプション**] ページで複雑な検索を指定して、検索結果を絞り込むことができます。

① Googleのトップページ（https://www.google.co.jp/）から [**検索オプション**] ページにアクセスします。

　（ページ下右端の [**設定**] をクリック→ [**検索オプション**] を選択）

② [**検索するキーワード**] に、検索キーワードを入力します。

③ [**検索結果の絞り込み**] で、使用するフィルタを選択します。

④ [**詳細検索**] をクリックします。

●「町田」「公園」という2つのキーワードを含み（AND検索）、「忠生公園」は含まない（NOT検索）

●・最終更新：1年以内
　かつ
　・サイトまたはドメイン：「go.jp」
　という2つの条件を満たすサイトのみ検索される

図2-13　検索オプション

■**お気に入りに登録**

　気に入ったWebページは**お気に入り**に登録しておくと、次からは ☆≡ （お気に入り）から開けるようになります（図2-14）。

① お気に入りに登録したいページを開きます。
② アドレスバーの ☆ （**このページをお気に入りに追加**）をクリックします。
③ 必要であれば、お気に入りの名前などを変更して［**完了**］を選択します。

図2-14　お気に入りに登録

2.2.2　Web情報の信頼性

　インターネット上には誤った情報もたくさんあります。Webページを閲覧するときは、以下の点に注意してください。

① 情報の正確さや妥当性は、発信元や内容から慎重に判断してください。
② 複数の発信元の情報を見比べて、情報の信頼性や適切さを判断してください。
③ 検索結果画面の一番上に表示されたものが目的のWebページであるとは限りません。
④ 他サイトからのリンク先や電子メールに書かれたリンク先が正しいものとは限りません。
⑤ 本物そっくりの偽サイトがあるので注意してください。
⑥ 表示しただけでウイルスに感染するWebページがあるので注意してください。
⑦ 公序良俗に反するわいせつな画像や暴力的な情報を含むWebページがあるので注意してください。

Advice

◆Microsoft Edgeのインターネット一時ファイルなどの履歴を削除する
① ［…］→［**設定**］をクリック
② ［**プライバシー、検索、サービス**］をクリック
③ ［**閲覧データをクリア**］の［**今すぐ閲覧データをクリア**］にて［**クリアするデータの選択**］をクリック
④ 時間の範囲・削除したい項目を選択
⑤ ［**今すぐクリア**］をクリック

Advice

　Wikipedia（https://ja.wikipedia.org/wiki/）は、Wikiという仕組みを使った代表的なWebサイトで、ユーザーの共同執筆による百科事典サイトです。このような仕組みで編集されたWikipediaの記述内容には、誤りが含まれている場合があります。

Advice

　インターネット上には信憑性の低い情報があります。事実と異なる情報に騙されないように適切な判断力を身につけましょう。「誰が、いつ、どんな目的で」伝えているのかを考えてみましょう。偽情報に対してファクトチェックを行う団体（例：ファクトチェック・イニシアティブ）やWebサイト（例：FactCheck.org）もあります。

2.3 電子メール

電子メールによって、世界中の人と、低コストで迅速に情報のやりとりができるようになりました。ここでは、電子メールの仕組み、書き方、注意点について学習します。

2.3.1 電子メールの仕組み

電子メール（e-mail）とは、パソコンや携帯端末などで、インターネットを利用してメッセージや添付ファイルをやりとりする機能です。

パソコンで電子メールを利用するには、Outlookなどの**メールソフト**を利用する場合と、Webブラウザを使って送受信を行うGmailなどの**Webメール**を利用する場合があります。Webメールでは、電子メールのデータがメールサーバに蓄積されます。利用者はどこのパソコンや携帯端末を用いてインターネットにアクセスしても、Webブラウザを利用して、電子メールの送受信ができます（図2-15）。

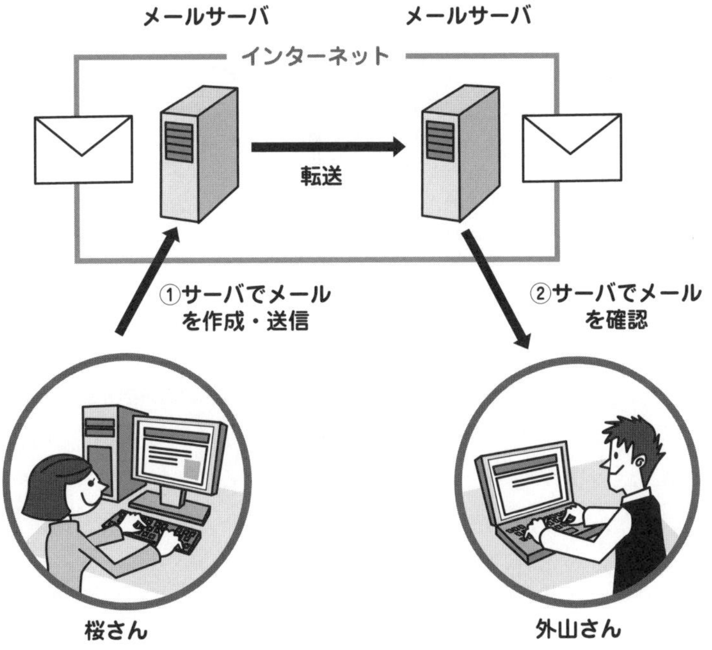

図2-15　Webメールの仕組み

Keyword

◆**メーリングリスト**

特定のグループのメンバー内で情報を交換・共有するときは、メーリングリストと呼ばれる仕組みを利用すると便利です。メーリングリストのアドレスにメールを送ると、そのメールは登録グループのメンバー全員に配信されます。

Keyword

◆**メールマガジン**

自分のメールアドレスを登録すると、情報がメールで配信されるシステムです（受信のみ可能）。メールマガジンを利用しているとメールがたくさん届くようになるので、定期的に受信ボックスを整理する必要があります。

■メールアドレス

　電子メールを送るときは、相手の**メールアドレス**を指定する必要があります。メールアドレスは、xxx@ドメイン名（例：sakurarin@example.ac.jp）という形式になっています（半角英数字、半角記号を使用します）。

■CCとBCC

　メールアドレスを複数指定すると、同じ内容のメールを一度に複数の人に送ることができます。2人目以降のアドレスは、**TO**、**CC**、**BCC**の3種類の方法で指定できるので、表2-6と図2-16を参照してアドレスの指定方法を使い分けるとよいでしょう。

表2-6　メールの宛先指定

	宛先の種類	意　味
TO	メールの宛先	「あなた宛に送りました」
CC	Carbon Copy（写し）	「参考にあなたにも送ります」 受信者にアドレス表示
BCC	Blind Carbon Copy	「あなたに送ったことは他の人はわかりません」 受信者にアドレス非表示

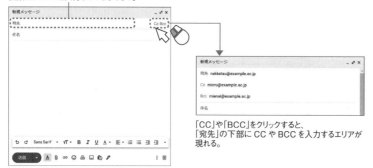

送り先のメールアドレスを入力する。
CC や BCC を指定しなければ TO となる。
複数のアドレスを入力することもできる。

「CC」や「BCC」をクリックすると、
「宛先」の下部に CC や BCC を入力するエリアが
現れる。

図2-16　GmailにおけるCCやBCCの入力の例

2.3.2　電子メールの書き方

■電子メールの例　その1（不適切な例）

　次に、教員に送るメールとして不適切な例を示します。どこが悪いかわかりますか？

送信者：kyochan@docodemo.ne.jp
宛先：nekketsu@example.ac.jp
件名：

こんにちわ
先週授業行けなくて明日までの課題の③の問題が途中までしかわかりません（涙）
どうしたらいいか大至急教えてください！！　m（＿）m

■電子メールの例　その2（適切な例）

　図2-17に、適切なメールの例を示します。

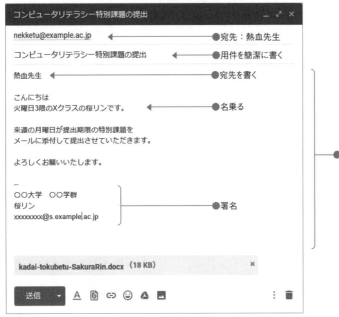

図2-17　メールの形式

2.3.3　電子メールの注意点

　便利な電子メールですが、文字だけのコミュニケーションとなるため、誤解が生じやすい傾向があります。また、電子メールが原因でウイルスに感染することもあります。電子メールを利用するときは、以下の点に注意してください。

■送信時の注意点

① 送信前に宛先・内容を再確認してください。

② 件名はわかりやすく簡潔に、必ず入力してください。

③ 適度に改行してください（一般的には1行30文字程度）。

④ 半角カタカナや機種依存文字（①②③ⅠⅡⅢ℡㊤など）は使わないでください。

⑤ 署名（氏名、所属、メールアドレスなど）を付けて、差出人がわかるようにしてください。

⑥ 相手の立場に合わせた表現を心がけてください（話題・言葉遣いに注意）。

⑦ 他の人に見られては困るような内容は書かないでください。

⑧ 添付ファイルを送る場合には、本文に必ず添付ファイルを送った旨を記述してください。

⑨ 大きなサイズの添付ファイルを送らないでください。または、送ってよいか相手に事前に確認してください（サーバによっては容量に制限を設けているため）。

⑩ 電子メールの送付先がどのようなメールソフトを使っているかわからない場合は、テキスト形式でメールを送ってください。

■受信時・受信後の注意点

① ウイルス感染に気をつけてください（2.4.1参照）。

② フィッシング詐欺のメールに注意してください（2.4.1参照）。

③ 迷惑メールやチェーンメール（メール版の不幸の手紙）は無視してください。

④ 他人からのメールはしっかり管理し、勝手に転送しないでください。

Advice

　個人のメールでは、署名に基本的には携帯電話番号などの個人情報を載せない方が安全です。

Advice

　教員に質問する場合、なるべく大学ドメインのメールアドレスから送ってください（メールアドレスにおけるドメインとは、@の後ろに続く文字列のことです）。

　プライベートのメールアドレスから送られてきたメールは、送信者が特定できない場合があります。

Attention

◆HTML形式とテキスト形式

　HTML形式のメールとは、本文中に図や画像を貼り付けることなどが可能なメール形式で、最近では企業のメールマガジンなどでもよく用いられています。しかし、ウイルスを混入される危険性があるため、「テキスト形式で受信する」という設定にして、HTML形式ではメールを受けとらないという人もいます。

　テキスト形式のメールとは、書式のない文字だけのメールです。

2.4
情報セキュリティ

　情報セキュリティとは、大切な情報を守り、インターネットや情報通信技術を安心して利用するための安全性のことです。近年、ネットワークにおける脅威は増加傾向にあり、深刻な問題となっています。ここでは、インターネットの危険性をはじめとした情報に関する各種のリスクを知り、高度情報化社会において利用者全員に必要な最低限の情報セキュリティ対策について学習します。

2.4.1　情報に関する各種のリスク

　インターネット上には、悪質な行為をする**クラッカー**と呼ばれる人々が存在しています（図2-18）。クラッカーは、本来、部外者は入ることができないネットワークに許可なく侵入し、パソコンのデータを盗んだり、破壊したりします。最近は、クラッカーによる金銭目的の犯罪も増えています。以下に、主な情報に関する各種のリスクを挙げます。

悪意のあるプログラム
マルウェア
・コンピュータウイルス
・ワーム
・スパイウェア
・ランサムウェア
　　　　　　など

ネット上の犯罪者
クラッカー
図2-18　クラッカーとマルウェア

■【リスク1】不正アクセス

　不正アクセスとは、他人のコンピュータに許可されていない手段で不正にアクセスすることを言います。不正アクセスによって行われるコンピュータ犯罪には、**なりすまし**、**盗用**、**漏洩**、**改ざん**、**破壊**といったものがあります。

　不正アクセスによって、SNSが乗っ取られ本人が知らない間に書き込みをされた事件や、他のコンピュータへの攻撃の踏み台に利用された事件などが、ニュースとして報じられることがあります。

■【リスク2】マルウェア

　マルウェアとは、悪意のあるソフトウェアのことです。マルウェア

> **Attention**
>
> クラッカーは、身元が特定されないように、複数のパソコンを経由して目的のパソコンに侵入することが多いと言われます。セキュリティ対策が万全でないと、クラッカーに攻撃されるだけでなく、他のパソコンへの攻撃や犯罪に利用される危険もあります。

> **Attention**
>
> 本人に無断で、他人のID・パスワードを用いてサービスを利用することは、「不正アクセス行為の禁止等に関する法律」に違反する可能性があります。

> **Attention**
>
> ウイルスに感染していても、利用者がそのことにまったく気がつかない場合もあります。

> **Attention**
>
> マルウェアの一種であるスパイウェアは、フリーソフトと一緒にインストールされるケースが多くみられます。インストールの際、**使用許諾契約**にスパイウェアについて明記されていることもありますが、熟読していないと知らずにインストールしてしまう場合もあり、注意が必要です。

には、コンピュータウイルス、ワーム、スパイウェアなどの不正プログラムがあります。

① **コンピュータウイルス**は、パソコンに記憶されているファイルに入り込んで（これを感染という）、その内容を変更するプログラムです。これによってファイルのデータが破壊されたり、パソコンの動作が不安定になったりします。コンピュータウイルスが次々にファイルに感染することで被害が大きくなります。

② **ワーム**は、コンピュータウイルスと同じような悪事を働くだけでなく、ワーム自身が悪質な動作をします。インターネットやUSBメモリなどを介して、他のパソコンなどに拡散していきます。

③ **スパイウェア**は、インストールされたパソコン内の個人情報を収集したり、パソコンの操作履歴情報などを記録して、それらの情報をスパイウェアの作成者などに送信するプログラムです。

●**マルウェアに感染した場合のリスク**

マルウェアに感染すると、以下のようなことが起こる可能性があります（図2-19）。

① パソコン内のファイルが消去されます。
② パスワードなどが外部に自動的に送信され、情報の漏洩が起こります。
③ パソコンが起動できなくなります。
④ パソコンに「バックドア」と呼ばれる裏口が作成され、外部から遠隔操作されます。

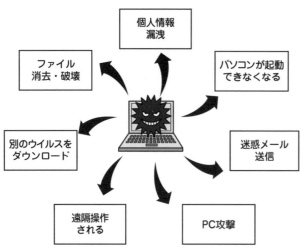

図2-19　マルウェアに感染した場合のリスク

Keyword

◆**ランサムウェア**

　暗号化などによってファイルを利用不可能な状態にした上で、そのファイルを元に戻すことと引き換えに金銭を要求するマルウェアです。

Keyword

◆**ダウンロード**

　インターネットから手元のパソコンにファイルを取り込むことを指します。ソフトウェアをダウンロードしてインストールする前には、利用規約をよく確認してください。

Keyword

◆**標的型攻撃メール**

　特定の組織や個人を狙ったメールで、仕事などに関係したメールと見分けができないように巧妙に作り込まれています。ほとんどの場合、非常に悪質なウイルスが付けられており、大きな問題となっているので、注意が必要です。

●マルウェア感染経路

マルウェアは、以下のような経路で感染する場合が多いので、注意が必要です（図2-20）。

① Webページ
② インターネットでダウンロードしたファイル
③ USBメモリ
④ 電子メールの添付ファイル
⑤ HTML形式のメール
⑥ ファイル共有ソフト

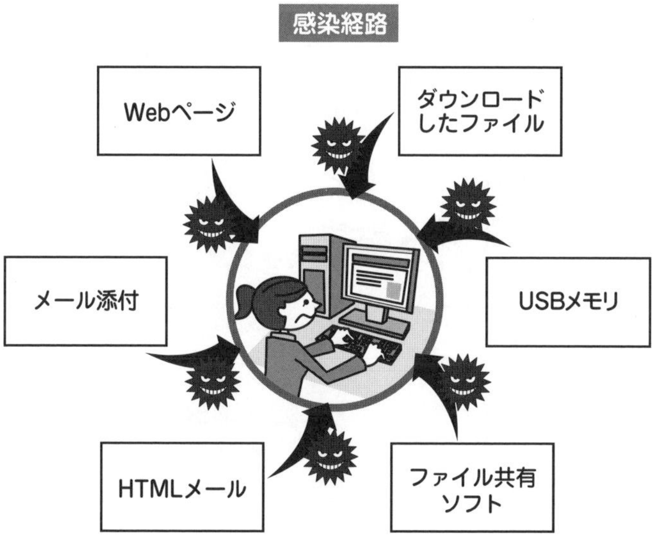

図2-20　マルウェア感染経路

■【リスク3】ネット犯罪

① フィッシング詐欺

フィッシング詐欺とは、ユーザーを偽のWebサイトに誘い込み、個人情報をだまし取ろうとするインターネット上の詐欺です。金融機関を名乗って電子メールを送りつけ、メール本文から巧妙に作られた偽のWebページに誘導して、個人情報や暗証番号などを入力させるなどの手口が代表的です（図2-21）。

② ワンクリック詐欺

ワンクリック詐欺とは、Webページ閲覧時に画像や文字をクリックしただけで、身に覚えのない利用料金などを請求してくる詐欺です。電子メールで悪質なWebページに誘導する場合もあります。

③ インターネット上での売買における詐欺

ネットショッピング、ネットオークション、フリマアプリを使用し

Keyword

◆ファイル共有ソフト

パソコン同士がファイル交換を行うためのソフトウェアです。ファイル共有ソフトを使った、著作権を無視した映画や音楽などのデータのやりとり（犯罪）が問題になっています。

また、これらのソフトを標的にしたコンピュータウイルスによる個人情報、機密情報の漏洩なども発生しており、多くの組織で使用が禁止されています。

Attention

最近のネット詐欺の手口は様々です。

偽アプリ

正規のアプリを装って不正なアプリをインストールさせ、個人情報を収集する。

迷惑広告

検索サイトで閲覧履歴に関連する偽広告を表示し、不正サイトに誘導する。

不正送金

マルウェアで利用者が金融機関のWebサイトにアクセスしたときに、偽の入力画面に移り変わるように改ざんし、金銭を窃盗する。

た売買では、トラブルが多発しています。「代金を支払ったにもかかわらず商品が届かない」などの事例も多く報告されています。フリマアプリでは、偽物の商品が届くなどのトラブルの際に基本的には当事者間の解決が必要となる場合も多いので注意が必要です。

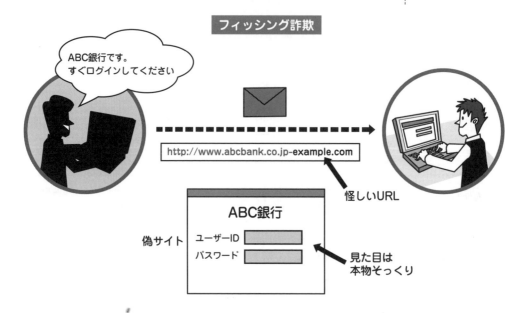

図2-21　フィッシング詐欺

④ 違法取引

　海賊版コンテンツなどの販売は著作権侵害となります。著作権を侵害したものと知りながらダウンロードしたり、購入した場合は、ダウンロードした人や購入者も罰せられます。

■【リスク4】災害・故障

　地震、洪水などの自然災害やパソコンの故障などが原因で、情報システムが利用できなくなったり、大切なデータを失ったりすることがあります。

■【リスク5】紛失・盗難

　人的なミスによるデータの消去やパソコン・USBメモリなどの紛失の危険性もあります。その他、パソコンやスマートフォンなどの盗難被害や、組織の内部関係者による情報漏洩も問題となっています。

Advice

◆ネットショッピングの注意点

　インターネットでのショッピングでは、少なくとも以下の点を確認してください。

・会社概要（特に住所、連絡先）

・支払い方法、返品対応や送料などの料金に関する情報

・プライバシーポリシー（収集した個人情報をどのように取り扱い、管理や保護を行うかといった基準や方針）

・SSL/TLS（2.5.2参照）に対応しているか

・商品の詳細情報

2.4.2　情報セキュリティ対策

次に、インターネット利用者にとって必要な最低限の情報セキュリティ対策を挙げます（図2-22）。

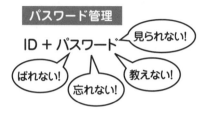

図2-22　セキュリティ対策

■【対策1】ユーザーIDとパスワードの管理

ユーザーIDと**パスワード**を他人に知られてしまうと、勝手にパソコンを使われたり、インターネット上で本人になりすまして書き込みをされる危険があります。また、情報システム全体が危険にさらされることにもつながります。パスワードなどが他人に知られてしまった場合、そのパスワードの持ち主に対して、管理責任が問われることになります。

パスワードは、以下の点に注意して管理してください。

① 他人に見られる場所にパスワードのメモを残さないでください。
② パスワードには他の人に簡単に推測できるもの（誕生日、電話番号、辞書に出てくる単語など）を使わないでください。
③ 大文字と小文字を組み合わせたり、記号（!、#など）や数字と組み合わせたりして、できるだけ長いパスワードにしてください。
④ 入力しているところを他人に見られないようにしてください。
⑤ パスワードについて質問されても答えないようにしてください。
⑥ ネットカフェなど共用パソコンには入力しないでください。
⑦ パスワードは共用パソコンに保存しないでください。
⑧ 同じパスワードを複数のサービスで使い回さないでください。

▌Keyword

◆ログイン・ログアウト

メールなどの情報システムにアクセスするときはユーザーIDとパスワードを入力しますが、これらが承認されて利用が許可された状態のことを**ログイン**（ログオン）と言います。一方、ログイン状態を解除し、利用を終了することを**ログアウト**（ログオフ）と言います。

▌Advice

パスワードを忘れないように、信頼できるパスワード管理ソフトを利用する人もいます。

▌Advice

◆2段階認証

ログインする際に、IDとパスワードによる認証のみの場合、パスワードが盗まれれば第三者にログインされ、不正に情報にアクセスされる危険があります。そこで、IDとパスワードによる認証後、ログイン時とは異なる**セキュリティコード**によって再度認証を求める2段階認証方式が急速に普及しています。

このように多様な認証方法を導入することで不正アクセスへの安全性を高めています。

■【対策2】ソフトウェアの更新

　OSやあらゆるソフトには、セキュリティ上の弱点や不具合（**セキュリティホール**、**脆弱性**とも言われます）が残されている場合があります。クラッカーやマルウェアはその弱点を狙う場合が多いのです。

　更新プログラムは、セキュリティ上の弱点やソフトウェアの不具合などを修正する役割があります。**Windows Update**によりWindowsのシステムを最新の状態にすることで、パソコンの安全性を保ちます。

　その他のソフトウェアについても、各メーカーの更新情報を収集して、アップデートを行う必要があります。

■【対策3】ウイルス対策ソフトの導入

　ウイルスを発見・駆除するウイルス対策ソフトを導入してください。そして、**ウイルス定義ファイル**は常に最新のものとなるよう更新してください。ウイルス定義ファイルが更新されていないと、新種のウイルスに感染してしまうリスクが高まります。

■【対策4】ファイアウォールの導入

　ファイアウォールは外部からの不法侵入を防ぐものです（図2-23）。Windows 11では、Microsoft Defenderファイアウォールという機能が利用できます。これにより、クラッカーの侵入・不正アクセスと、個人情報の漏洩を防ぐことができます。

　また、最近は、ウイルス対策だけでなく、パーソナルファイアウォールやフィルタリングなどの機能を備えた、総合セキュリティ対策ソフトが普及しています。

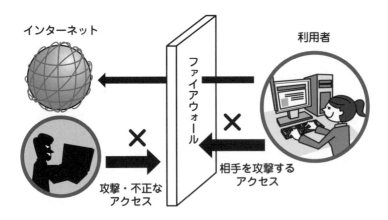

図2-23　ファイアウォール

■【対策5】外部から入手する怪しいファイル・メールなどに注意

ユーザー自身が怪しいURLにアクセスしたり、不審なファイルをダウンロードしたりすることによって、ウイルス感染などにつながることがあります。リスクを低減するために、メールやネット検索、Webページの閲覧などを行う際には、以下の点を注意してください。

① 怪しいWebページは、閲覧しないようにしてください。
② むやみにインターネットからソフトウェアやファイルをダウンロードしないでください。
③ 怪しいメールは開かずに削除した方がよい場合があります。知人のメールアドレスからのメールでも、不自然な添付ファイルが付けられている場合などは、開かずに削除するか、本人に確認してください。
④ HTML形式のメールでは、プレビュー表示しただけで感染するものもあるので注意してください。
⑤ むやみにUSBメモリを差し込まないでください。
⑥ ファイル共有ソフトは、多くの組織で使用が禁止されています。

■【対策6】ネット犯罪対策

ネット犯罪に巻き込まれないように、最新の手口や対応策などについての知識を深めましょう（2.6参照）。

トラブルなどに巻き込まれたときは、次の組織に相談するとよいでしょう。

●各都道府県警察本部のサイバー犯罪相談窓口
●総務省電気通信消費者相談センター

■【対策7】バックアップ

バックアップとは、ハードウェアの故障・ウイルス感染・停電などによりデータの破壊や消失が起きてもデータを復元できるように、大切なデータを別のメディアに保存しておくことです。万一に備え、定期的にファイルのバックアップをとっておきましょう。

■ Attention

SNSや電子掲示板には、悪質なWebページへのリンクが貼られている場合があります。むやみにリンクをクリックしないようにしてください。

■ Attention

偽のセキュリティ警告に注意してください。「『あなたのコンピュータがウイルスに感染しています』といったメッセージを表示し、偽のウイルス対策ソフトのダウンロード先に誘導する」という方法でウイルスをインストールさせる悪質な手口が存在します。

■ Advice

万一、コンピュータウイルスに感染したときは、ウイルスを拡散しないように、まずはインターネットの接続を遮断してください。

2.5
情報モラル

情報を扱う上で守らなくてはならない道徳的な規範のことを**情報モラル**、または**情報倫理**と言います。情報モラルは、一般社会におけるモラルやマナーと大きく違うわけではありません。相手の立場に立った行動を推し進めて考えれば、自ずと明確になるようなことです。ここでは、情報発信の注意点、個人情報、知的財産権について学習します。

2.5.1　情報発信の注意点

ここで言う情報発信とは、**SNS**、**Webページ**、**ブログ**、**電子掲示板**などの不特定多数の人が閲覧できる場所に、自分の意見や主張、感じたことなどを発信することです。

ネット上の発言は、国籍、年齢を問わず様々な人によって読まれます。インターネットでは通常相手の顔が見えないため、様々なトラブルに巻き込まれる可能性があります。情報発信時には、以下の点に注意してください。

① 情報を見た人が、傷ついたり、不愉快になったりしないように、内容、言葉などに注意してください。公序良俗に反する内容、誹謗中傷は、発信する情報として相応しくありません。
② 匿名・非匿名に関わらず、発言には責任を持ってください。
③ インターネット上に一度流出した情報を完全に消すことは困難な場合が多いので、書き込む内容には注意が必要です。
④ 自分・他人の個人情報はむやみに載せないでください。

■SNS

SNS（Social Networking Service）とは、そのサービスに登録している人だけに限定されるコミュニケーションサービスです。例えば、世界的に利用者が多く、原則実名で登録するFacebook、短いつぶやきを投稿するTwitter、写真の投稿が中心のInstagramなどがあります。

SNSは、とても身近で便利なコミュニケーション手段であると言えますが、最近ではアカウントの不正利用や、知り合い同士の空間であるという安心感を利用した詐欺やウイルス配布の被害などの事例が発生しているため、注意が必要です。

また、プライバシー設定で友人のみに公開している場合であっても、写真や書き込み情報が思わぬ形で流出する危険性もあります。

2.5.2　個人情報

個人情報とは、個人に関する情報であり、その中に含まれる氏名、生年月日やその他の記述などにより、特定の個人を識別することができるものを言います。個人情報が悪用されると、プライバシーが侵害され、精神的なダメージを受けたり、安全が脅かされたりすることがあります。個人情報を自分で管理し、守るために、以下のような個人情報の取り扱いの注意が必要です。

① 自分の個人情報をむやみに入力しないでください。

　本来の目的以外に利用される可能性がある場合、アンケートや懸賞などで個人情報をむやみに開示しないでください。

② 他人の個人情報を勝手に公開しないでください。

　自分だけではなく、他人の個人情報もWebページやブログで公開してはいけません。SNSなどに友人と出かけたことなどを書き込むときも、他人の氏名や写真などの個人情報を許可なく載せてはいけません。

③ Webで個人情報を入力するときは、そのサイトがSSL/TLSに対応しているか確認してください。

　httpsから始まるURLには、ブラウザ上で鍵マーク（暗号化通信）が付けられます。**SSL**（Secure Socket Layer）/**TLS**（Transport Layer Security）は、データを暗号化してやりとりするためのプロトコルで、WebブラウザとWebサーバ間を暗号化して通信します（図2-24）。

　閲覧中のサイトが有効なSSL/TLS証明書を所有しているか、証明書情報にごまかしがないかを確認してください。

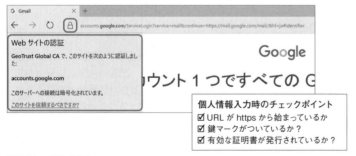

図2-24　SSL/TLS

④ ハンドルネームを使うなどの工夫をしてください。

　電子掲示板に書き込みをしたり、ブログなどで情報発信をしたりするときは、ネット上のニックネームである**ハンドルネーム**を使う方がよい場合もあります。

■ **Attention**

　SSL/TLSに対応しているサイトであっても、極力個人情報を入力しないよう心がけましょう。

■ **Attention**

　インターネット上に面白半分に書いたことや、アルバイト先などでの出来事を書いたことが原因で、**炎上**という批判が殺到した状態になることがあります。このような場合、ハンドルネームや匿名で書き込まれた投稿であっても、投稿者が特定されることが多々あります。

■コラム■　暗号化

　大切な情報は、暗号化して送ったり、保管したりする必要があります。暗号化される前の文字列を平文（ひらぶん）、暗号化された後の文字列を**暗号文**、暗号文を作るために使うビット列を**鍵**と言います。また、平文から暗号文を作ることを**暗号化**、暗号文から平文に戻すことを**復号**（ふくごう）と言います。

　暗号化と複号で共通の鍵を用いる方式を「**共通鍵暗号方式**」と呼びます。この方式では、まず共通鍵を用いてデータを暗号化します。これを受信者に送るときは、暗号文だけを送られても受信者側では平文に戻せないので、暗号化に用いた共通鍵も送る必要があります。この際に、共通鍵が盗まれるという可能性があり、これが1つの問題点となっています。

　その欠点を補うために考案されたのが「**公開鍵暗号方式**」です。この方式では、2つの鍵を図2-25のように使います。発信者は、平文を受信者が公開している暗号化するための鍵（**公開鍵**）で暗号化して、受信者へ送ります。受信者は、発信者から送られてきた暗号文を秘密鍵を使って開きます。秘密鍵は、公開しない鍵なので、受信者以外は暗号文を開くことができません。そのため、公開鍵暗号方式は共通鍵暗号方式と比べて安全です。

　ただし、この方式には処理が複雑で時間がかかるという欠点があります。そこで、最初に共通鍵を公開鍵暗号方式で暗号化して送信し、それ以降のやりとりは速度の速い共通鍵暗号方式で行う方法が用いられています。

　このような暗号技術は電子署名などで使用されており、インターネットにおけるデータの送受信の安全性向上に貢献しています。

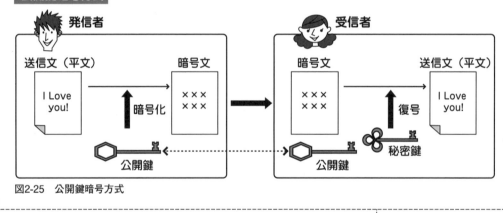

図2-25　公開鍵暗号方式

2.5.3　知的財産権

　知的財産権とは、アイデアや技術など形のないものを財産として認め、無断で使用されることのないよう一定期間、保護するための権利で、大きく**産業財産権**と**著作権**に分かれています。日本では、産業財産権は申請して認められたものに対してのみ付与されますが、著作権は申請しなくても創造（創作）と同時に付与されます。これらの権利を侵害することは法律で禁止されています。

　人間の思想や感情を文字や音、絵、写真で創造的に表現したものを**著作物**と言い、音楽、美術、小説、映画、コンピュータプログラム、Webページなど、創作的に表現されたものが該当します。インターネットに公開されている情報（絵、写真、文など）にも著作物を保護す

Attention

　知的財産権とは異なりますが、情報発信時に気を付けるべき権利に**肖像権**があります。自分で撮影した写真や動画でも、その写真に写っている人に無断で公開すると、その人の肖像権を侵害する行為になりえます。

る権利である著作権が存在します。

　自分のWebページに、他の人のデータや書籍・雑誌などの記事や写真を無断で転載することは、著作権を侵害する行為となります。ソフトウェアは、通常、ライセンス契約に基づいて使用が許諾されることが多く、この場合、各ライセンス契約の範囲内でのみ利用できます。

　特殊なライセンスの1つに、**CCライセンス（クリエイティブ・コモンズ・ライセンス）**があります。これは、作品を公開する作者が「この条件を守れば私の作品を自由に使って構いません」という意思表示をするためのツールです。その条件は、クリエイティブ・コモンズのWebサイト（https://creativecommons.jp/licenses/）で確認できます。

　権利を守ることにより、著作物を作りやすい社会になります。社会の変化に対応して、著作権法は改正されていることも意識しましょう。

■ Keyword

◆フリーソフト

　著作権は存在しますが、無料で使用できるソフトです。一般的に動作保証やサポートがなく、ソフトにバグやトラブルが発生してもソフトの開発者に責任や修正の義務はなく、トラブルに対応してもらえません。したがって、使用者の責任で使用することになります。ダウンロードは信頼できるWebサイトから行う必要があります。また、ダウンロードしたソフトは必ずウイルスチェックをしてください。

■ Keyword

◆パブリックドメイン

　著作権の保護期間が終了したもの、または、作者が著作権を放棄したものを指します。

```
                          ┌─ 特許権
           ┌─ 産業財産権 ─┼─ 実用新案権
           │              ├─ 意匠権
           │              └─ 商標権
知的財産権 ─┤
           │              ┌─ 著作者人格権
           ├─ 著作権 ─────┼─ 著作財産権
           │              └─ 著作隣接権
           └─ その他
```

コピーライト＝著作権

作品（著作物）を作った人が持っている権利

美術品　パソコン用CD　本・文集　写真　音楽　映画

音楽CD・DVD

MOVIE

Webページやブログ

作品を作ればプロでもアマチュアでも関係なく
著作権が発生します

© 桜　リン

名前の前に付いている©はコピーライトのマークです
他の人の作品を使いたいときは、その人の許可を得てください

図2-26　知的財産権

2.6
参考になる Web サイト

　インターネットを取り巻く世界は日々変化しています。セキュリティ対策や著作権ルールなどについても、日々最新情報に注意して、自分のパソコンや情報を自分で守ることが必要です。

　以下に、インターネット利用について学習するのに、おすすめのWebサイトを紹介します（2022年10月現在のURLです）。これらの情報も参考にして、学生の皆さんが社会人になっても、安全で効果的に、そして楽しくインターネット技術を活用されることを願っています。

■情報セキュリティ関連

●独立行政法人 情報処理推進機構（IPA）情報セキュリティ

https://www.ipa.go.jp/security/

●IPA ここからセキュリティ！　情報セキュリティ・ポータルサイト

https://www.ipa.go.jp/security/kokokara/

●総務省 国民のためのサイバーセキュリティサイト

https://www.soumu.go.jp/main_sosiki/cybersecurity/
kokumin/index.html

●警察庁 サイバー犯罪対策

https://www.npa.go.jp/cyber/

●内閣サイバーセキュリティセンター みんなで使おうサイバーセキュリティ・ポータルサイト

https://security-portal.nisc.go.jp/index.html

■著作権関連

●文化庁 著作権

https://www.bunka.go.jp/seisaku/chosakuken/

●公益社団法人 著作権情報センター（CRIC）

https://www.cric.or.jp/

■コラム■ スマートフォン・タブレット端末の注意点

スマートフォンやタブレット端末はパソコンと同じような高度な機能を持った情報端末です。これらの端末にはアドレス帳や位置情報などのプライバシー情報が保存されているため、セキュリティ対策が必要です。スマートフォンやタブレット端末を利用するときは、以下の点に注意してください。

① 盗難や置き忘れに注意してください。
→ 万一に備えて、パスワードロックをかけてください。
② 廃棄の際は、個人情報を完全に消去してください。
→ 個人情報収集を目的に、廃棄された端末が売買されることがあります。
③ OSやアプリを最新の状態にしてください。
→ 古い状態のままでは、クラッカーに狙われます。
④ アプリをインストールするときは十分に注意してください。
→ 悪質なアプリが流通しています。むやみにアプリをインストールするのは危険です。
⑤ アプリのインストール前に、アプリの権限や利用条件・規約を確認してください。
→ アプリの中には個人情報収集を目的としているものもあります。権限の許可はむやみにせず、アプリがカメラにアクセスできるようにするかなどよく確認して必要がある場合のみ設定してください。
⑥ 位置情報に注意してください（特にSNSなどに写真を投稿するとき）。
→ 設定にもよりますが、撮影した写真には、撮影場所・日時・位置情報などの情報が含まれます。
⑦ SNSやオンラインゲームなどに夢中になり、情報端末を手放せないネット依存にならないようにしてください。
→ 健康被害やコミュニケーショントラブルなどが問題となっています。長時間の利用は控えてください。
⑧ 公共の場所でのマナーやルールを守ってください。
→ 許可されていない場所での充電や撮影は違法・違反行為です。

**便利なスマートフォンや
タブレットはクラッカーに
狙われています**

図2-27　スマートフォン・タブレットの危険

■コラム■　ビットとバイト……情報の量を表す単位

　コンピュータの内部のデータは、すべて0と1の2種類の数で表現（デジタル化）されています。0と1の組み合わせだけで、様々な数を表現する方法を**2進数**と言います。

　ビット（bit）は、Binary digitを略したもので、情報量を表す単位です。0か1かという2つの状態のうち、どちらかであるかを表すために必要な情報量が1ビットです。つまり1ビットで、1つの1か0を記憶することができます。

　文字や画像も0と1の組み合わせだけで表現されているのです（図2-28）。

図2-28　デジタル化のイメージ

　コンピュータ内部では、8ビット分をまとめた単位でデータを扱います。この単位が**バイト**（byte）です。1バイトは8ビットに相当します。

　1バイトは、2つの状態を表すことができるビットが8つあるので、256通りの組み合わせが表現できます。

　　　2×2×2×2×2×2×2×2=256

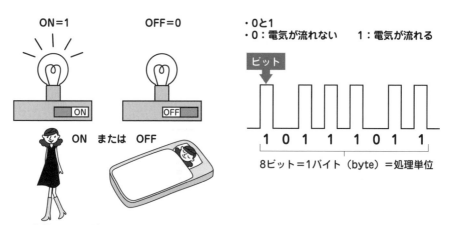

図2-29　2進数のイメージ

　バイトはBというアルファベット1文字で表示されることが多いです。

　数が大きくなるにつれて、KB(キロバイト)、MB(メガバイト)、GB(ギガバイト)、TB(テラバイト)といった表現になります。

■ Attention ■

　1KB=1000バイトではなく、1KB=1024バイトになります。

　これは、2^{10}は、1000ではなく、1024になるからです（2の累乗ではぴったり1000になりません）。

　　　1KB=1024B

　　　1MB=1024KB（=1,048,576B）

　　　1GB=1024MB（=1,048,576KB　=1,073,741,824B）

第3章

Microsoft Word

3.1
Wordの基本操作

この章では、文書作成ソフトMicrosoft Word 2021（以下、Word）の基本操作、および表や図形の作成方法を学習します。Wordは、学生生活の中でレポートや論文を作成する際に必要となるソフトウェアです。ビジネス文書やイベントのチラシなどを作成するときにも使用します。

3.1.1　Wordでできること

Wordでは、以下のようなことができます。

① 文章の入力
② フォントの設定
③ 文章中への表や図の挿入
④ 段落の設定

他にも、表計算ソフトExcelを使用して作成した表やグラフを文章中に挿入することもできます。

3.1.2　Wordの起動方法／画面構成／終了方法

■起動方法

デスクトップ下部中央にある ■（スタート）をクリックし、［**すべてのアプリ**］からアプリメニュー画面を開き、［**Word**］を選択して起動します（図3-1）。Wordを起動して、左に表示されるメニューから［**新規**］を選択することで、「テンプレート」と呼ばれる文書のひな形が表示されます。

Attention

Office 2021のインストール方法やアップデートのタイミングの違いによって、起動時・編集時などの画面が異なります。

そのため、本文の説明に用いられている図3-1（右）のようなBackstageビューのアイコンやメニューが異なる場合があります。

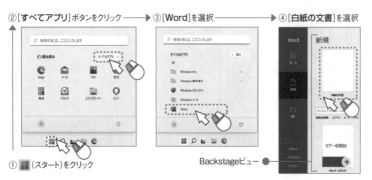

②［**すべてアプリ**］ボタンをクリック　→　③［Word］を選択　→　④［**白紙の文書**］を選択

① ■（スタート）をクリック

Backstageビュー●

図3-1　Wordの起動方法とテンプレートの選択画面

■画面構成

画面各部の名称は図3-2に、各部の機能は表3-1にまとめてあります。

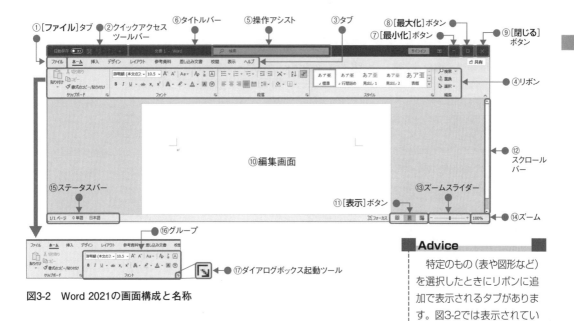

図3-2　Word 2021の画面構成と名称

Advice

特定のもの（表や図形など）を選択したときにリボンに追加で表示されるタブがあります。図3-2では表示されていません。

表3-1　各部の機能

名称	機能
①［ファイル］タブ	Backstageビューを表示 （新規の文書を作成する、文書ファイルを開く／保存する、印刷するなどの機能を提供）
②クイックアクセスツールバー	文書ファイルの上書き保存、作業を元に戻す／やり直す、など
③タブ	［ホーム］、［挿入］などのリボンの選択
④リボン	選択されたタブに応じて様々な機能を表示・提供
⑤操作アシスト	キーワードを入力して関連する機能を検索・実行
⑥タイトルバー	編集中の文書のファイル名を表示
⑦［最小化］ボタン	ウィンドウを最小化してタスクバーに格納 （最小化したウィンドウを元に戻すときはタスクバーのアイコンを選択）
⑧［最大化］ボタン	ウィンドウを最大化する／最大化したウィンドウを元に戻す
⑨［閉じる］ボタン	アプリケーションの終了
⑩編集画面	文書の表示・編集
⑪［表示］ボタン	編集画面の表示方法を変更
⑫スクロールバー	編集画面に表示した文書のスクロール
⑬ズームスライダー	編集画面の拡大・縮小率をマウスで変更
⑭ズーム	編集画面の拡大・縮小率を表示／［ズーム］ダイアログボックスの起動
⑮ステータスバー	ページ番号／ページ数、文字数などの表示
⑯グループ	リボン内で関連性が高い機能をまとめたもの
⑰ダイアログボックス起動ツール	グループごとに機能の詳細設定を行うダイアログボックスの起動

■文書の保存と終了方法

[**ファイル**] タブをクリックし、Backstageビューを表示します。左のメニューから[**名前を付けて保存**]をクリック→[**このPC**]をダブルクリックし、[**名前を付けて保存**]ダイアログボックスで保存先とファイル名を指定して[**保存**]ボタンをクリックします(図3-3)。通常、ファイルの種類は「**Word文書**」、拡張子は「**.docx**」を選択します。

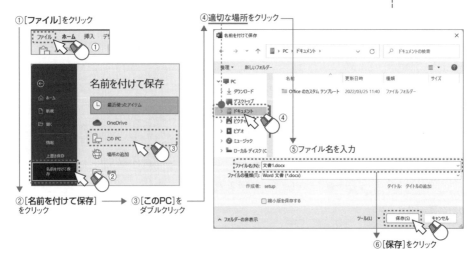

図3-3　文書の保存方法

ファイル名の付いた文書を変更して上書きする場合は、[**ファイル**]タブ→[**上書き保存**]を選択します。

■Wordの終了方法

終了するときは、右上の[**閉じる**]ボタンをクリックします。終了時に文書を保存していない場合、または上書き保存されていない変更がある場合は、変更を保存するメッセージボックスが表示されます。[**保存**]をクリックすると、ファイル名を付けて保存、または上書き保存することができます。[**保存しない**]をクリックすると変更は保存されません。[**キャンセル**]をクリックすると、Wordを終了せずに文書の編集に戻ります(図3-4)。

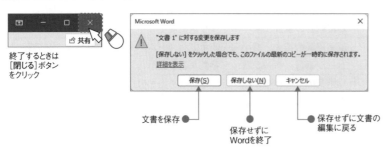

図3-4　文書の終了方法

3.1.3　文字の入力

　Wordでは、文字を入力する場所に点滅している縦棒「｜」が表示されます。この縦棒を**カーソル**と言います。Wordを起動して「**白紙の文書**」を選択すると、カーソルは編集画面の左上（1文字目）に表示されます。

練習問題 3-1

(1) 白紙の文書に以下の文章を入力しなさい（↵は、Enterを押して改行）。

> 今年も、毎年恒例の境川ゴミ拾いを行います。参加を希望する方は、下に記載してあるメールアドレスに連絡をください。途中からの参加も可能です。↵
> 昨年は、市より感謝状をいただくことができました。今年も皆さんの積極的な参加をお待ちしています。↵
> なお、当日はゴミの分別にご協力ください。

(2) 修正

　上の（1）で入力した文章にある「**メールアドレスに連絡**」の部分について、「**メールアドレスに**」と「**連絡**」の間にカーソルを合わせてから「**参加希望の**」を追加して、「**メールアドレスに参加希望の連絡**」となるように修正しなさい。

(3) ファイル名を「**練習問題3-1**」として、適切な場所に保存しなさい。

3.1.4　文字列や行の選択・解除・削除・コピー・移動

■文字列・行の選択と解除

　選択したい文字列の最初の文字から最後の文字までをドラッグすることで、文字列を選択できます（図3-5）。選択された文字列の背景はグレーに変わります。カーソルが点滅している状態で、Shiftを押しながらキーボードの矢印キー（↑↓←→）を押すことでも選択できます。

　1行分の文字列を選択する「行の選択」は、選択したい行の左の余白にマウスポインタを合わせて、マウスポインタの形が白い矢印（）になった状態でクリックします。

　連続した複数の行を選択するには、行の左の余白にマウスを合わせて、マウスポインタの形が白い矢印（）になった状態で上または下にドラッグします。

　文書中のすべての文字列を選択するには、[**ホーム**] タブ→[**編集**] グループ→[**選択**] → [**すべて選択**] をクリックします。

■Advice
　[**すべて選択**] はCtrl ＋Aでも行えます。

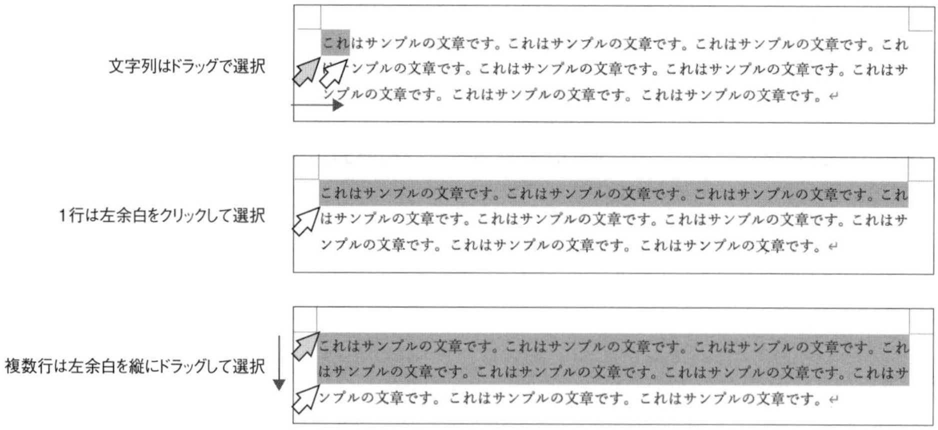

文字列はドラッグで選択

これはサンプルの文章です。これはサンプルの文章です。これはサンプルの文章です。これ
ンプルの文章です。これはサンプルの文章です。これはサンプルの文章です。これは
ンプルの文章です。これはサンプルの文章です。これはサンプルの文章です。↵

1行は左余白をクリックして選択

これはサンプルの文章です。これはサンプルの文章です。これはサンプルの文章です。これ
はサンプルの文章です。これはサンプルの文章です。これはサンプルの文章です。これはサ
ンプルの文章です。これはサンプルの文章です。これはサンプルの文章です。↵

複数行は左余白を縦にドラッグして選択

これはサンプルの文章です。これはサンプルの文章です。これはサンプルの文章です。これ
はサンプルの文章です。これはサンプルの文章です。これはサンプルの文章です。これは
ンプルの文章です。これはサンプルの文章です。これはサンプルの文章です。↵

図3-5　文字列および行の選択

　選択を解除するには、文書中のどこかでクリックします。

■文字列の削除

　不要な文字（文字列）を削除するには、次の3つの方法があります。

① 削除したい文字の左側にカーソルを移動してから、Delete を押します。

② 削除したい文字の右側にカーソルを移動してから、Backspace を押します。

③ 削除したい文字列を選択してから、Delete（または Backspace）を押します。

■文字列のコピーと移動

　「**コピー**」と「**貼り付け**」の機能を使うと、入力済みの文字列を別の場所にコピーして入力できます（図3-6）。「**切り取り**」と「**貼り付け**」の機能を使うと、入力済みの文字列を別の場所に移すことができます。

　「コピー」、「切り取り」、「貼り付け」の方法を以下に2つ紹介します。

●方法① リボンを使用する

　文字列をコピーするには、コピーしたい文字列を選択してから、[**ホーム**] タブ→ [**クリップボード**] グループ→ [**コピー**] をクリックします。移動したい場合は、文字列の選択後に [**ホーム**] タブ→ [**クリップボード**] グループ→ [**切り取り**] をクリックします。

　次に、文字列を貼り付けたい場所にカーソルを移動させてから、[**ホーム**] タブ→ [**クリップボード**] グループ→ [**貼り付け**] をクリックします。

●方法② 右クリックのメニューを使用する

　はじめに、文字列を選択します。次に、選択した文字列の上にマウ

スポインタを合わせた状態で右クリックして、表示されたメニューの
[コピー]、または[切り取り]をクリックします。最後に、文字列を
貼り付けたい場所にマウスポインタを移動させてから、右クリックの
メニューにある[貼り付けのオプション]の[元の書式を保持]をク
リックします。

■Advice
ショートカットキー
[Ctrl]+[C]…コピー
[Ctrl]+[X]…切り取り
[Ctrl]+[V]…貼り付け

3.1

Wordの基本操作

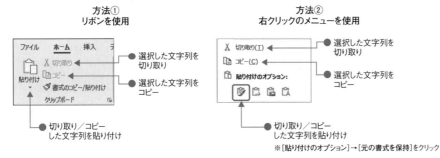

図3-6　切り取り・コピー・貼り付けの方法

3.1.5　文字の書式

Wordでは、入力した文字の書式を変更することができます。

■書体の変更

書体（フォント）を変更する方法を以下に2つ紹介します。

●方法① リボンを使用する

変更したい文字列を選択してから、[ホーム]タブ→[フォント]グ
ループ→[フォント]の右側にある ▼ をクリックして、任意のフォ
ントを選択します。

●方法② [フォント]のダイアログボックスを使用する

ダイアログボックスを使うと、文書の様々な書式設定を行うことが
できます。ダイアログボックスの起動方法を図3-7に示します。

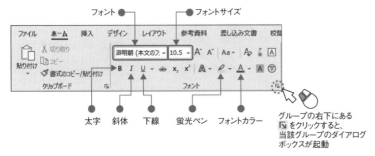

図3-7　[フォント]グループの機能とダイアログボックスの起動方法

変更したい文字列を選択してから、[ホーム]タブ→[フォント]グ
ループ→[ダイアログボックス起動ツール]をクリックし、[フォント]

のダイアログボックスを表示します。続いて、[**フォント**]タブをクリックし、[**日本語用のフォント**]のリストから任意のフォントを選択します。最後にダイアログボックスの下部にある[OK]をクリックします。

■文字の大きさ／文字の幅／文字と文字の間隔の変更

　文字の大きさ（フォントサイズ）を変更する場合は、文字列を選択してから、[**ホーム**]タブ→[**フォント**]グループ→[**フォントサイズ**]の右側にある　をクリックして、フォントサイズを**数値**（単位はポイント）で指定します。

　文字の幅を変更する場合は、文字列を選択してから、[**フォント**]グループのダイアログボックス→[**詳細設定**]タブ→[**文字幅と間隔**]にある[**倍率**]を変更します。同じく、[**文字幅と間隔**]にある[**文字間隔**]を変更すると、文字と文字の間隔を広く／狭くすることができます。

■太字・斜体・下線の設定

　文字列を選択してから、[**ホーム**]タブ→[**フォント**]グループ→[**太字**]をクリックすると太字の設定ができます（図3-8）。

　斜体や下線についても同様に、[**フォント**]グループにある[**斜体**]、[**下線**]をクリックすることで、それぞれ設定できます。

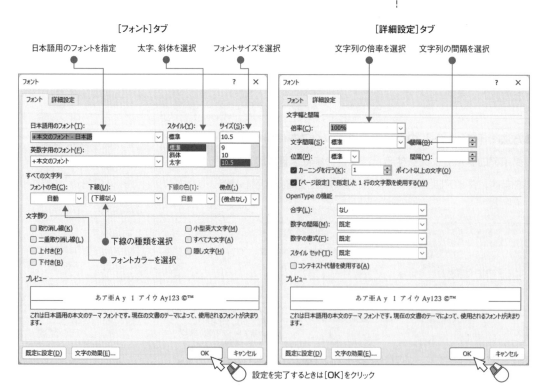

図3-8 ［フォント］グループのダイアログボックス

■文字の効果と体裁

「文字の効果と体裁」の各機能を使うと、文字に様々な効果を設定することができます。文字列を選択してから、[**ホーム**]タブ→[**フォント**]グループ→[**文字の効果と体裁**]をクリックして、設定したい機能を選択します（図3-9）。

①[**ホーム**]タブ→[**フォント**]グループ→[**文字の効果と体裁**]をクリック

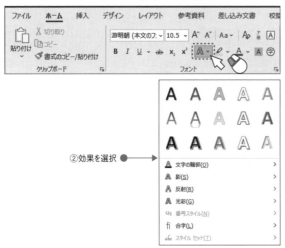

②効果を選択

図3-9　文字の効果と体裁

練習問題 3-2

練習問題3-1で作成した文書を開き、前後に文章を追加して、図3-10のとおり仕上げなさい。続いて、以下の文書の設定を行いなさい。

・全体のフォント：游ゴシック、10.5ポイント

・境川ゴミ拾いのお知らせ（3段落）：太字、下線、18ポイント

編集が終了したら、適切な場所に「**練習問題3-2**」として保存しなさい。

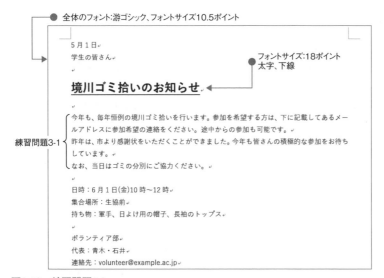

図3-10　練習問題3-2

3.1.6 文書の印刷

　Wordで作成した文書をプリンタで印刷するには、[**ファイル**] タブ
→ [**印刷**] を選択します。表示された画面の左側で、プリンタの選択、
用紙の設定などを行うことができます（図3-11）。右側のプレビュー
画面で印刷イメージを確認できます。

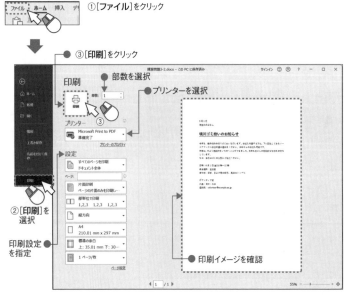

図3-11　文書の印刷方法

■コラム■　スペルチェックの機能

　Wordには、文書中で誤字の可能性がある箇所を指摘する**スペルチェック機能**がありま
す。例えば、スペルミスの可能性がある箇所には赤い波線が表示されます。また、文法に
誤りのある可能性がある箇所、表記に揺らぎがある単語などには青い二重線が表示されま
す。

　スペルチェック機能は文書の完全なチェックを行うものではありません。例えば、ロー
マ字で表記した日本人の名前を英単語のスペルミスと誤判定することがあります。また、
指摘できないスペルミスや文法上の誤りもあります。しかし、英作文中に見落としやすい
誤字や、「さ」入り言葉、「ら」・「い」抜き言葉、「〜たり」の繰り返し忘れなどを指摘して
くれるため、文書作成時の補助機能として非常に役立ちます。

　文書中の指摘箇所を確認・修正するときは、[**校閲**] タブ→ [**文章校正**] グループの [**ス
ペルチェックと文章校正**] をクリックします。表記の揺らぎ以外の指摘箇所は「**文章校正**」
画面で確認できます。また、表記の揺らぎは「**表記ゆれチェック**」ダイアログボックスで
確認できます。

3.2
Word による書式設定（基本編）

3.2.1　ページ設定

　[**レイアウト**] タブ→ [**ページ設定**] ダイアログボックスを使うと、文書の様々な書式設定を行うことができます（図3-12）。[**ページ設定**] ダイアログボックスでは、4つのタブを切り替えて次のような書式設定を行うことができます。

- [**文字数と行数**] タブでは、1行の文字数と行数の設定、グリッド線やフォントの設定を行います。
- [**余白**] タブでは、指定した紙の上下左右の余白や、印刷の向きについて設定を行います。
- [**用紙**] タブでは、用紙サイズの選択を行います。
- [**その他**] タブでは、セクションやヘッダーとフッターの調整を行います。

　設定した書式を文書に適用する場合は、ダイアログボックスの下部にある [**OK**] をクリックします。

[レイアウト]タブ→[ページ設定]
ダイアログボックスを起動

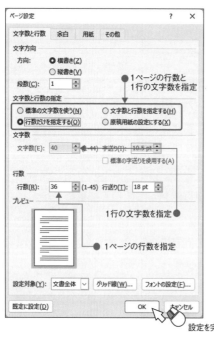

1ページの行数と
1行の文字数を指定

1行の文字数を指定 ●

1ページの行数を指定 ●

設定を完了するときは[OK]をクリック

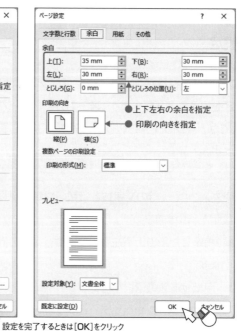

上下左右の余白を指定

印刷の向きを指定

設定を完了するときは[OK]をクリック

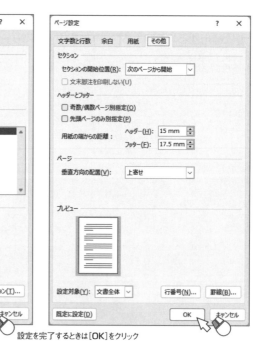

用紙サイズを指定

設定を完了するときは[OK]をクリック

図3-12 [ページ設定]ダイアログボックス

練習問題 3-3

　練習問題3-2で作成した文書を開き、以下の文書の設定を行い、図3-13のとおり仕上げなさい。

・余白：上下左右30mm

・文字数と行数：行数のみ指定し、30行

　編集が終了したら、適切な場所に「**練習問題3-3**」として保存しなさい。

30行/1ページ

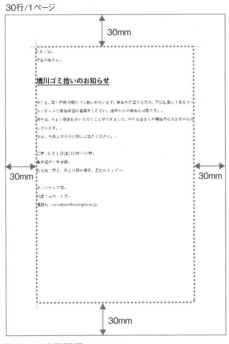

図3-13　練習問題3-3

3.2.2　段落の設定

■文字の配置

　Wordでは、改行によって段落を区切ることができます。

　それぞれの段落では、文字列の配置を「**左揃え**」、「**右揃え**」、「**中央揃え**」、または「**両端揃え**」に設定することができます。段落内にカーソルがある状態、または段落内の文字を選択した状態で、[**ホーム**] タブ→ [**段落**] グループにある [**左揃え**]、[**右揃え**]、[**中央揃え**]、または [**両端揃え**] をクリックします。

　複数行にわたる段落に両端揃えを設定すると、段落の最後の行を除く各行の折り返しが文書の右端に揃います（最後の行だけは左揃えと同じ見た目になります）。文書の見栄えが良くなるため、Wordでは広く利用されます。

▌Advice

[Shift]＋[Enter]で、段落を区切らない改行（段落内改行）を行うこともできます。

■字下げ・ぶら下げ・インデント

　段落に「**字下げ**」、「**ぶら下げ**」、「**インデント**」の設定を行うには、設定したい段落にカーソルを移動、または段落内の文字列を選択してから、[**ホーム**] タブ→ [**段落**] グループのダイアログボックスを起動し、[**インデントと行間隔**] タブをクリックして表示される [**インデント**] の欄を使用します（図3-14）。

　[**最初の行**] を「**字下げ**」にすると、段落の最初の行のみ、左端の位置が指定の幅だけ右に移動します。日本語の文章では「1字」（全角1文字分）の幅の字下げが標準的に使用されます。また、[**最初の行**] を「**ぶら下げ**」にすると、段落の最初の行を除く各行の左端が指定の幅だけ右に移動します。

　[**インデント**] を設定すると、段落内のすべての行について、左端と右端の位置が文書の内側に移動します。インデントは、字下げまたはぶら下げを設定した段落に対しても設定できます。

　設定内容を段落に反映するには、ダイアログボックスの下部にある [**OK**] をクリックします。

■行と行の間隔の設定

　行と行の間隔（行間）を設定する場合は、行間を設定したい段落を選択してから、[**ホーム**] タブ→ [**段落**] グループ→ [**ダイアログボックス起動ツール**] をクリックし、[**段落**] ダイアログボックスを表示させます。続いて、[**インデントと行間隔**] タブをクリックし、[**間隔**] にある [**段落前**]、[**段落後**]、および [**行間**] の設定を行います。[**行間**] は、段落内での行の間隔です。「1行」を選択すると、文字のフォントサイズ、行内の図（後述）の大きさなどに応じて行間が自動的に調整されます。「**固定値**」を選択すると、行間が固定されます。「**最小値**」を選択すると、行間が狭くなりすぎるのを防ぐことができます。なお、「固定値」または「最小値」の場合には [**間隔**] の値も設定する必要があります。

　設定を段落に反映する場合は、ダイアログボックスの下部にある [**OK**] をクリックします。

Advice

　[**レイアウト**] タブ→ [**段落**] グループにおいてもインデントと間隔を設定できます。

Advice

　行間を設定したい段落を選択後、[**ホーム**] タブ→ [**段落**] グループ→ [**行と段落の間隔**] の ▾ をクリックして行間の設定を行うこともできます。

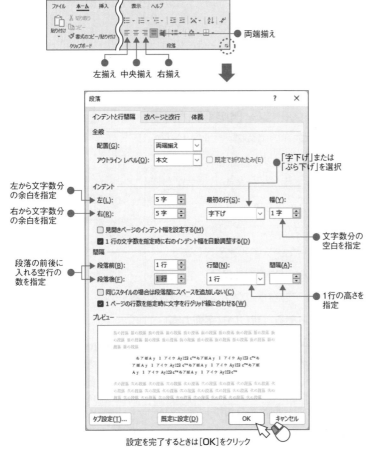

左揃え　中央揃え　右揃え

両端揃え

「字下げ」または
「ぶら下げ」を選択

左から文字数分
の余白を指定

右から文字数分
の余白を指定

文字数分の
空白を指定

段落の前後に
入れる空行の
数を指定

1行の高さを
指定

設定を完了するときは[OK]をクリック

図3-14　［段落］グループと［段落］ダイアログボックス

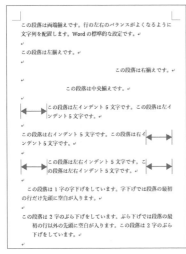

図3-15　段落設定のサンプル

■均等割り付け

均等割り付けとは、任意の段落や文字列を、指定した文字数の幅に合わせて均等に配置することです。Wordでは段落や文字列に対して均等割り付けを設定できます。段落に均等割り付けを行うには、段落内にカーソルを移動するか、または段落を区切る改行を含む文字列を選択します。続いて、[**ホーム**] タブ→ [**段落**] グループ→ [**均等割り付け**] をクリックします。段落の均等割り付けは前述の両端揃えに似ていますが、段落の最後の行の折り返しも右端に揃います。解除するときは、解除したい段落内にカーソルを移動するか、または段落内の文字を選択してから、改めて [**均等割り付け**] をクリックします。

段落内の一部の文字列だけに均等割り付けを行うには、段落の区切りになる改行を含めずに、均等割り付けにしたい文字列を選択します。続いて、[**ホーム**] タブ→ [**段落**] グループ→ [**均等割り付け**] をクリックすると、[**文字の均等割り付け**] のダイアログボックスが表示されます。最後に、このダイアログボックス内にある [**新しい文字列の幅**] に、文字列を割り付ける幅を入力して、[**OK**] をクリックします。文字列の均等割り付けは、長さが異なる複数の文字列の幅を揃えるときに便利です（図3-16）。解除するときは、文字列内にカーソルを移動するか、または文字列を選択してから改めて [**均等割り付け**] をクリックし、ダイアログボックス内の [**解除**] をクリックします。

■Attention

文字列の均等割り付けを解除したときに、文字列の前後に全角の空白が残ることがあります。必要に応じて削除してください。

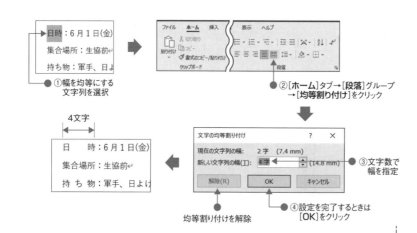

図3-16　均等割り付けと [均等割り付け] ダイアログボックス

練習問題 3-4

練習問題3-3の文章に以下の条件を加えて変更しなさい。編集が終了したら、適切な場所に「**練習問題3-4**」として保存しなさい。

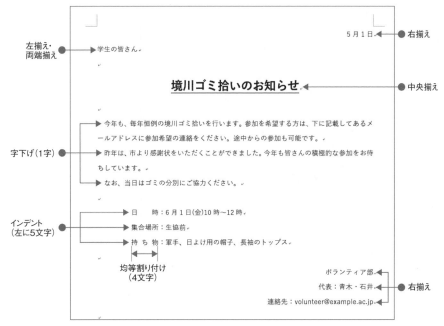

図3-17　練習問題3-4

3.2.3　表の作成

■表の挿入

　表を作成したい場所にカーソルを移動させます。

　［**挿入**］タブ→［**表**］グループ→［**表** ▼ ］をクリックします。［**表の挿入**］のメニューが表示されるので、作成したい表の行数・列数をドラッグ操作で選択します。

　他の方法としては、［**挿入**］タブ→［**表**］グループ→［**表** ▼ ］→［**表の挿入**］をクリックして表示されるダイアログボックスの「表のサイズ」欄の中で［**列数**］と［**行数**］を指定して、［**表の挿入**］ダイアログボックスの下部にある［**OK**］をクリックします（図3-18）。

　表を構成しているマス目を**セル**と言います。入力したいセルにカーソルを移動させて、文字や数値などを入力します。

　表中に入力した文字や数値などを削除するには、文字列の削除を行います。

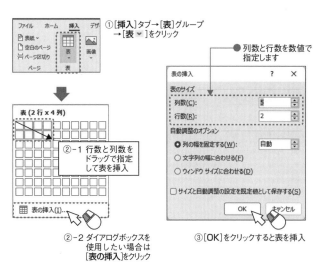

①[挿入]タブ→[表]グループ
→[表 ▼]をクリック

●列数と行数を数値で
指定します

②-1 行数と列数を
ドラッグで指定
して表を挿入

②-2 ダイアログボックスを
使用したい場合は
[表の挿入]をクリック

③[OK]をクリックすると表を挿入

図3-18 表の挿入

■表の設定

作成した表の体裁を整えることを**表の設定**と言います。

表全体を選択するには、表の左上にある ✛ をクリックします。表全体が選択できると、背景がグレーに変わります。

表全体もしくは、表の一部をクリックして選択すると表を選択したときに表示される[**テーブルデザイン**]タブと[**レイアウト**]タブが追加して表示されます。

■表の行（列）の挿入・削除

表の行（列）を追加することを**行（列）の挿入**と言います。また、表の行（列）を減らすことを**行（列）の削除**と言います。

行（列）の挿入をするには、挿入したい行（列）にカーソルを移動させ、[**レイアウト**]タブ→[**行と列**]グループ→[**上（下）に行を挿入**]または[**左（右）に列を挿入**]をクリックします。

行（列）の削除をするには、削除したい行（列）にカーソルを移動させ、[**レイアウト**]タブ→[**行と列**]グループ→[**削除** ▼]→[**セルの削除**]または[**列の（行）の削除**]、[**表の削除**]をクリックします。

■表の高さや幅の調整

表中にあるセルの高さ（幅）を均等にすることを**高さ（幅）を揃える**と言います。

高さ（幅）を揃えるには、高さ（幅）を揃えたいセルの範囲を選択します。[**レイアウト**]タブ→[**セルのサイズ**]グループ→[**高さ（幅）を揃える**]をクリックします（図3-19）。

Advice

表の中に画像や図形を配置すると、表を選択したときに表示される2つのタブに[**図の形式**]タブ、または[**図形の書式**]タブが追加されます。

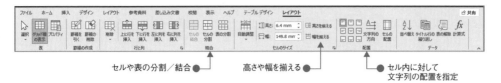

セルや表の分割／結合 ●　　　　高さや幅を揃える ●　　　　　　● セル内に対して
　　　　　　　　　　　　　　　　　　　　　　　　　　　　　　　　　　　文字列の配置を指定

図3-19　［レイアウト］タブ

■表のスタイルやデザインの変更

　表の枠や内部の線の種類を変更するには、［**テーブルデザイン**］タブ → ［**飾り枠**］グループ→ ［**ダイアログボックス起動ツール**］をクリックし、［**線種とページ罫線と網かけの設定**］ダイアログボックスを表示させ、プレビューを確認しながら詳細な設定を行います（図3-20）。

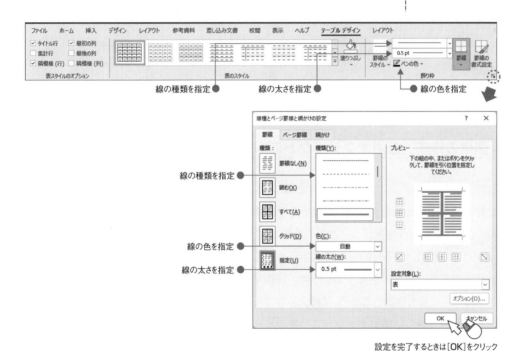

線の種類を指定 ●　　　　線の太さを指定 ●　　　　　　● 線の色を指定

線の種類を指定 ●

線の色を指定 ●
線の太さを指定 ●

設定を完了するときは［OK］をクリック

図3-20　表を選択したときに表示させる［テーブルデザイン］タブと［飾り枠］
　　　　グループ

練習問題 3-5

　練習問題3-4で作成した文書の10行目から13行目を表にします。図3-21のように仕上げなさい。

　編集が終了したら、適切な場所に「**練習問題3-5**」として保存しなさい。

▌Attention

　表全体を中央揃えにする場合は、表の左上にある⊞をクリックしてから、［**ホーム**］タブ→［**段落**］グループ→［**中央揃え**］をクリックします。

図3-21 練習問題3-5

3.2.4 図形の作成（描画オブジェクトによる作図）

Wordでは、楕円や四角、ブロック矢印、吹き出しといった**描画オブジェクト**と呼ばれる図形を描画することができます。複数の図形を組み合わせることで、簡単な作図を行うことができます。

描画キャンバスを使うと、1枚の図を構成する複数の図形を簡単に管理できます。描画キャンバスを挿入するには、描画キャンバスを配置したい場所にカーソルを移動してから、[**挿入**] タブ→ [**図**] グループ→ [**図形** ▾] → [**新しい描画キャンバス**] をクリックします（図3-22）。

①[**挿入**]タブ→[**図**]グループ→[**図形** ▾]をクリック

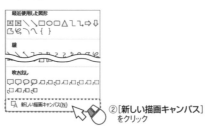

②[**新しい描画キャンバス**] をクリック

図3-22 新しい描画キャンバスの挿入

挿入した描画キャンバスをクリックすると、リボンに［**図形の書式**］タブが出現します。［**図形の書式**］タブ→［**図形の挿入**］グループで任意の図形を選択してから描画キャンバス内をクリックまたはドラッグすると、描画キャンバス内に図形を挿入できます。

■オブジェクトのレイアウト設定

文書に挿入した図形は、**オブジェクト**として扱われます。

オブジェクトの大きさや角度など、レイアウトに関する設定をする場合は、変更したいオブジェクトをクリックして選択してから［**図形の書式**］タブ→［**サイズ**］グループの［**ダイアログボックス起動ツール**］をクリックして、［**レイアウト**］のダイアログボックスを表示します。［**サイズ**］タブを選択すると、幅や高さ、回転角度を設定できます。設定を図形に反映する場合は、［**レイアウト**］ダイアログボックスの下部にある［**OK**］をクリックします。

その他の方法として、オブジェクトを選択したときに四隅と中点に表示されるハンドル○をドラッグすることで、オブジェクトを縮小・拡大できます。また、回転ハンドル（🔄）が表示される場合は、ドラッグすることでオブジェクトを回転できます。

Advice

四角や丸などのオブジェクトを選択された状態でキー入力を行うと文字の挿入ができます。

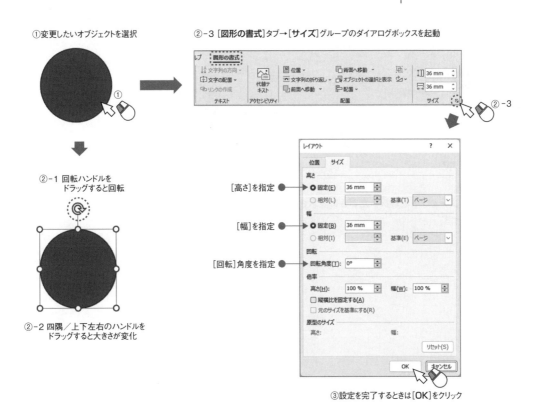

①変更したいオブジェクトを選択

②-3 ［**図形の書式**］タブ→［**サイズ**］グループのダイアログボックスを起動

②-1 回転ハンドルをドラッグすると回転

②-2 四隅／上下左右のハンドルをドラッグすると大きさが変化

［高さ］を指定

［幅］を指定

［回転］角度を指定

③設定を完了するときは［OK］をクリック

図3-23　図形のオブジェクトを選択したときに表示される［図形の書式］タブのレイアウト設定

■オブジェクトの書式設定

オブジェクトに対して、塗りつぶしの色や、枠線の色と太さなどの書式設定を行う場合は、オブジェクトを選択してから、[**図形の書式**]タブ→[**図形のスタイル**]グループにある[**図形の塗りつぶし** ✔]または[**図形の枠線** ✔]をクリックし、色、線の太さ、線の種類などを選択します(図3-24)。

オブジェクトをクリックしてから、[**図形の書式**]タブ→[**図形のスタイル**]グループ→[**ダイアログボックス起動ツール**]をクリックすると、編集画面の右側に[**図形の書式設定**]作業ウィンドウが表示されます。この作業ウィンドウでは詳細な書式設定を行うことができます。

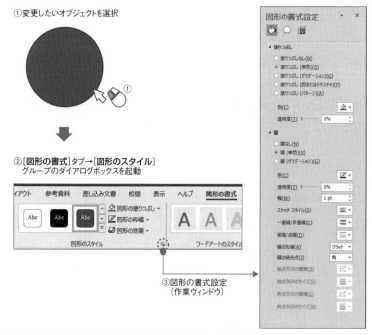

図3-24 図形のオブジェクトを選択したときに表示される[図形の書式]タブと作業ウィンドウ

練習問題 3-6

Wordで白紙の文書を新規作成して、描画キャンバスを挿入しなさい。
続いて、描画キャンバス内に四角形、二等辺三角形、円を挿入しなさい。
それぞれのオブジェクトには下の設定を行いなさい。

● 四角形：幅25mm、高さ30mm、回転角度25°とし、赤い枠線
で、赤に塗りつぶしなさい。

● 二等辺三角形：幅と高さを45mmとし、オレンジの枠線で、オレ
ンジに塗りつぶしなさい。

● 円：幅と高さを35mm、緑の枠線で、輪郭線の太さを5ptとし、
薄い緑に塗りつぶしなさい。

編集が終了したら、適切な場所に「**練習問題3-6**」として保存しなさい。

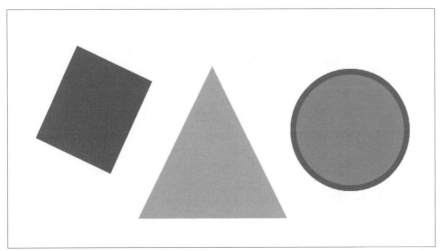

図3-25　練習問題3-6

■オブジェクトの操作

配置したオブジェクトは、ドラッグすることで移動できます。2つ
以上のオブジェクトが重なるときの前後関係を変更する場合は、一方
のオブジェクトを選択してから、次の操作を行います（図3-26）。

後ろのオブジェクトを前に移す場合は、[**図形の書式**] タブ→ [**配置**]
グループ→ [**前面へ移動 ▼**] を使用します。メニュー内の [**最前面
へ移動**] を使用すると、描画キャンバス内で最前面に移動できます。

同様に、[**配置**] グループの [**背面へ移動 ▼**] で前のオブジェクト
を後ろに移動することができます。

オブジェクト選択後に [**図形の書式**] タブ→ [**配置**] グループ→ [**オ
ブジェクトの選択と表示**] をクリックして、[**選択**] ウィンドウでオブ
ジェクトの前面／背面を変更することもできます。

①順序を変更するオブジェクトを選択　②-1 ［図形の書式］タブ→［配置］グループ
　　　　　　　　　　　　　　　　　　　→［前面へ移動 ▾］／［背面へ移動 ▾］を選択

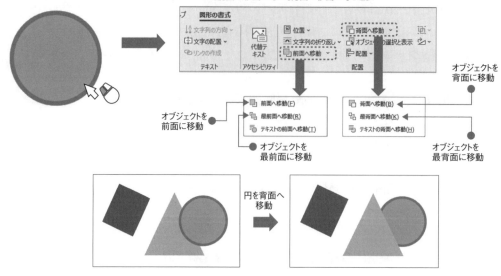

オブジェクトを
前面に移動

オブジェクトを
最前面に移動

オブジェクトを
背面に移動

オブジェクトを
最背面に移動

円を背面へ
移動

②-2 ［図形の書式］→［配置］グループ→［オブジェクトの選択と表示］をクリック

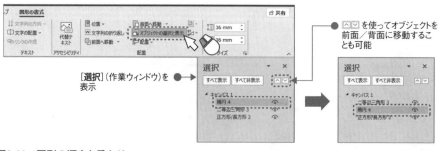

［選択］（作業ウィンドウ）を
表示

△▽ を使ってオブジェクトを
前面／背面に移動するこ
とも可能

図3-26　図形の順序と重なり

■オブジェクトの選択とグループ化

　オブジェクトはクリックして選択できます。1つのオブジェクトを
選択した状態で、［Ctrl］を押したまま別のオブジェクトをクリックする
と、複数のオブジェクトを同時に選択できます。描画キャンバス内の
オブジェクトは、ドラッグで囲んで選択することもできます。選択を
解除する場合には、選択しているオブジェクトの図形以外の場所をク
リックします。

　複数のオブジェクトを選択した状態で、［図形の書式］タブ→［配置］
グループ→［グループ化 ▾］→［グループ化］をクリックすると、オ
ブジェクトを**グループ化**できます。グループ化されたオブジェクトは
1つのオブジェクトとして移動することができます。オブジェクト選
択後に右クリックして、表示されるメニューにある［**グループ化**］を
選択しても構いません。

　グループ化を解除するには、グループ化されたオブジェクトのうち
1つをクリックしてから、［**図形の書式**］タブ→［**配置**］グループ→［**グ
ループ化 ▾**］→［**グループ解除**］をクリックします。右クリックのメ
ニューの場合も同様に行えます。

①複数のオブジェクトを選択　　②[図形の書式]→[配置]グループ→[グループ化]をクリック

③[グループ化]をクリック

④グループ化されたオブジェクト

図3-27　オブジェクトの選択とグループ化

■様々なオブジェクトの特徴

　オブジェクトの**直線**、**矢印**、**コネクタ**には塗りつぶしの設定がありません。一方で、三角形や円にはない、始点矢印／終点矢印に関する設定が用意されています。また、始点、終点は他のオブジェクトに結合できます。

　吹き出し、**テキストボックス**、および**縦書きテキストボックス**には文字列を入力できます。テキストボックスに文字列を入力してから、塗りつぶしを「**塗りつぶしなし**」、線を「**線なし**」に設定すると、文字列だけを図中に置くこともできます（図3-28）。

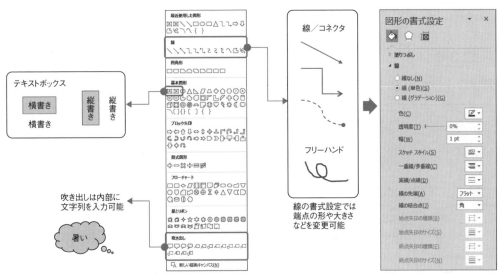

図3-28　様々なオブジェクトと書式設定

練習問題 3-7

新しい描画キャンバスを作成し、楕円、線、テキストボックスを組み合わせて図3-29のようなゴミ箱を作図しなさい。なお、設定は次のとおりとします。

- 楕円（1）は、幅30mm、高さ8mm、黒の枠線で、輪郭線の太さを1.5ptとし、白に塗りつぶしなさい。
- 楕円（2）は、幅25mm、高さ8mm、黒の枠線で、輪郭線の太さを1.5ptとし、白に塗りつぶしなさい。
- 2つの楕円をつなぐ線は、輪郭線の太さを1.0ptとし、黒い枠線としなさい。
- テキストボックスは、「一般ごみ」と入力し、フォントを游ゴシック、フォントサイズを9ptとし、黒い枠線で、白に塗りつぶしなさい。

編集が終了したら、適切な場所に「**練習問題3-7**」として保存しなさい。

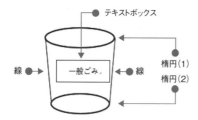

図3-29　練習問題3-7

練習問題 3-8

練習問題3-7のオブジェクトをグループ化しなさい。次に、グループ化したオブジェクトをコピーして隣に貼り付けなさい。なお、コピーして新たに作成したゴミ箱の名前としてテキストボックスに入力する内容は、「プラスチック」としなさい。

図3-30　練習問題3-8

練習問題 3-9

練習問題3-8に続けて、基本図形を使用して以下にある図3-31を作成しなさい。編集が終了したら、適切な場所に「**練習問題3-9**」として保存しなさい。

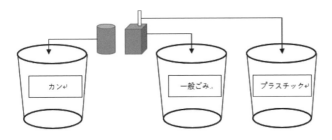

図3-31　練習問題3-9

練習問題 3-10

練習問題3-5で作成した文書を開き、以下の場所に練習問題3-9で作成した図を貼り付けなさい。編集が終了したら、適切な場所に「**練習問題3-10**」として保存しなさい。

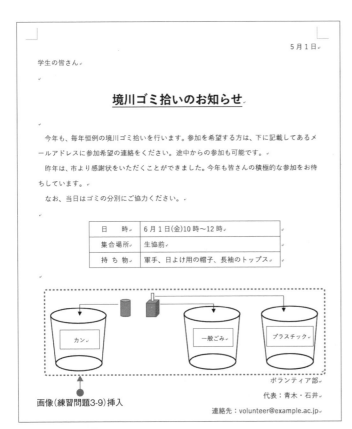

図3-32　練習問題3-10

3.2.5 画像（図・写真）の挿入

■Wordで扱うことができる画像ファイルの形式

Wordでは、絵や写真を収めた**画像ファイル**を文書に挿入することができます。画像ファイルにはいくつかの形式があります。ここでは、Wordで扱うことが多い4種類を紹介します。

●BMP（Bit MaP）形式：無圧縮

ビットマップファイルと呼ばれています。ファイルの拡張子は「**.bmp**」です。無圧縮のためファイルサイズは他の形式に比べて大きくなります。そのため、SNSやWebページでの使用、および電子メールへの添付には不向きです。

●JPEG（Joint Photographic Experts Group）形式：不可逆圧縮

ジェイペグファイルと呼ばれています。ファイルの拡張子は「**.jpg**」または「**.jpeg**」です。約1,670万色まで扱うことができ、主に写真データに使用されています。圧縮率に応じてノイズが生じるため、エッジをしっかりと表現したい文字やイラストには向きません。

●GIF（Graphics Interchange Format）形式：可逆圧縮

ジフファイルと呼ばれています。ファイルの拡張子は「**.gif**」です。扱える色は最大256色までなので写真データには不向きですが、エッジにノイズが生じないため、文字を含む画像や各種イラストに使用されています。複数の静止画を連結して連続で動かす「**アニメーションgif**」や、背景が透けて見える「**透過gif**」があります。

●PNG（Portable Network Graphics）形式：可逆圧縮

ピングファイルと呼ばれています。ファイルの拡張子は「**.png**」です。画質を低下させない方法で圧縮を行っています。JPEGのように圧縮率を調整できませんが、様々な用途に使われています。

■画像ファイルの挿入

文書中に画像ファイルを挿入するには、挿入したい場所にカーソルを移動してから、[**挿入**]タブ→[**図**]グループ→[**画像**]をクリックします。[**画像の挿入元**]が表示されるので、パソコンに保存されている画像を挿入したい場合は[**このデバイス**]をクリックし、[**図の挿入**]ダイアログボックスが表示されたら、画像ファイルを選択して[**挿入**]をクリックします（図3-33）。

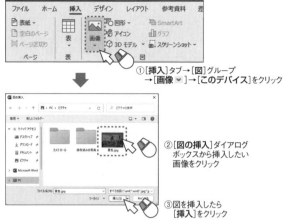

①[挿入]タブ→[図]グループ
→[画像 ⌄]→[このデバイス]をクリック

②[図の挿入]ダイアログ
ボックスから挿入したい
画像をクリック

③図を挿入したら
[挿入]をクリック

図3-33　画像ファイルの挿入

■レイアウト設定・書式設定

挿入した画像ファイルは、オブジェクトとして扱われます。

挿入した画像ファイルをクリックすると、[**図の形式**] タブが表示されます。他のオブジェクトと同様に、[**サイズ**] グループで高さ、幅、回転角度を設定できます（図3-34）。

①変更したいオブジェクトを選択

図3-23「[**描画ツール**] のレイアウト設定」参照

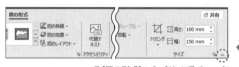

②[**図の形式**]タブ→[**サイズ**]グループの
ダイアログボックスを起動

図3-34　画像のオブジェクトを選択したときに表示されるレイアウト設定

挿入した画像ファイルを選択して、[**図の形式**] タブ→ [**配置**] グループ→ [**文字列の折り返し ⌄**] にある項目を選択すると、画像ファイルの配置を設定できます。

また、変更したいオブジェクトを選択したときに右上部に表示される [**レイアウトオプション**] をクリックして設定することもできます。

■Advice

描画キャンバスを選択して「**文字列の配置**」を変更することもできます。

①変更したいオブジェクトを選択

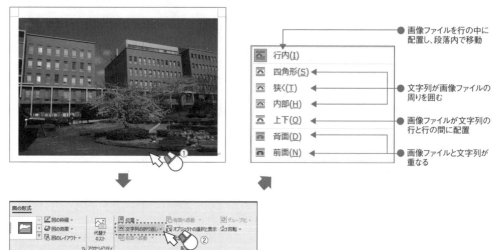

● 画像ファイルを行の中に配置し、段落内で移動

● 文字列が画像ファイルの周りを囲む

● 画像ファイルが文字列の行と行の間に配置

● 画像ファイルと文字列が重なる

②[**図の形式**]タブ→[**配置**]グループ→[**文字列の折り返し** ✓]をクリック

図3-35 ［文字列の折り返し］による画像オブジェクトの配置の設定

Advice

　［**挿入**］タブ→［**図**］グループ→［**アイコン**］でアイコンと呼ばれるイラストを挿入できます。

■**コラム**■　オンライン画像の挿入

　Wordの「**オンライン画像**」は、キーワードをもとにインターネット上で検索された画像です。著作権、肖像権などに関する各種法令、クリエイティブ・コモンズ（CC）の各段階に適用されるルールなどを十分に理解し、責任を持って適切に使用する必要があります。

3.3 Wordによる書式設定（応用編）

3.3.1 編集記号／ルーラー／ナビゲーションウィンドウの表示

　文書の高度な設定を行うときは、［**ホーム**］タブ→［**段落**］グループ→［**編集記号の表示/非表示**］をクリックして、全角スペース『□』、半角スペース『・』、ページ区切り（後述）などを編集画面に表示しておきましょう（図3-36）。また、［**表示**］タブ→［**表示**］グループにある［**ルーラー**］と［**ナビゲーションウィンドウ**］も表示しておくと便利です。

編集記号の表示

［ホーム］タブ→［段落］グループ→
［編集記号の表示/非表示］をクリック

ルーラーとナビゲーションウィンドウの表示

［表示］タブ→［表示］グループ→
［ルーラー］と［ナビゲーションウィンドウ］をクリック

図3-36　編集記号とルーラーの表示

3.3.2 箇条書き

　複数のキーワードや項目を列挙するときは「**箇条書き**」を使用します。箇条書きにしたい段落を選択してから、［**ホーム**］タブ→［**段落**］グループ→［**箇条書き**］をクリックします。右の［ ▼ ］をクリックすると行頭文字の種類を選択できます。箇条書きにした段落で、［**ホーム**］タブ→［**段落**］グループ→［**インデントを増やす**］をクリックすると行頭位置が右に動きます。［**インデントを減らす**］をクリックすると、行頭位置が左に動きます。

3.3.3 段落番号

　複数のキーワードや項目を順序立てて列挙するときは「**段落番号**」を使用します。段落番号を設定したい段落を選択してから、［**ホーム**］タブ→［**段落**］グループ→［**段落番号**］をクリックします（図3-37）。右

の［▾］をクリックすると段落番号の書式を選択できます。また、
箇条書きと同じく、インデントを増やす／減らすことができます。

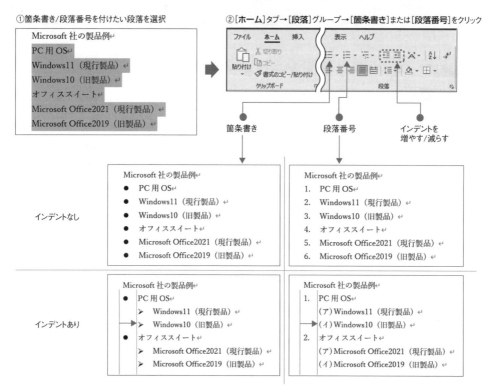

図3-37　箇条書きと段落番号

3.3.4　改ページ

　文書中の指定した位置でページを区切るときには「**ページ区切り**」
を使用します。次のページの先頭にしたい位置にカーソルを移動して
から、［**挿入**］タブ→［**ページ**］グループ→［**ページ区切り**］をクリッ
クします（図3-38）。

Advice
［Ctrl］を押しながら［Enter］
でもページ区切りを挿入で
きます。

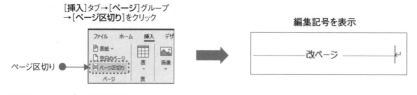

図3-38　ページ区切りの挿入

3.3.5　ヘッダーとフッターの挿入

　ページ上下の余白を利用して、各ページに共通の情報として文字列、
ロゴ画像などを入れるときには「**ヘッダー**」（ページ上部）または

「**フッター**」（ページ下部）を使用します。ヘッダーを編集したい場合は、[**挿入**] タブ→[**ヘッダーとフッター**] グループ→[**ヘッダー** ✓] →[**ヘッダーの編集**] をクリックします。[**ヘッダー** ✓] の下にある組み込みのスタイルも適用できます。フッターの場合も同様です（図3-39）。

編集を終了するときは、リボンに表示される [**ヘッダー/フッターツール**] → [**ヘッダーとフッター**] タブ→ [**閉じる**] グループ→ [**ヘッダーとフッターを閉じる**] をクリックします。

① [**挿入**]タブ→[**ヘッダーとフッター**]グループ→[**ヘッダー** ✓]をクリック

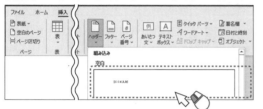

②[**組み込み**]の中から選択

③[**ここに入力**]に表示させたい文字を入力

④[**ヘッダー/フッターツール**]→
[**ヘッダーとフッター**]タブ→[**閉じる**]
グループ→[**ヘッダーとフッターを
閉じる**]をクリック

ヘッダーなし

[ここに入力]

↓

ヘッダーあり

確率統計の入門

図3-39　ヘッダー/フッターの挿入

3.3.6　ページ番号

文書のページの下部に振る番号を**ページ番号**と言います。

■ページ番号の挿入

「**ページ番号**」を使うと、文書の各ページに自動的に番号を振ることができます。フッターにページ番号を挿入するときは、[**挿入**] タブ→[**ヘッダーとフッター**] グループ→ [**ページ番号**] → [**ページの下部**] をクリックします。続いて、組み込みのスタイルの中から適切なものを選択すると、フッターが編集状態になり、自動的にページ番号が挿入されます。

■表紙を含む文書のページ番号の設定

文書の先頭ページにはページ番号を振らずに「**表紙**」として使いたいときは、ページ番号を「0,1,2…」のように0から開始した上で、先

Attention

セクション区切りを含む文書では、一部のページにページ番号が表示されないことがあります。カーソルを文書の先頭ページに移動してからページ番号を設定し、最終ページまで正しくページ番号が表示されることを確認してください。なお、セクション区切りについては本書では詳しく扱いません。

頭ページの0だけを非表示にします。ページ番号を挿入したときに表示されている[**ヘッダー/フッターツール**]→[**ヘッダーとフッター**]タブ→[**ヘッダーとフッター**]グループ→[**ページ番号 🔽**]→[**ページ番号の書式設定**]をクリックします。次に、[**ページ番号の書式**]ダイアログボックスで、[**連続番号**]の開始番号を[**0**]にします。ダイアログボックスの下部の[**OK**]をクリックすると、ページ番号が0から開始されます（図3-40）。

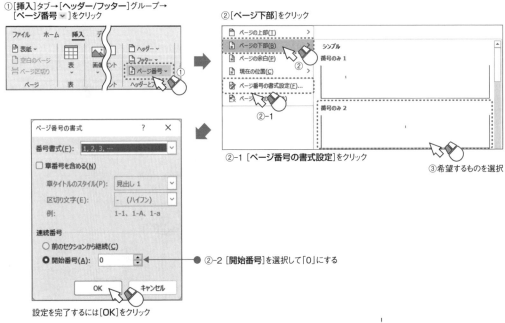

図3-40　[ページ番号]の挿入と書式設定

　続いて、[**ヘッダー/フッターツール**]→[**ヘッダーとフッター**]タブ→[**オプション**]グループ→[**先頭ページのみ別指定**]をクリックすると、ページ番号「0」だけが非表示になります（図3-41）。

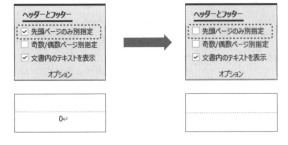

図3-41　先頭ページのみ別指定の設定

3.3.7　段組み

雑誌の紙面のように、ページの途中で改行を入れて複数の段を作るときには「**段組み**」の設定を行います。文書中で段組みを行う範囲を選択してから、[**レイアウト**] タブ→ [**ページ設定**] グループ→ [**段組み ▼**] → [**段組みの詳細設定**] をクリックします。[**段組み**] ダイアログボックスが表示されたら [**種類**] を選択します（図3-42は2段の例）。最後に、ダイアログボックスの下部にある [**OK**] をクリックします。

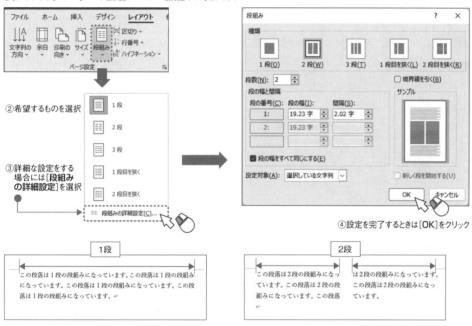

図3-42　段組みの方法

3.3.8　脚注

脚注は、キーワード、専門用語などに注釈を入れる方法の1つです。脚注を付けたい文字列を選択してから、[**参考資料**] タブ→ [**脚注**] グループ→ [**脚注の挿入**] をクリックすると、ページ下部に注釈を入力できます。脚注を付けた文字列の右肩には通し番号が振られます。

脚注を削除するには、右肩の通し番号をクリックし、Delete を2回押します。

①脚注にしたい文字列を選択

②[参考資料]タブ→[脚注]グループ→
　[脚注の挿入]をクリック

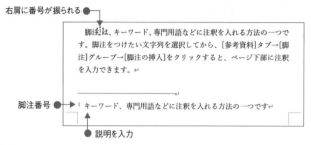

右肩に番号が振られる●

　脚注は、キーワード、専門用語などに注釈を入れる方法の一つで
す。脚注をつけたい文字列を選択してから、[参考資料]タブ→[脚
注]グループ→[脚注の挿入]をクリックすると、ページ下部に注釈
を入力できます。↵

脚注番号● 　1 キーワード、専門用語などに注釈を入れる方法の一つです↵

　　● 説明を入力

図3-43　脚注の挿入

　ページ下部ではなく文書の末尾にまとめて脚注を入れる場合は［**文
末脚注の挿入**］を使用します。

3.4
Wordによる書式設定（発展編）

3.4.1　図表番号の挿入

「**図表番号の挿入**」の機能を使うと、図と表に自動的に通し番号を振ることができます。

図番号を挿入するには、番号を振る図（描画キャンバス、画像ファイルなど）を選択して、[**参考資料**] タブ→ [**図表**] グループ→ [**図表番号の挿入**] をクリックします。[**図表番号**] ダイアログボックスが表示されたら、[**オプション**] の [**ラベル**] 欄で [**図**] を選択し、[**位置**] 欄で [**選択した項目の下**] を選択します。ダイアログボックス下部の [**OK**] をクリックすると、図の下に図番号が挿入されます（図3-44）。

表番号を挿入するには、番号を振る表のセル内にカーソルを移動します。次に、表左上のハンドルをクリックして選択します。続いて、[**参考資料**] タブ→ [**図表**] グループ→ [**図表番号の挿入**] をクリックします。[**図表番号**] ダイアログボックスが表示されたら、[**オプション**] のラベルで [**表**] を選択し、位置で [**選択した項目の上**] を選択します。ダイアログボックスの下部の [**OK**] をクリックすると、表の上に表番号が挿入されます（図3-44）。

図番号、表番号を挿入した段落の左余白には「■」が表示されます。図番号、表番号に続けて、図のタイトル、表のタイトルを入力しておきましょう。

Advice

[**図表番号**] ダイアログボックスのラベルで [**図**] または [**表**] が選択できない場合は、[**ラベル名**] をクリックしてから「図」または「表」と入力します。

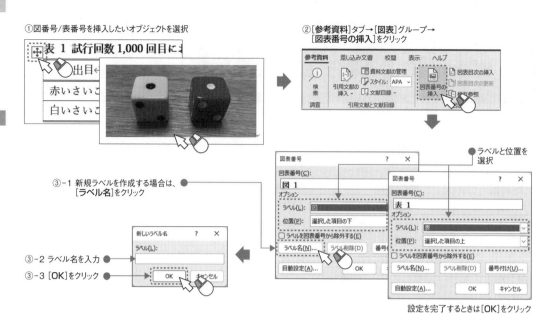

①図番号/表番号を挿入したいオブジェクトを選択

②[参考資料]タブ→[図表]グループ→
[図表番号の挿入]をクリック

●ラベルと位置を
選択

③-1 新規ラベルを作成する場合は、
[ラベル名]をクリック

③-2 ラベル名を入力

③-3 [OK]をクリック

設定を完了するときは[OK]をクリック

図3-44　図表番号の挿入

「図表番号の挿入」機能による通し番号への参照を文書内に置くには、参照を置く場所にカーソルを移動してから、**[参考資料]** タブ→ **[図表]** グループ→ **[相互参照]** をクリックします。**[相互参照]** ダイアログボックスが表示されたら、**[参照する項目]** として **[図]** または **[表]** を選択し、**[相互参照の文字列]** として **[番号とラベルのみ]** を選択して、**[図表番号の参照先]** として参照したい図または表を選択します。最後に **[挿入]** をクリックします（図3-45）。

Advice

図／表の増減によって図表番号がずれた場合は、Ctrl+Aなどで文書全体を選択してから右クリックして **[フィールドの更新]** をクリックします。

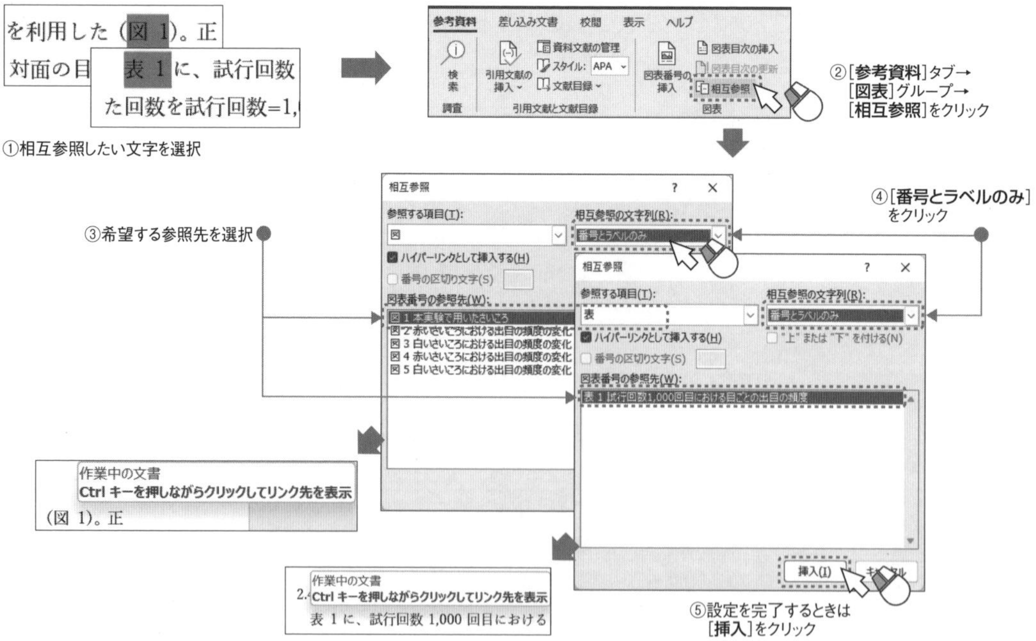

①相互参照したい文字を選択

②[参考資料]タブ→
[図表]グループ→
[相互参照]をクリック

③希望する参照先を選択

④[番号とラベルのみ]
をクリック

⑤設定を完了するときは
[挿入]をクリック

図3-45　相互参照の挿入

3.4.2　スタイルの設定

　スタイルは、様々な段落設定、フォント設定などをまとめたパッケージです。[見出し1]、[図表番号] など、いくつかのスタイルが [ホーム] タブ→ [スタイル] グループに用意されています。

■スタイル [見出し1]、[見出し2] の使い方

　複数の章を持つ文書では、章の見出しになる段落に [見出し1] を設定します（図3-46）。章の見出しになる段落にカーソルを移動してから、[ホーム] タブ→ [スタイル] グループ→ [見出し1] を選択します。章の中に節を持つ文章では、同様の方法で節の見出しになる段落に [見出し2] を設定します。[見出し1]、[見出し2] を設定した段落は、ナビゲーションウィンドウの [見出し] の中にリンクとして表示されます。

Attention

　スタイルには非常に複雑な設定が含まれています。十分に理解した上で正しく使用してください。

Advice

　スタイルを元に戻すには、[ホーム] タブ→ [スタイル] グループ→ [標準] を選択します。

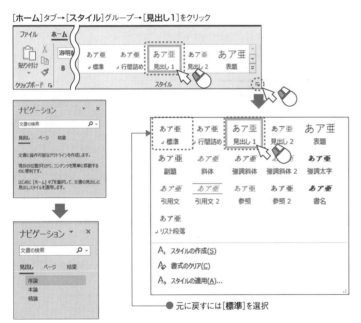

図3-46　スタイルの設定

■章や節の見出しスタイル

　[見出し1]、[見出し2] の段落に章番号を振るときは、**アウトラインの定義**を行います（図3-47）。[見出し1] を設定する（または設定済みの）段落内にカーソルを移動してから、[ホーム] タブ→ [段落] グループ→ ▤▾（**アウトライン**）→ [**新しいアウトラインの定義**] をクリックします。[**新しいアウトラインの定義**] ダイアログボックスが表示されたら、左下にある [**オプション**] をクリックして、ダイアログボックス右側のメニューを表示してください。

［**見出し1**］を設定する場合は、［**変更するレベルをクリックしてく
ださい**］欄で「1」を、［**レベルと対応付ける見出しスタイル**］欄で「**見
出し1**」を、それぞれ選択します。［**番号書式**］欄に章番号の書式が表
示されますが、番号（背景灰色）以外は適宜編集しても構いません。
［**見出し2**］の設定も必要な場合は、［**変更するレベルをクリックして
ください**］欄で「2」を、［**レベルと対応付ける見出しスタイル**］欄で「**見
出し2**」を選択して、先と同様に［**番号書式**］欄を編集します。

　最後に、ダイアログボックス右下の［**OK**］をクリックすれば完了で
す。

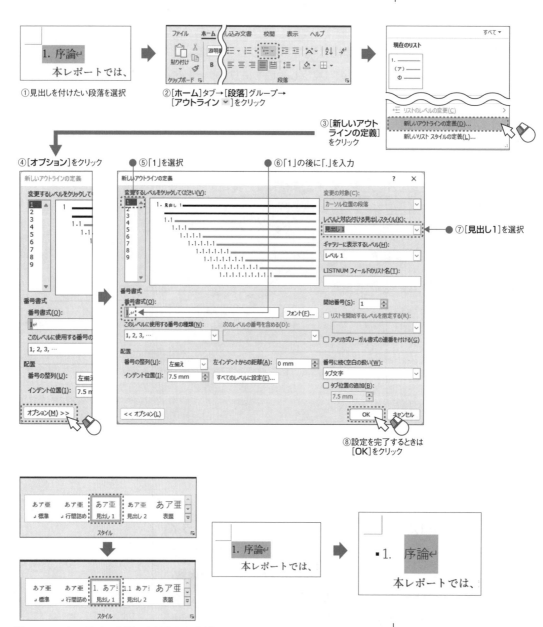

図3-47　アウトラインを用いた見出しの変更

■図表番号のスタイル

3.4.1の方法で挿入した図表番号の段落には、スタイル［**図表番号**］が自動的に設定されています。［**図表番号**］のスタイルに変更を加えると、すべての図表番号の書式をまとめて変更することができます。

［**ホーム**］タブ→［**スタイル**］グループ→［**図表番号**］を右クリックして、メニューの［**同じ書式を選択：○か所**］または［**すべて選択**］をクリックすると、挿入済みの図表番号の段落がすべて選択されます。続けて、もう一度［**ホーム**］タブ→［**スタイル**］グループ→［**図表番号**］を右クリックして、メニューの［**変更**］をクリックします。［**スタイルの変更**］ダイアログボックスの［**書式**］内で［**中央揃え**］やフォントの変更などを行うことができます。

最後に、［**スタイルの変更**］ダイアログボックスの下部にある［**OK**］をクリックします。

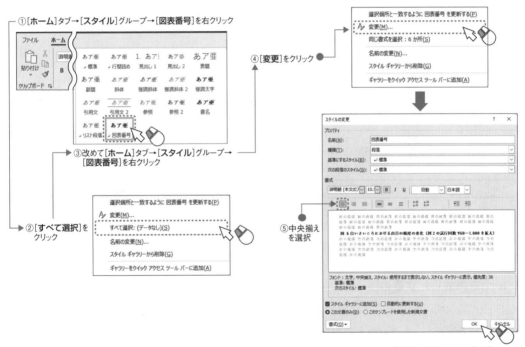

図3-48　図表番号のスタイル設定

■コラム■　検索と置換

文章中にある特定の文字列を探すことを**検索**、また、特定の文字列に書き直したりすることを**置換**と言います。検索は、[**ホーム**] タブ→ [**編集**] グループ→ [**検索**] を選択します（図3-49）。

[**検索**] を選択した場合は、ナビゲーションウィンドウを使用した検索を行います。

[**高度な検索**] を選択した場合は、[**検索と置換**] ダイアログボックスが表示されます。

[**検索**] タブでは、[**検索する文字列**] に検索したい文字を入力し、[**次を検索**] をクリックします。

[**置換**] タブでは、[**検索する文字列**] に検索したい文字を入力し、[**置換後の文字列**] に置き換えたい文字を入力し、[**置換**] または [**すべて置換**] をクリックします。

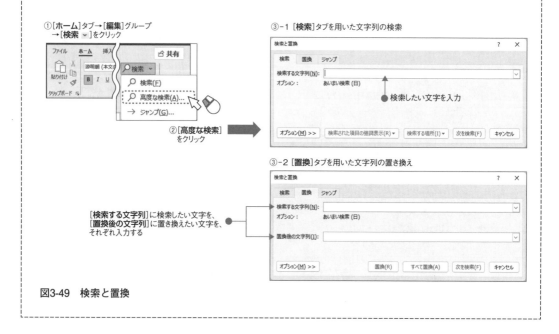

図3-49　検索と置換

■Wordで作成した文書の例

図3-50は、本章で解説してきたWordの様々な機能を使って作成したレポートの例です。本章で学んだ内容の活用例として参考にしてください。

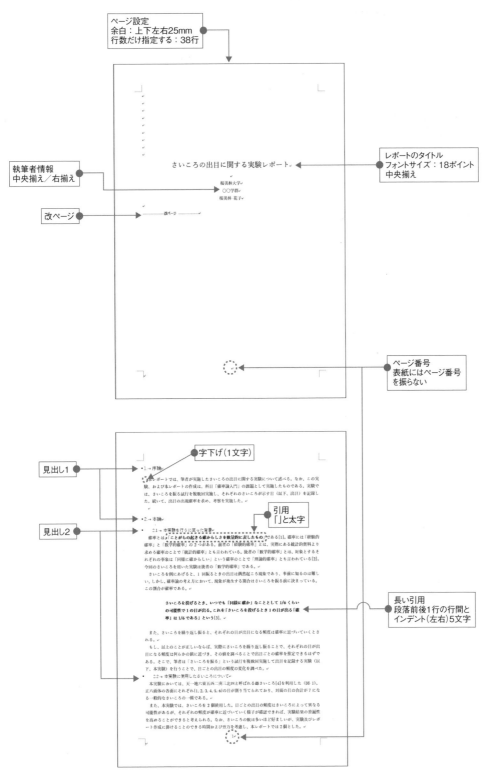

ページ設定
余白：上下左右25mm
行数だけ指定する：38行

レポートのタイトル
フォントサイズ：18ポイント
中央揃え

執筆者情報
中央揃え／右揃え

改ページ

ページ番号
表紙にはページ番号
を振らない

字下げ（1文字）

見出し1

見出し2

引用
「」と太字

長い引用
段落前後1行の行間と
インデント（左右）5文字

図3-50　レポートの書式（例、次ページに続く）

図番号と図タイトル図の上と
図タイトルの下は1行の行間をあける

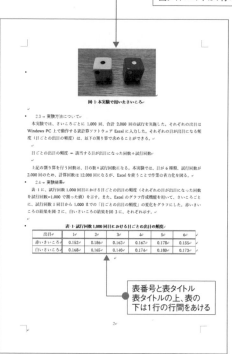

図-1　本実験で用いたさいころ

2.3→ 実験方法について

本実験では、さいころごとに 1,000 回、合計 2,000 回の試行を実施した。それぞれの出目は
Windows PC 上で動作する表計算ソフトウェア Excel に入力した。それぞれの目が出目になる頻
度（目ごとの出目の頻度）は、以下の割り算で求めることができる。

目ごとの出目の頻度 ＝ 該当する目が出目になった回数 ÷ 試行回数

上記の割り算を行う回数は、目の数×試行回数になる。本実験では、目が 6 種類、試行回数が
2,000 回のため、計算回数は 12,000 回になるが、Excel を使うことで作業の省力化を図る。

2.4→ 実験結果

表 1 に、試行回数 1,000 回目における目ごとの出目の頻度（それぞれの目が出目になった回数
を試行回数=1,000 で割った値）を示す。また、Excel のグラフ作成機能を用いて、さいころごと
に、さいころ 1 回目から 1,000 回までの「目ごとの出目の頻度」の変化をグラフにした。赤いさい
ころの結果を図 2 に、白いさいころの結果を図 3 に、それぞれ示す。

表-1　試行回数 1,000 回目における目ごとの出目の頻度

出目→	1→	2→	3→	4→	5→	6→
赤いさいころ→	0.152→	0.186→	0.163→	0.167→	0.178→	0.155→
白いさいころ→	0.168→	0.165→	0.140→	0.174→	0.180→	0.173→

表番号と表タイトル
表タイトルの上、表の
下は1行の行間をあける

2↵

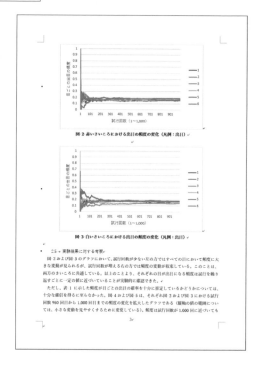

図-2　赤いさいころにおける出目の頻度の変化（凡例：出目）

図-3　白いさいころにおける出目の頻度の変化（凡例：出目）

2.5→ 実験結果に対する考察

図-2 および図-3 のグラフにおいて、試行回数が少ない方の方ではすべての目において頻度に大
きな変動が見られるが、試行回数が増える右の方では頻度の変動が収束している。このことは、
両方のさいころに共通している。以上のことより、それぞれの目が出目になる頻度は試行を繰り
返すごとに一定の値に近づいていることが実験的に確認できた。

ただし、表 1 に示した頻度（目ごとの出目の確率）を十分に断定しているかどうかについては、
十分な確証を得るに至らなかった。図-4 および図-5 は、それぞれ図-2 および図-3 における試行
回数 950 回目から 1,000 回目までの頻度の変化を拡大したグラフである（縦軸の値の範囲につい
ては、小さな変動を見やすくするために変更している）。頻度は試行回数が 1,000 回に近づいても

3↵

変動していることがわかる。このことから、試行回数をさらに増やし、頻度の変動が十分に収ま
ることを確認できないかぎり確率の推定は難しいと考えられる。

なお、表 1 に示した出目の頻度には目ごとの偏りが見られる。例えば、白いさいころで 3 の目
が出目になる頻度は他の目に比べて小さく、0.140（1,000 回の試行で 3 の目が 140 出たこと
を表す）である。本実験で用いたさいころは比較的入手しやすい廉価品のものであり、目を定す
るために掘られた穴による質量とバランスの変動、立方体としての精度などは不明である。したがっ
て、試行回数を増やたとしても、目ごとの出目の確率が 1/6≈1.66... に収束するとは限らない。
試行回数をさらに増やす場合にも、目ごとの確率は目ごとに異なること、すなわちさいころ
に偏りがある可能性を考慮して実験を行う必要がある。

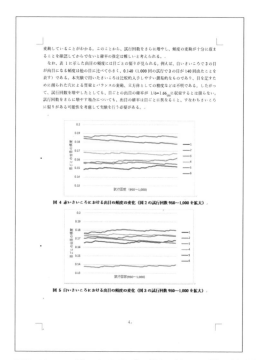

図-4　赤いさいころにおける出目の頻度の変化（図-2 の試行回数 950〜1,000 を拡大）

図-5　白いさいころにおける出目の頻度の変化（図-3 の試行回数 950〜1,000 を拡大）

4↵

3.　結論

本実験では、さいころを繰り返し振ることによって、目ごとの出目の頻度が何らかの値に近づ
くかどうか、また、その値から出目の確率を推定できるかどうかを、それぞれ検証した。実験の
結果、試行回数をある程度まで増やすことで目ごとの出目の頻度が収束していくことを確認した。
しかし、1,000 回の試行では頻度に変動が残っており、確率を推定できたという確信を得るには至
らなかった。

今後の課題として、試行回数をさらに増やすことで頻度の変動が収まるかどうかを確認するこ
とがあげられる。また、本実験で用いたさいころだけでなく、精度が高いとされるさいころにつ
いても実験を行い、出目の頻度について調べてみたいと考えている。

引用参考文献
[1] 新村出．広辞苑　第七版．岩波書店．1955．
[2] 芳沢光雄．数学的ひらめき．光文社新書．2006．
[3] 芳沢光雄．新体系・中学数学の教科書下．講談社．2012．
[4] サイコロ（Wikipedia）．
https://ja.wikipedia.org/wiki/%E3%82%B5%E3%82%A4%E3%82%B3%E3%83%AD（2019 年
11 月 2 日閲覧）．

参考にした文献を記載

5↵

図3-50　レポートの書式（例、前ページの続き）

第4章

Microsoft Excel

Microsoft Excel

たくさんあるデータの集計や分析ができるから、簡単なデータベースとしても使えるし

表からグラフを描くこともできるんだ

グラフは直観的にわかりやすいですね

また、Excel で作った表やグラフは Word や PowerPoint に貼ることもできるからレポート制作に役立つよ

へー

そうだ

ちょっと使ってみますね！

何？

秘密です！

ガーン
やっぱ太ってきてる？

リンの体重推移

見ちゃった…

4.1 Excel の基本操作

この章では、表計算ソフトMicrosoft Excel 2021（以下、Excel）を使い、基本的な表計算ソフトの操作方法と表やグラフの作成方法について学びます。Excelは多くのデータ処理を必要とする情報社会では欠かすことのできない重要なツールの1つです。この章を通して、データの入力方法から簡単なデータ分析まで順番に学習していきましょう。

4.1.1　Excel でできること

Excelは、次のようなことができます。（1）表を使ったデータの整理、（2）数式や関数を使った計算、（3）データからグラフの作成、（4）データベース機能を使った大量のデータ管理、（5）複数のデータから新しい情報を作り出すためのデータ分析・加工、などです。

学校や企業では、様々なデータを収集し必要な情報に加工することが日常的に行われています。Excelを学習すると、収集したデータをきれいに整理することや、データを使った計算やグラフなどへの加工も簡単に処理できるようになります。また、データに誤りがあった場合も、そのデータのみを修正すれば自動的に関連する部分を再計算し、修正してくれます。

4.1.2　Excel の起動方法／画面構成／終了方法

■起動方法

Excelは、■■（スタート）で表示したスタートメニューから［**Excel**］をクリックするか、または［**すべてのアプリ**］を選択し［**Excel**］をクリックして起動します（図4-1）。

Excelを起動すると［**ホーム**］の画面になります。左に表示されるメニューより［**新規**］を選択することで「**テンプレート**」と呼ばれる様々な形式の表のひな形が表示されます（図4-2）。作成したい表やグラフに合わせて、［**空白のブック**］や［**月間家計簿**］などのテンプレートを選択します。

[スタート]→[すべてのアプリ]

Excelを選択 →

図4-1　Windows 11におけるExcelの起動方法

● ①[新規]を選択　　● ②テンプレートを選択

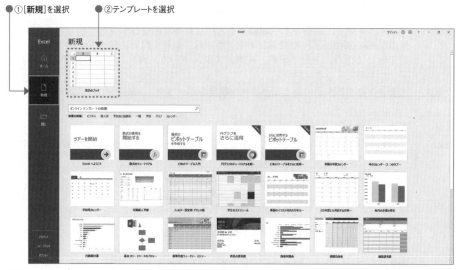

図4-2　テンプレートの選択画面

■画面構成

図4-2で[空白のブック]を選択すると、図4-3のような画面が表示されます。各部分の名称と機能は表4-1のとおりです。なお、図4-2において[Esc]を押しても[空白のブック]が開きます。

Attention

Office 2021のインストール方法やアップデートのタイミングの違いによって、起動時などの画面が異なります。

そのため、本文の説明に用いられている図4-2のようなBackstageビューのアイコンやメニューが異なる場合があります。

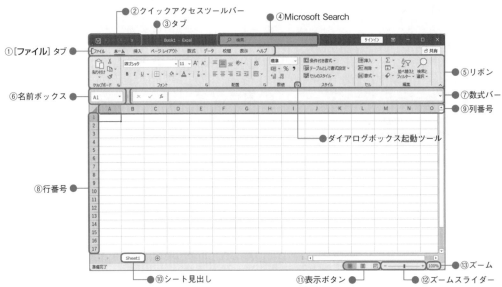

図4-3 Excel 2021の画面構成

表4-1 Excel 2021の画面を構成する要素

名　称	機　能
①[**ファイル**] タブ	ファイルを開く、保存する、印刷するといった基本的なコマンドを使うときに使用するBackstageビューを表示します（ホーム、新規、開く、情報、上書き保存、名前を付けて保存、履歴、印刷、共有、エクスポート、発行、閉じる、アカウント、フィードバック、オプション）
②クイックアクセス ツールバー	上書き保存する、元に戻すなどの利用頻度の高いコマンドが登録されています
③タブ	ホーム、挿入などのリボンに切り替えます
④Microsoft Search	このボックスにキーワードを入力すると、それに関連する機能を直接呼び出したり、関係するヘルプを表示できます
⑤リボン	コマンドボタンがグループごとにまとめられて配置されています。ダイアログボックス起動ツールでさらに詳しい設定が可能です
⑥名前ボックス	アクティブセルのセル番地などの名前が表示されます
⑦数式バー	アクティブセルに入力された内容が表示されます
⑧行番号	行番号の表示部分で、数字で番号が付きます
⑨列番号	列番号の表示部分で、アルファベットで番号が付きます
⑩シート見出し	ワークシートの見出しで、別のワークシートへ切り替えられます
⑪表示ボタン	ワークシートの表示方法を、標準、ページレイアウト、改ページプレビューに切り替えられます
⑫ズームスライダー	ワークシートの表示倍率を変更できます
⑬ズーム	クリックすると［ズーム］ダイアログボックスが表示され、表示倍率を変更できます
⑭その他	オブジェクト選択時などの状況によって、編集に必要なコマンドボタンがリボンに表示されます

　Excelでは、数値や文字などのデータを入力して表を作成することから作業を開始します。データが入るマスを「**セル**」と呼びます。現在選択されているセルを「**アクティブセル**」と呼び、太い罫線で囲まれて表示されます。

　セルは、縦方向と横方向に並びます。セルの左から右への横方向の

同じ位置の並びを「**行**」と呼びます。上から順番に1，2，3，…という「**行番号**」が付きます。同様に、セルの上から下への縦方向の同じ位置の並びを「**列**」と呼びます。左から順番にA, B, C, …と「**列番号**」が付きます。セルには「**セル番地**」というセルの位置を表す名前が付きます。このセル番地は、セルのある列番号と行番号を使って表します。例えば、B列5行目のセルのセル番地は、B5となります。アクティブセルのセル番地は、「**名前ボックス**」に表示されます。

　セルが並んだ1枚の表全体を「**ワークシート**」（またはシート）と言います。新規にExcelを開くとワークシートは「Sheet1」という名前のシート1枚ですが、複数枚に増やすことができます。Excelでは、これら複数のワークシートを1つのファイルとして保存することができます。このファイルを「**ブック**」と言います。Excel 2021では、1つのブックが1つのウィンドウで表示されます。

■ブックの保存

　ブックをファイルに保存するには、[**ファイル**] タブをクリックし、**Backstageビュー**（図4-4の左の画面）を表示します。次に、左のメニューから [**名前を付けて保存**] → [**このPC**] をダブルクリックし、[**名前を付けて保存**] ダイアログボックスで保存先とファイル名を指定して [**保存**] ボタンをクリックします。このとき、ファイルの種類は通常「Excelブック」になります。Excelブックで保存した場合、ファイルの拡張子は「xlsx」になります。

■Advice

　[**Excelブック**] の拡張子は「xlsx」に、[**Excel 97-2003ブック**] の拡張子は「xls」になります。

① ●[名前を付けて保存] を選択　　② ●[このPC] をダブルクリック　　③ ●保存先となるフォルダーを選択

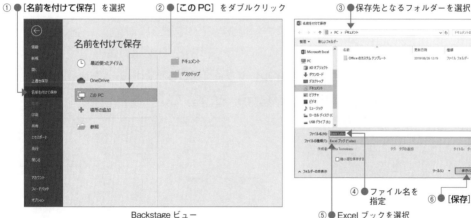

Backstage ビュー

④ ●ファイル名を指定
⑤ ●Excel ブックを選択
⑥ ●[保存] をクリック

図4-4　ブックを［名前を付けて保存］

　また、ブックの内容を更新して保存したい場合は、[**ファイル**] タブ → [**上書き保存**] を選択します。このとき、古いファイルの内容が新しい内容に上書きされるので注意してください。

■ブックを開く

　保存したブックを開いて作業を再開したい場合は、[**ファイル**] タブ → [**開く**] → [**このPC**] をダブルクリックして、[**ファイルを開く**] ダイアログボックスから以前に保存したファイルを選択し [**開く**] ボタンをクリックします（図4-5）。

　もしくは、エクスプローラーなどから保存したExcelブックファイルを開くと、Excelが起動して保存されたファイルを開きます。

①●[**開く**] を選択　　　②●[**この PC**] を
　　　　　　　　　　　　　　ダブルクリック

③●ファイルの置いてある
　フォルダーを選択

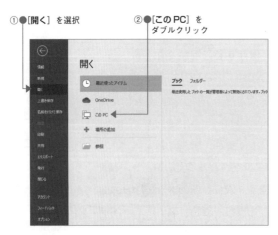

④●ファイルを選択

⑤●[**開く**] をクリック

図4-5　ブックを [開く]

■ブックの新規作成

　Excelでブックを開いているときに、新たにブックを作成したい場合は、[**ファイル**] タブ→ [**新規**] から使いたいテンプレートを選択すると、新しいブックが別のウィンドウで開きます。

■ブックを閉じる

　開いているブックを閉じたい場合は、[**ファイル**] タブ→ [**閉じる**] を選択します。ブックを保存せずに閉じてしまうとデータが消えてしまうので注意してください（図4-6）。

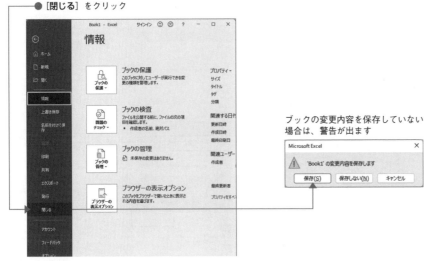

● ［閉じる］をクリック

ブックの変更内容を保存していない
場合は、警告が出ます

図4-6　ブックを［閉じる］

■終了方法

　Excelを終了するには、ウィンドウの右上端の ✕ （閉じる）をクリックします。

4.1.3　データの入力・変更・修正・消去

■データの入力

　Excelでは、まず、数値や文字列などのデータをセルに入力します。入力の際は、データを入力したい位置のセルを選択し、キーボードから入力したい数値や文字列を入力します。このとき、データ入力が確定するまでの入力途中の状態ではセルにカーソルが出ている状態になるので、最後に Enter で値を確定します（図4-7(a)①）。別の入力方法として、データを入力したい位置のセルを選択し、「**数式バー**」にデータを入力することで、そのセルにデータを入力することもできます（図4-7(a)②）。

　データを入力したいセルを選択するには、そのセルをクリックします。もしくは、現在のアクティブセルをキーボードの矢印キー（↑↓←→）を使って移動することで、データを入力したいセルをアクティブセルに変更することができます。

　データ入力を確定する際に、Enter で確定すると現在のセルの下の行のセルがアクティブセルになりますが、Tab で確定した場合は右のセルに、矢印キーで確定した場合は矢印の方向のセルがアクティブセルになります。また、アクティブセルを移動したくない場合は、Ctrl + Enter で確定します（図4-7(b)）。

● セルに入力された内容は数式バーにも表示される（①）
また、数式バーに入力した内容はそのままセルの値となる（②）

(a) セルへのデータ入力

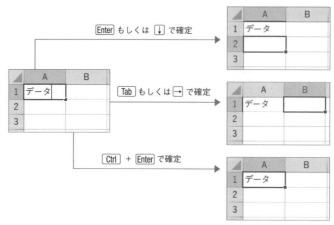

(b) 入力確定時のアクティブセルの移動

図4-7　データの入力方法

■入力値の変更・修正

　変更したいデータがある場合は、該当するセルをアクティブセルにし、新しいデータを入力します。このとき、入力を確定すると以前のデータが消えてしまうので注意してください。入力確定前に Esc を押せば、操作を取り消すことができます。

　また、入力データの一部を修正する場合は、該当するセルをダブルクリックして、カーソルが出ている状態にします。このとき、カーソルを矢印キーで移動し、Backspace や Delete などを利用して一部を消去したり、新しい数値や文字列を入力したりすることで修正ができます。また、修正したいセルをアクティブセルにして、数式バーでデータを修正することも可能です。

Advice

　F2 を押すことで、アクティブセルにカーソルが出ている状態にすることができます。

■入力値の消去

　セルに入力されたデータを消去したい場合は、該当するセルをアクティブセルにして Delete か Backspace を入力します。Delete を押した場合はデータが消去されます。また、Backspace を押した場合は、データが消えカーソルがセルに出ている状態になります。

4.1.4　セルの選択

　データの入力では、該当するセルを選択してアクティブセルにしてからデータを入力しました。このように、Excelで行う様々な操作は、

最初にセルを選択することから開始します。

　セルを選択するには、用途に合わせて次のような方法があります（図4-8）。

① 単一セルを選択するには、選択したいセルをクリックします（図4-8(a)）。
② 連続した複数のセルを選択する場合は、選択する長方形の範囲の1つの隅のセルから対角線上の反対隅のセルに向かってドラッグします（図4-8(b)）。
③ 1列全体を選択する場合は、その列番号をクリックします（図4-8(c)）。このとき、列番号を選択する際は列番号上にマウスポインタを移動し、マウスポインタの形状が ↓ になっていることを確認してください。複数の連続する列全体を選択する場合は、選択したい列番号をドラッグします。
④ 1行全体を選択する場合は、その行番号をクリックします（図4-8(d)）。このとき、行番号を選択する際は行番号上にマウスポインタを移動し、マウスポインタの形状が → になっていることを確認してください。複数の連続する行全体を選択する場合は、選択したい行番号をドラッグします。
⑤ 隣り合わない複数のセルを選択する場合は、1か所を上の方法で選択したのち、追加したい場所を Ctrl を押しながら上の方法でさらに選択していきます（図4-8(e) (f)）。

Advice

　選択する長方形の範囲の1つの隅のセルをクリックし、対角線上の反対隅のセルを Shift を押しながらクリックしても連続した複数のセルを選択できます。

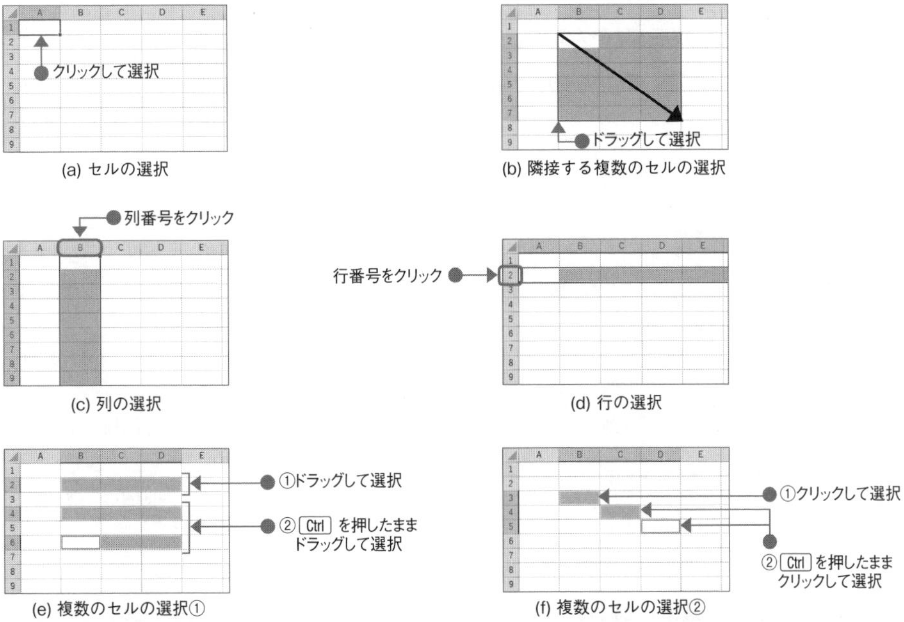

(a) セルの選択

(b) 隣接する複数のセルの選択

(c) 列の選択

(d) 行の選択

(e) 複数のセルの選択①

(f) 複数のセルの選択②

図4-8　セルの選択

4.1.5　データのコピーと移動

　すでにセルに入力してあるデータは、別の場所のセルに複写することができます。まず、複写したいデータのあるセルを選択します。次に、［**ホーム**］タブ→［**クリップボード**］グループ→ 📋（［**コピー**］）を選択します。このとき、選択された範囲が点線の枠で囲まれます。この部分が複写元になる範囲です。最後に、複写したい場所をクリックしてアクティブセルにし、［**ホーム**］タブ→［**クリップボード**］グループ→ 📋（［**貼り付け**］）をクリックしてデータを貼り付けます。

　1回貼り付けても複写元は点線の枠で囲まれた状態を維持しています。もし、続けて同じデータを別の場所にも貼り付けたい場合は、貼り付けたい場所に再度移動して 📋（［**貼り付け**］）をクリックします。

　複数のセルを複写するときは、複写したい複数のセルを選択し、［**ホーム**］タブ→［**クリップボード**］グループ→ 📋（［**コピー**］）を選択します。次に、複写したい場所をクリックしてアクティブセルにし、［**ホーム**］タブ→［**クリップボード**］グループ→ 📋（［**貼り付け**］）をクリックします。アクティブセルを複写元の左上隅の位置として複数のセルが貼り付けられます（図4-9中央）。

　すでにセルに入力してあるデータを別の場所のセルに移動する場合は、切り取りと貼り付けの操作で行うことができます。まず、移動したいデータを選択します。次に、［**ホーム**］タブ→［**クリップボード**］グループ→ ✂（［**切り取り**］）を選択します。最後に、移動したい場所をクリックしてアクティブセルにし、［**ホーム**］タブ→［**クリップボード**］グループ→ 📋（［**貼り付け**］）をクリックすると、データがその場所に貼り付けられ、切り取りに指定したセルのデータが消えます（図4-9下）。

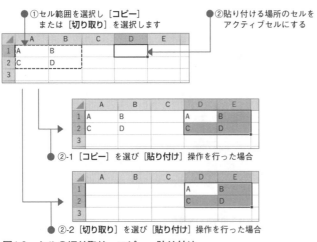

図4-9　セルの切り取り・コピー・貼り付け

▌Advice

　選択範囲を表す点線の枠は、別の場所をダブルクリックするなどのコピー以外の操作で解除される場合があります。その場合は、再度複写の手順をはじめから行ってください。

▌Attention

　隣り合わない複数のセルを選択したときはその範囲の形状によって、エラーメッセージが出て複写元に指定できない場合があります。このときは、複写元の範囲をできるだけ連続して隣り合う範囲に修正します。

▌Advice

　貼り付け操作には、形式を選択して貼り付ける方法があります。この部分は、4.8で解説します。

▌Advice

　リボンのボタンを使用せずに、マウスやキーボードショートカットを使って、操作を確定することができます。

　マウスで操作する場合は、右ボタンで表示されるメニューから、切り取り・コピー・貼り付けが選べます。貼り付けは、貼り付けオプションから 📋 を選択します。

　キーボードショートカットの場合は
・切り取りが Ctrl + X
・コピーが Ctrl + C
・貼り付けが Ctrl + V
になります。

4.1.6 オートフィル

Excelでは、大量のデータを入力するために、**オートフィル**という機能があります。オートフィルを使用すると、多くのセルに一度に複写したり、連続する番号や文字列を入力したりする操作が簡単に行えます。

オートフィルを使用するには、まずデータを入力し、次にそのセルを選択してアクティブセルにします。このとき、1つのセルを選択しても複数の隣り合うセルを選択しても構いません。選択されたセルは長方形の太枠で表示され、その太枠の右下に■（フィルハンドル）が表示されます。最後に、このフィルハンドルにマウスポインタを合わせると ✛ から ＋ になるので、その状態でオートフィルを適用したい方向に適用したい数のセルだけドラッグします。

ここで、オートフィルの使用例を示します。例として、図4-10(a)のようなデータを考えます。列ごとに入力されているデータにオートフィルを適用して、11行目までのセルを埋めます。セルA2には整数値1が入力されています。セルA2を選択して下方向にセルA11までドラッグしてオートフィルを適用すると、下の9個のセルに整数値1が複写されます。このように、選択した単一セルの値が整数値の場合は、その値が連続して複写されます。オートフィル適用後に、セルA11の右下に「**オートフィルオプション**」🖳が表示されます。ここでは、オートフィルの適用形式を選ぶことができます。例えば、[**連続データ**]を選択すると1から10までの連続した整数値の複写になります（図4-10(b)）。

他の列についても、同様に11行目までオートフィルでセルを埋めます。B列からD列は1、2行目の2個のセルを選択してからフィルハンドルをドラッグしてオートフィルを適用します。このときB列からD列は、数値が等間隔に離れた連続データの入力になります。文字列は基本的にセルの複写になりますが、G列のように文字列内に数値がある場合はその部分が連続データになります。また、E、H、I列のような日付・曜日・月などは連続データになります。図4-10(c)は図4-10(a)のデータにオートフィルを適用した結果です。このようにオートフィルは、簡単な操作で複写や連続データの入力ができる便利な機能です。

■**Advice**

複写の際に、複写したい場所で 📋（[**貼り付け**]）をクリックするのではなく、[Enter]を押しても貼り付けることができます。このとき、選択された範囲の点線枠が解除されるため、連続した貼り付け操作はできません。また、移動の際も[Enter]で貼り付け操作を確定することができます。

	A	B	C	D	E	F	G	H	I
1	数値1	数値2	数値3	数値4	日付	文字列1	文字列2	文字列3	文字列4
2	1	1	2	5	10月1日	コンピュータ	試験1	月	1月
3		2	4	10					
4									
5									
6									
7									
8									
9									
10									
11									

(a) 元となるデータ

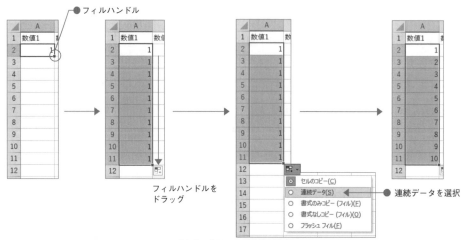

(b) オートフィルの適用と設定

	A	B	C	D	E	F	G	H	I
1	数値1	数値2	数値3	数値4	日付	文字列1	文字列2	文字列3	文字列4
2	1	1	2	5	10月1日	コンピュータ	試験1	月	1月
3	1	2	4	10	10月2日	コンピュータ	試験2	火	2月
4	1	3	6	15	10月3日	コンピュータ	試験3	水	3月
5	1	4	8	20	10月4日	コンピュータ	試験4	木	4月
6	1	5	10	25	10月5日	コンピュータ	試験5	金	5月
7	1	6	12	30	10月6日	コンピュータ	試験6	土	6月
8	1	7	14	35	10月7日	コンピュータ	試験7	日	7月
9	1	8	16	40	10月8日	コンピュータ	試験8	月	8月
10	1	9	18	45	10月9日	コンピュータ	試験9	火	9月
11	1	10	20	50	10月10日	コンピュータ	試験10	水	10月
12									

(c) オートフィル適用後のデータ

図4-10　オートフィル

4.1.7　印刷

　Excelに入力したデータを印刷する方法について説明します。Excelでの印刷は、まず［ファイル］タブ→［印刷］をクリックします。印刷するプリンタや用紙の方向、用紙のサイズなどを選択すると、右に印刷結果を表す印刷プレビューが表示されます。印刷プレビューで印刷結果を確認したのち、　印刷　ボタンをクリックするとワークシートが印刷されます（図4-11）。

　Excelでは、印刷用紙を考慮に入れない大きなワークシートにデータを入力していくため、入力した表が大きくなると印刷用紙に収まらなくなります。印刷プレビューを確認して、意図しない場所でページ

Attention

　ブックの表示が［標準］のときはセル内に収まっている文字列が、紙への印刷結果では文字が大きく印刷されるためセルの枠を超えた部分の文字が印刷されない場合があります。そのため、印刷プレビューなどで確認してから印刷するように心がけましょう。

が切り替わったりしないか、白紙ページなどがありページ数が必要以上に増えていないかなどを確認して印刷しましょう。

通常はブックの表示が［標準］の状態で作業していますが、［表示］タブ→［ブックの表示］グループから［ページ レイアウト］や［改ページ プレビュー］に表示を切り替えることで、ページの区切りを確認することができます（図4-12）。

Attention

より詳細な印刷方法は、4.8で説明します。

Attention

ウィンドウ下の表示ボタン（図4-3参照）からもブックの表示を切り替えることができます。

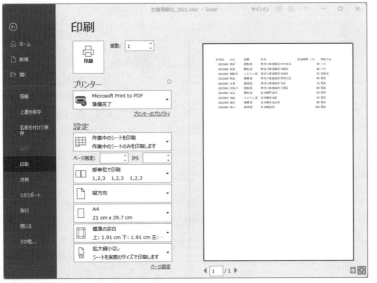

図4-11　［印刷］

(a)［標準］

(b)［ページ レイアウト］

(c)［改ページ プレビュー］

図4-12　ブックの［表示］

4.1

Excelの基本操作

121

4.2 計算と関数

ここでは、Excelを使った数式や関数の書き方について説明します。

4.2.1 数式の入力

■数式の書き方と入力

Excelは、セルに数式が入力されるとその数式を自動的に計算します。Excelでは、数式は「=」で始まります。次に計算式を書きます。計算式は、表4-2の算術演算子や括弧「()」を使って書きます。例えば、セルA1で「100÷5+20×(1+4)」という数式を計算したい場合は、セルA1に「=100/5+20*(1+4)」と入力し、Enterで確定します。Excelは式が確定すると自動的に計算を行い、セルA1に結果の120を表示します。また、セルA2で「2^{10}」を計算させたい場合は、セルA2に「=2^10」と入力します。このように、数式は必ず「=」記号から開始するので書き忘れないように注意してください（図4-13）。なお、数式は、数式バーからセルに入力することもできます。

計算式を書く場合は、計算の順序に気をつける必要があります。式は左から右へ評価されますが、通常の計算と同様に括弧内の式が優先されます。また、加算・減算よりも乗算・除算の計算が優先されます。基本的な演算子の優先順位は表4-3のようになります。乗算と除算、加算と減算はそれぞれ同順位です。優先順位が高い方が先に計算されます。

Advice

数式で使用する「=」、「+」、「-」、「*」、「/」などの記号は、半角英数字で入力してください。

Advice

数式は、マイナス（−）から入力することができます。マイナスから開始すると自動的に数式のはじめに「=」が挿入されます。

表4-2 算術演算子

演算子	説明	演算子	説明	演算子	説明
^	べき乗（累乗）	*	乗算（掛け算）	/	除算（割り算）
%	パーセンテージ	+	加算（足し算）	−	減算（引き算）

表4-3 計算に関わる演算子の優先順位

優先順位が高い ←			→ 優先順位が低い
%	^	* /	+ −

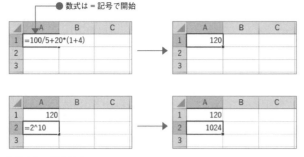

図4-13 式の入力

■計算式とセルの表示

　数式が入力されたセルには、計算結果が表示されます。そのため、一見するとセルにはデータが入力されているのか数式が入力されているのかわかりません。セルの内容を確認するには、そのセルをクリックしてアクティブセルにします。このとき、セルの中身は数式バーに表示されます。数式が入力されている場合は、数式バーに数式が表示されるので確認できます。

　数式は修正することが可能です。もし間違いに気づいた場合は、数式バーで修正するか、セルをダブルクリックして数式を表示させカーソルを移動して修正することができます。

■セル番地を使った数式の書き方

　すでにセルに数値データが入っている場合は、そのデータを使って数式を書くことができます。例えば、セルA2に50、B2に20と数値データを入力します（図4-14）。次に、セル番地A2とB2を使ってセルC2に「＝A2+B2」と数式を入力すると、セルA2とB2の数値である50と20を使用して計算が行われ、結果としてセルC2に「70」と表示されます。このように、数式にセル番地を利用してそのセルに入力されているデータを参照することを「**セル参照**」と言います。

　セル参照を使って書いた数式の入っているセルをダブルクリックすると、数式が表示されると同時に、数式内のセル番地の色と同じ色で参照先のセルが色付けられます。例えば、上の例ではセルC2をダブルクリックすると、セルA2とB2が色付けされます。このような参照先のセルの枠や背景を色付けるシステムを「**カラーリファレンス**」と言います。数式内のセル参照を確認する場合は、このカラーリファレンスを表示させて確認する方法が有効です。

　数式を入力するときに別のセルをクリックすると、そのセルのセル番地が入力されます。例えば、図4-14のセルC2の式を入力するときに、「＝」記号の次にセルA2をクリックし、続いて「+」記号を入力して、最後にセルB2をクリックして Enter で確定すると式の入力が完了しま

Advice

　数式の編集をキャンセルしたい場合は、 Esc を押します。

す。このように、クリックでセル番地を入力する方法は操作が簡単です。

　なお、参照されているセルの値を変更すると自動的に数式の結果も変更されます。例えば、図4-14のセルA2の値を50から100にすると、数式の書いてあるセルC2は再計算されて120に変更されます。

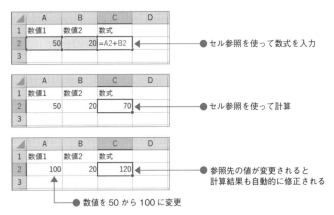

図4-14　セル参照を使った式の入力

4.2.2　関数の入力

　Excelには、合計・平均などの計算や条件判断・データ探索などの複雑な処理を自動で行うための関数という機能があります。関数は、数式の一部として使用でき、それぞれの関数の書き方を習得すれば、入力されているデータを簡単に加工して、新しい情報を作り出すことができます。

　ここでは、関数の書き方から関数の入力方法まで順番に説明します。

■関数の書き方

　関数の書式は次のようになります。

　　関数名 (引数1, 引数2, 引数3, …)

　計算したい処理に応じて関数の名前（「**関数名**」）が決まっています。

　関数を使って計算するために使用するデータのことを「**引数**」と言います。引数は関数名の後の括弧内に関数が指定する順番に半角カンマ（,）で区切って記述します。関数によって必要とする引数の個数や並べる順番が違います。

　引数には、数値や文字列のような値そのもの以外に、セル番地やセル範囲といったセル参照を使った指定ができます。セル範囲とは、複数の隣り合うセルをまとめて参照する方法です。

■セル範囲の書き方

　ここで、「**セル範囲**」について説明します。先に述べたとおり、セル範囲は複数の隣り合うセルをまとめて参照する方法です。セル範囲の

■Advice

　次の「関数の書き方」では、イメージしにくい新しい用語がいくつか登場します。もし具体的にExcelに入力してから書き方を確認したい場合は、次ページの「複数の数値を合計するSUM関数の書き方」で実際に入力練習をしてから「関数の書き方」に戻って読み始めるとイメージしやすいでしょう。

書き方は次のとおりです。

　　開始セル番地:最終セル番地

　このとき、セル範囲は「**開始セル番地**」から「**最終セル番地**」までの長方形の範囲にあるセルをすべて表します。言い換えると、「開始セル番地」を左上隅、「最終セル番地」を右下隅としてセルを選択した場合の複数のセルを表します。例えば、A1:D1と記述した場合は、セルA1、B1、C1、D1の4個のセルを表します（図4-15(a)）。つまり、A1:D1は「セルA1からD1まで指定する」と言い換えられます。また、C2:D4と記述した場合は、セルC2、C3、C4、D2、D3、D4の3行2列の範囲の6個のセルを表します（図4-15(b)）。

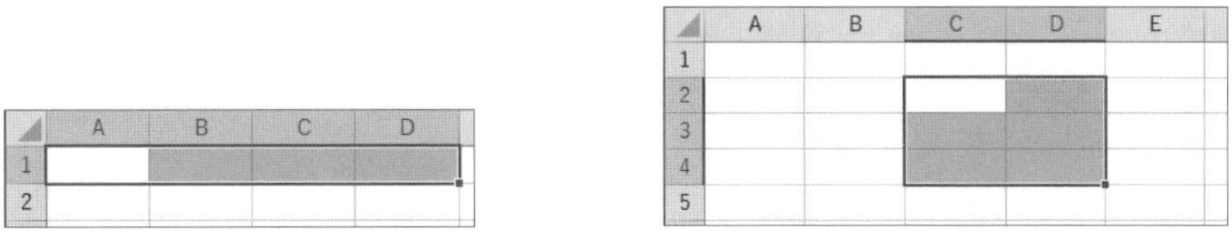

(a)　A1:D1　　　　　　　　　　　　　(b)　C2:D4

図4-15　セル範囲

■複数の数値を合計するSUM関数の書き方

　ここで具体的な関数を入力して書き方を確認します。**SUM関数**は合計を計算する関数です。書き方を表4-4に示します。

表4-4　SUM関数

関数名	書式	セルへの入力例	例の説明
SUM	SUM(数値1, 数値2, …)	=SUM(A1:C1)	セルA1、B1、C1の合計を計算します

　関数名は「SUM」、括弧中の引数は合計したい数値を並べます。例えば、セルに「=SUM(1,2,3)」と書けば、引数に3個の整数1,2,3を指定したことになり、合計の6が結果になります。ここで、関数は数式の中に書くため、最初に「=」を付けて数式とする必要があるので注意してください。また、セルに「=SUM(A1,B1,C1)」と書けば、引数にセルA1、B1、C1を指定したことになり、A1+B1+C1の値が結果になります。引数にはセル範囲を使用できるので、セルに「=SUM(A1:C1)」と書いてもセルA1からセルC1までの合計が計算されます。

　それでは、実際にExcelで入力して確認をします。図4-16のようにデータを入力します。まずは引数に数値を入力する練習として、キーボードからセルB1に「=SUM(1,2,3)」と入力して Enter を押して確定します。結果としてセルB1に6と表示されます。このとき、セルB1をアクティブセルにして数式バーを確認するとセルの中身はSUM関数を使った数式であることが確認できます。次に、引数にセル参照を使った例としてセルE4に「=SUM(B4,C4,D4)」と入力します。結

Advice

　式の中で「=A1:A3」のように1つのセルを指定するセル参照の代わりとしてセル範囲を記入すると、式が「動的配列数式」となります。動的配列数式は、その数式を記入したセルに隣接するセルにも値を代入する機能です。本章では、結果が1つのセルに表示されるような数式の書き方を扱い、複数のセルに影響を与える動的配列数式については扱いません。

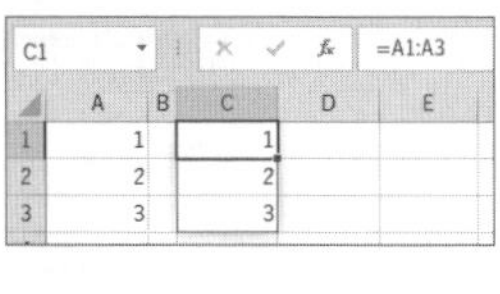

果として、セルB4、C4、D4の合計が計算されて45と表示されます。最後に、引数にセル範囲を使用する例として、セルE7に「=SUM(B7:D7)」と入力します。結果として、セルB7、C7、D7の合計が計算されて45と表示されます。

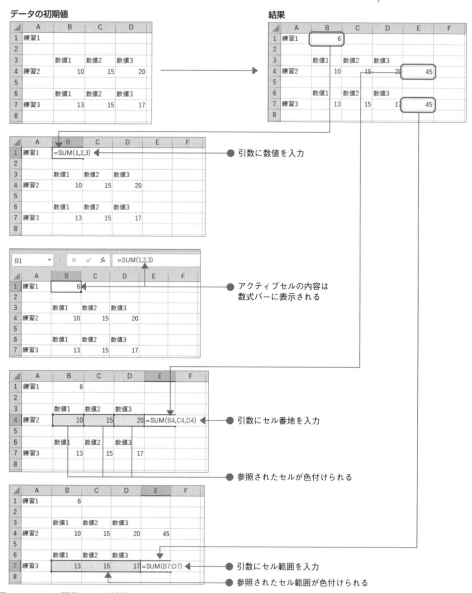

図4-16　SUM関数による計算

■引数に文字列を指定する

引数には数値を使うことが多いのですが、関数によっては文字列を必要とする場合があります。引数に文字列を必要とする場合は、その文字列をダブルクォーテーション（"）で囲みます。例えば、文字列ABCを引数に使用したい場合は、"ABC"と書きます。

文字列は「**&演算子**」を使って結合ができます。例えば「=B1&"@"&B2」と書くと、セルB1とB2を@マークで挟んで結合します。

■関数の入力方法（直接入力）

　SUM関数で説明したように、関数は書式に従ってセルにキーボードから直接記述することで使用できます。関数は数式の一部なので、数式と同様に最初は「＝」から開始します。最初の「＝」記号以降、関数名を入力し始めると、カーソル付近にポップアップメニューが表示され、関数の候補が表示されます。開始括弧「(」まで入力すると、「**ポップヒント**」と呼ばれるポップアップが表示され関数の書式が現れます。このポップヒントを見ながら引数を入力し、最後に「)」まで入力すると関数が完成します（図4-17）。

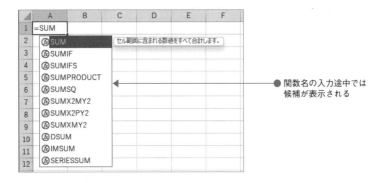

● 関数名の入力途中では
　候補が表示される

● 引数の入力時にはポップヒントが
　表示される

図4-17　関数のポップヒント

■関数の入力方法（関数の挿入）

　関数を直接セルに入力する以外にも、関数を挿入する方法があります。[**関数の挿入**]ボタンを利用する方法は、使いたい関数の検索や、引数の順番がわからないときの確認などに便利です。使用するには、まず関数を入力したいセルを選択します。次に、[**数式**]タブ→[**関数ライブラリ**]グループ→[**関数の挿入**]をクリックします。この操作で[**関数の挿入**]ダイアログボックスが表示されます（図4-18）。

　[**関数の挿入**]ダイアログボックスでは関数名を指定します。[**関数の分類**]から関数の属するグループを選択すると、そのグループの関数が[**関数名**]に表示されます。もし、関数名があらかじめわかっている場合は、[**関数の検索**]に関数名やキーワードを入力して[**検索開始**]ボタンをクリックしても関数名を探せます。最後に、関数名を選択し[**OK**]ボタンをクリックして決定します。例えば、SUM関数は[**関数の分類**]で[**数学/三角**]のグループに属します。関数名はアルファベット順に並んでいるので上から順番に探します。

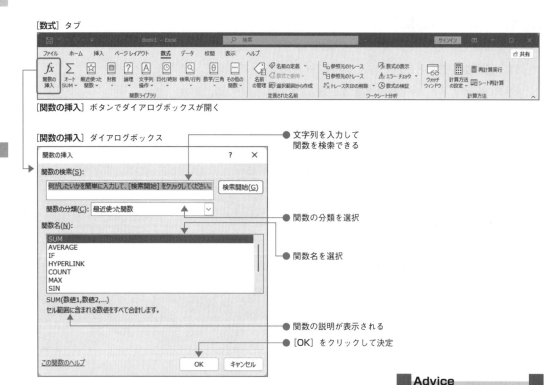

[関数の挿入] ボタンでダイアログボックスが開く

[関数の挿入] ダイアログボックス
- 文字列を入力して関数を検索できる
- 関数の分類を選択
- 関数名を選択
- 関数の説明が表示される
- [OK] をクリックして決定

図4-18　[関数の挿入] ダイアログボックス

[**関数の挿入**] ダイアログボックスで [**OK**] ボタンをクリックすると、選択された関数の引数を入力するための [**関数の引数**] ダイアログボックスが表示されます（図4-19）。複数の引数がある場合は、最初の引数から順番に入力します。引数の入力は、直接キーボードから入力して指定できますが、セル参照を使う場合はワークシートの該当するセルをドラッグして選択しても入力できます。最後に [**OK**] ボタンをクリックすることで関数の入力が終了します。

なお、すでに関数が入力されているセルなどで [**関数の挿入**] ボタンをクリックすると、[**関数の引数**] ダイアログボックスが表示されて引数の修正から再開できます。

Advice

他にも [**関数の挿入**] ダイアログを表示するには次のような方法があります。
(1) 数式バーにある *fx*（**関数の挿入**）ボタンをクリックする。
(2) [**ホーム**] タブ→[**編集**] グループ→[**Σ オートSUM**] の ∨ →[**その他の関数**]
(3) [**数式**] タブ→[**関数ライブラリ**] グループ→[**Σ オートSUM**] の ∨ →[**その他の関数**]

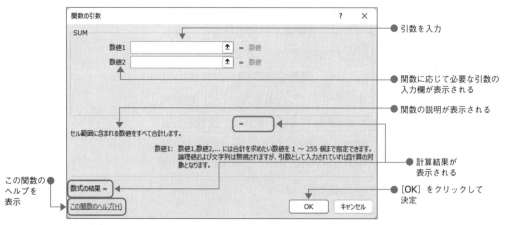

- 引数を入力
- 関数に応じて必要な引数の入力欄が表示される
- 関数の説明が表示される
- 計算結果が表示される
- [OK] をクリックして決定

この関数のヘルプを表示

図4-19　[関数の引数] ダイアログボックス

■関数の入力方法（ΣオートSUM）

　合計・平均・最大・最小などの計算を行う関数を入力する場合は、[ΣオートSUM] ボタンが便利です。関数を入力したいセルを選択し、[ホーム] タブ→ [編集] グループ→ [ΣオートSUM] をクリックするとSUM関数が入力されます（図4-20）。次に引数を指定します。引数は隣り合うセルなどから自動的に入力されるので、確認をして間違っていれば修正します。最後に Enter で関数の入力を確定します。

　この [ΣオートSUM] では、[ΣオートSUM] の ∨ をクリックして表示されるメニューから、合計・平均・数値の個数・最大値・最小値を求める関数を選べます。これらの関数は使用頻度が高く [ホーム] タブから別のタブに移動せずに入力できるため便利です。また、[ΣオートSUM] ボタンは [数式] タブ→ [関数ライブラリ] グループにもあります。なお、平均・数値の個数・最大値・最小値に関する関数の使用方法は4.2.4で説明します。

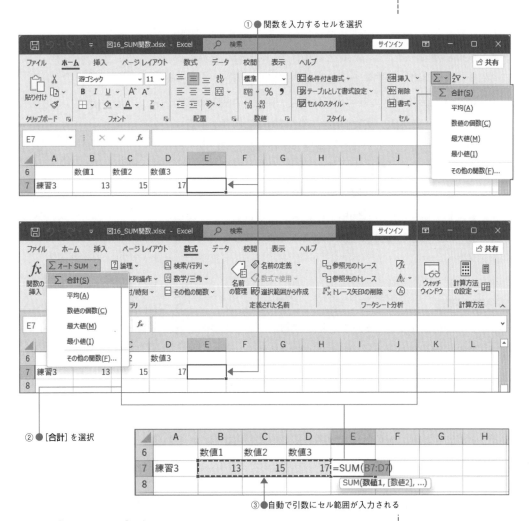

① ● 関数を入力するセルを選択

② ● [合計] を選択

③ ● 自動で引数にセル範囲が入力される

図4-20　[ΣオートSUM] ボタン

練習問題4-1（SUM関数の入力練習）

次のワークシートのようにデータを入力します。各行には受験番号と試験1から試験3の結果が入力されています。各行のE列に各受験生の試験1から試験3の合計をSUM関数を使用して計算しなさい。

	A	B	C	D	E	F
1	受験番号	試験1	試験2	試験3	合計	
2	IT0001	8	35	15		
3	IT0002	12	20	10		
4	IT0003	12	10	5		
5						

4.2.3　相対参照・絶対参照・複合参照

ここまで、数式や関数の書き方を順番に解説してきました。様々な問題において計算式を組み立てることは難しい作業ですが、数式を正しく入力できればExcelが自動計算してくれるため大変便利です。また数式を入力する際に、同様の計算をするときは、数式を1回ずつ入力するのではなく数式が複写できればさらに便利です。例えば、2種類の商品AとBの販売価格を計算したいときに、商品の原価は異なるが販売価格の計算方法は同じであるといった場合です。このとき、商品AとBの価格の計算を別々に入力するのではなく、商品Aの販売価格の数式を作成したのち、商品Bの販売価格を商品Aに対する数式を複写することで入力できれば便利です。また、商品が多種類ある場合は、複写ができないとすべてを入力するのに大変な労力が必要になります。

Excelは、同じような計算式を複写して利用できるように設計されています。数式を正しく複写して使用できるようになるために、ここでは数式の複写に必要なセル参照の使用方法について詳しく説明します。

■セル参照の種類

数式の中でセル番地を使ってデータを指定することをセル参照と言うことはすでに説明しましたが、セル参照には3種類の書き方があります。

数式内にセル番地をそのまま書く方法を「**相対参照**」と言います。例えば、数式内にA1やB2と書くと相対参照になります。数式内の相対参照は、その数式を別のセルに複写すると、複写元から移動した分だけ位置が移動します。例えば、セルA1に書かれた式をセルC2に複写すると、セルC2はセルA1から見ると1行下2列右にあるので、相対参照で書かれたセル参照はすべて1行2列分移動します。

相対参照は複写すると参照先が移動してしまいます。セルの参照先を移動させたくない場合は、セル番地の行番号と列番号の前に$記号

を挿入します。つまり、セル参照を「**$列$行**」と書いて指定します。$記号は固定することを意味しており、列番号および行番号を固定したことになります。このように行番号と列番号の両方の前に$記号を書くセル参照を「**絶対参照**」と言います。例えば、数式を複写してもセル参照をA1から移動させたくない場合は、「A1」と書けば移動しなくなります。

　数式を複写するとき、行もしくは列番号の片方だけ移動させたくないときは、移動させたくない方の前に$記号を書きます。この方法を「**複合参照**」と言います。例えば、数式の中で「$A1」と書けば、数式をどのセルに複写してもそのセル参照はA列以外にはなりません。つまり、列は移動しなくなります。しかし、行番号の1の前には$記号が書かれていないため、数式を複写したときに移動した分だけ行番号は変更されます。

　セル参照の使い方の手順をまとめると次のようになります。

① 数式を複写して同様の計算を別のセルで行いたい場合は、複写したい数式をセル番地を使った相対参照を使用して書く。

② 数式を複写したときに番号を変化させたくないセル番地がある場合は、そのセル参照の列番号と行番号の両方に$記号を付けた絶対参照を使用する。

③ 数式を複写したときに列もしくは行の片方を変化させたくない場合は、列番号か行番号の変化させたくない方に$記号を付けた複合参照を使用する。

　このように、セル参照の書き方は3種類ありますが、数式を書くときには意味の違いに気づきにくいと思います。例えば、数式にセルA1を使う場合、相対参照を使って「A1」と書いた場合、絶対参照で「A1」と書いた場合、複合参照を使って「$A1」または「A$1」と書いた場合の結果は、最初に数式を書いたセルでは違いがありません。しかしこの数式を複写すると結果が変わってきます。したがって、慣れないうちは数式を複写してからカラーリファレンスを使ってセル参照を確認し、間違っているようならばセル参照の方法を修正するとよいでしょう。

■セル参照の使用例

　ここで相対参照と絶対参照を使用する例を使って具体的に説明します。図4-21は支払金額の計算です。B列には商品の販売価格、C列には購入個数が入力された小さい表になっています。2行目の支払金額の計算をセルD2で行います。セルD2に「=B2*C2」と計算式を書きます。この式を1つ下のセルD3に複写すれば、式は「=B3*C3」となり3行目の式になります。なお、複写はオートフィルを使用すると

Advice

　相対参照を便利に使うためには、あらかじめ書いておく表の形も重要です。同じ種類のデータが同じ列に並ぶように、表の一番上の行には列見出しを付けるとよいでしょう。また、各行には1つのものに関連するデータを列見出しの順番に書いておきます。

便利です。図4-22は、図4-21の計算に割引率を入れた価格（割引価格）を計算する例です。割引率をセルG2に入力し、割引価格は支払金額からその割引分の料金を引いたものとして計算します。つまり、セルG2を15とすると、割引価格は支払金額の15%引きで計算します。このような場合、セルE2に入力する「きゅうりの割引価格」の式は「＝D2*(100－G2)/100」のように書き、セルG2を絶対参照にして式の複写によって参照が移動しないようにします。これをE3に複写してみると「＝D3*(100－G2)/100」となりセルG2の参照は移動していないことが確認できます。

Advice

セル参照を入力するときは F4 で相対参照、複合参照、絶対参照に切り替えられます。例えば、セル参照A1が書かれている部分で F4 を押すと、押すごとにA1→A1→A$1→$A1と切り替えられます。

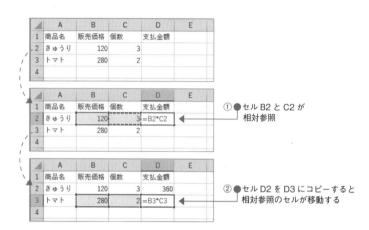

①● セルB2とC2が相対参照

②● セルD2をD3にコピーすると相対参照のセルが移動する

図4-21　セルの相対参照

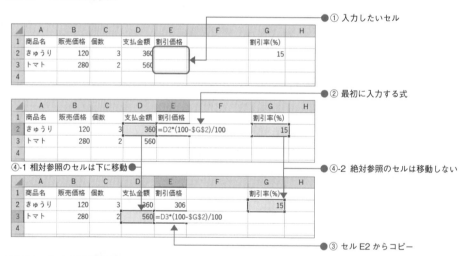

①● 入力したいセル

②● 最初に入力する式

④-1 相対参照のセルは下に移動●

④-2 絶対参照のセルは移動しない

③● セルE2からコピー

図4-22　セルの絶対参照

■コラム■　絶対参照と相対参照

式の中で相対参照、絶対参照、複合参照を使う方法について説明しました。実際には、Excelのセル参照は、式の位置を基準に相対的な位置としてセルを参照するか、それとも行番号や列番号を使って名前（絶対的な位置）でセルを指定するかを、$記号を使った書き方で切り替えているとイメージするとよいでしょう。

　例えば、$記号を使わない相対参照は、その式が記入されているセルの位置を基準に、そこからどのくらい離れているかという相対的な位置で指定する方法です。図4-21では、セルD2に書かれた数式「=B2*C2」は「=（左に2つ離れたセル）*（左に1つ離れたセル）」を意味しています。したがって、D2の式をD3に複写すると左に2つ離れたセルはB3、左に1つ離れたセルはC3になるため「=B3*C3」となります。

　また、行番号や列番号に$記号を付けて使う絶対参照や複合参照は、$記号を付けた方をその番号の位置（絶対的な位置）で利用することを意味しています。図4-22ではセルE2の式の中で「G2」と書いていますが、この部分はG列目かつ2行目（つまりセルG2）を使うと絶対的な位置を指定しています。したがって、式をどのセルに複写しても式内のG2は変わることがありません。

　Excelを活用するには、セル参照の理解が欠かせません。数式を書きながら使い方と意味を習得していきましょう。

■コラム■　セル参照とセルの移動

　式で参照するセルへの操作について注意すべき点があります。Excelでは［切り取り］と［貼り付け］の操作でセルを移動することは説明しました。この移動方法で式が参照しているセルを移動した場合は、式内の対応するセル参照も移動します。絶対参照でも相対参照でも、式で参照したセルが移動すればセル参照も同時に移動します。言い換えると、式は参照したセルが移動すると、はじめに書いた式とは違った意味の式に変わります。一見すると問題ありませんが、その式を別のセルに複写する場合には注意が必要です。特に、相対参照の場合は、相対的な位置が変化しているため、意図しない結果になる可能性があります。このようなトラブルを避けるため、データが入力されているセルに移動操作をするときは注意しましょう。なお、参照先のセルを［切り取り］ではなく［コピー］して貼り付けた場合は、そのセルを参照する式のセル参照が変化しません（図4-23）。

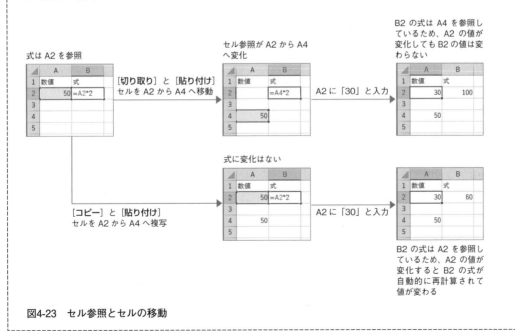

図4-23　セル参照とセルの移動

練習問題4-2（相対参照の練習）

次のワークシートは、練習問題4-1のワークシートを拡張したものです。

① セルE2に受験番号IT0001の試験1から試験3の合計を計算するSUM関数を使った数式を入力しなさい。

② オートフィルを使ってセルE3からE11までのセルを完成させなさい。

	A	B	C	D	E	F	G
1	受験番号	試験1	試験2	試験3	合計		
2	IT0001	8	35	15			
3	IT0002	12	20	10			
4	IT0003	12	10	5			
5	IT0004	20	30	30			
6	IT0005	4	10	35			
7	IT0006	8	5	20			
8	IT0007	16	30	20			
9	IT0008	16	35	40			
10	IT0009	8	10	35			
11	IT0010	12	35	25			
12							

練習問題4-3（複合参照の練習）

次のワークシートは、3つの表から構成されています。表1には商品と価格が、表2には12月1日から3日までの3日間の各商品の販売個数が入力されています。表3はまだ空欄になっていますが、これは各商品のその日の売上金額を計算する表です。例えば、セルB11では、12月1日のきゅうりの売上金額を計算します。

① 表3のセルB11からD14の空欄を数式を使って計算しなさい。空欄を埋める際には、はじめにセルB11に式を入力しなさい。

② 他のセルはセルB11の式を複写することで埋められるように、セルB11に入力する数式を工夫しなさい。

	A	B	C	D	E	F	G	H	I
1	表1：価格（単位：円）			表2：販売個数（単位：個）					
2	商品	価格		商品	12月1日	12月2日	12月3日		
3	きゅうり	120		きゅうり	130	152	64		
4	ナス	140		ナス	69	100	70		
5	トマト	280		トマト	100	104	103		
6	ジャガイモ	60		ジャガイモ	104	93	103		
7									
8									
9	表3：売上金額（単位：円）								
10	商品	12月1日	12月2日	12月3日					
11	きゅうり								
12	ナス								
13	トマト								
14	ジャガイモ								

4.2.4 AVERAGE ／ MAX ／ MIN ／ COUNT ／ COUNTA 関数

Advice

COUNTA関数は、[ΣオートSUM] のメニュー内にはありません。直接入力するか、[関数の挿入] ダイアログを利用しましょう。関数の挿入では、COUNTA関数は [関数の分類] の [統計] グループ内にあります。

平均、最大値、最小値を計算する関数は、それぞれ**AVERAGE、MAX、MIN関数**です。書き方は表4-5のとおりです。

表4-5　AVERAGE／MAX／MIN関数の書式

関数名	書式	セルへの入力例	例の説明
AVERAGE	AVERAGE(数値1, 数値2, …)	=AVERAGE(A1:C1)	セルA1、B1、C1の平均を求めます
MAX	MAX(数値1, 数値2, …)	=MAX(A1:C1)	セルA1、B1、C1の最大値を求めます
MIN	MIN(数値1, 数値2, …)	=MIN(A1:C1)	セルA1、B1、C1の最小値を求めます

データ数を数える関数は、**COUNT関数**と**COUNTA関数**です。COUNT関数は引数の中の数値データの個数を数えます。それに対して、COUNTA関数は引数の中で空白以外のセルの個数を数えます。書き方は表4-6のとおりです。

表4-6　COUNT／COUNTA関数の書式

関数名	書式	セルへの入力例	例の説明
COUNT	COUNT(値1, 値2, …)	=COUNT(A1:C1)	セルA1、B1、C1の中で数値データが入力されているセルの個数を求めます
COUNTA	COUNTA(値1, 値2, …)	=COUNTA(A1:C1)	セルA1、B1、C1の中で空白以外のセルの個数を求めます

練習問題4-4（統計関数）

次のワークシートは、ある試験の結果で、教科の列の空欄は欠席を表します。各学生の合計点と平均点、各教科の平均点、最高点、最低点、出席者数を関数を使って計算しなさい。ただし、平均点は欠席者を含めないこととします。例えば「文学」の平均点は欠席者を除く4人の平均点になります。

	A	B	C	D	E	F	G	H	I
1	学籍番号	文学	数学	経済学	社会学	物理学	合計	平均	
2	2021001	66	72	56	40	50			
3	2021002		88	34	94	42			
4	2021003	62	56	46					
5	2021004	84		78	82	42			
6	2021005	52	70	52	98	58			
7	平均								
8	最高点								
9	最低点								
10	出席者数								
11									

次のワークシートは、ある講習会の出席表です。○が出席を、空欄が欠席を表します。全体の延べ出席者数をセルH2に求めなさい。

	A	B	C	D	E	F	G	H	I	J
1	受講者名	11月1日	11月8日	11月15日	11月22日	11月29日		延べ出席者数		
2	Aさん	○	○	○	○	○				
3	Bさん	○	○			○				
4	Cさん	○	○		○	○				
5	Dさん		○	○	○					
6										

4.2.5　IF関数

Excelには、計算以外の目的で利用できる関数が多数あります。ここではその一例として、条件に合わせて結果を変更できるIF関数について説明します。

■比較演算子と論理値

Excelでは、表4-7のような比較演算子を使って条件を「**論理式**」で表します。ここで言う条件とは、「セルA1の値が10以上」や「セルA1よりB1の方が小さい」などです。これらの条件を比較演算子を使って書くと、「セルA1の値が10以上」は「A1>=10」となり、「セルA1はB1より大きい」は「A1>B1」となります。

表4-7　比較演算子

演算子	意味	演算子	意味	演算子	意味
=	等しい	>	より大きい	>=	以上
<>	等しくない	<	未満	<=	以下

これらの条件を満たすかどうかはセルの値によって異なります。例えば、「セルA1の値が10以上」という条件では、セルA1の値が11ならば条件を満たしますが、値が5ならば条件を満たしません。Excelでは、論理式の条件を満たす場合を「**TRUE**」（真）という値で表し、条件を満たさない場合を「**FALSE**」（偽）という値で表します。これらTRUEとFALSEを「**論理値**」と言います。例として、セルA2に11、セルB2に論理式「=A2>=10」と書いて結果を確認してみます（図4-24）。セルA2が11であるためセルB2の表示はTRUEになります。また、セルA2を5に変更するとセルB2の値はFALSEになります。なお、論理式は数式ですので、式「=A2>=10」のように最初に=記号を書いています。

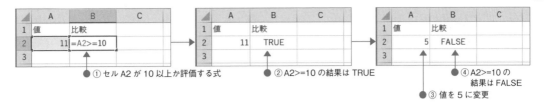

● ① セル A2 が 10 以上か評価する式　　● ② A2>=10 の結果は TRUE　　● ④ A2>=10 の結果は FALSE

● ③ 値を 5 に変更

図4-24　比較演算子と論理値

■ IF関数

　条件に合わせて処理結果を変えたいと思うことはよくあります。例えば、試験で「点数が70点以上ならば合格、それ以外は不合格」という成績評価をする場合です。この評価の条件は「点数が70点以上」です。この条件を満たせば「合格」、満たさなければ「不合格」と結果を変えたいと考えます。このような場面で使用する関数が**IF関数**です。

　IF関数の書き方は、表4-8のとおりです。

表4-8　IF関数の書式

関数名	書式	セルへの入力例	例の説明
IF	IF(論理式, 値が真の場合, 値が偽の場合)	=IF(A2>50, "適合", "不適合")	セルA2の値が50より大きいならば「適合」、そうでなければ「不適合」と表示します
		=IF(A2="出席", "○", "")	セルA2が「出席」ならば「○」と表示し、そうでなければ何も表示しません（空文字列を表示します）

　先ほどの試験の成績評価を使ってIF関数の書き方について説明します。点数がセルA2に書かれているとし、セルB2にIF関数を使った数式を書いて成績を評価します（図4-25）。「点数が70点以上ならば合格、それ以外は不合格」という試験の成績評価をする式をIF関数で書くとき、条件を書く1番目の引数部分は**「論理式」**で「A2>=70」と書きます。次に、条件が**「値が真の場合」**を書く2番目の引数部分は"合格"と書きます。ここで、「合格」という言葉は文字列であるためダブルクォーテーションで括ります。最後に、**「値が偽の場合」**を書く3番目の引数部分は「"不合格"」と書きます。つまり、セルB2に「=IF(A2>=70,"合格","不合格")」と入力します。結果として、例えばセルA2が80ならば「合格」と、セルA2が50ならば「不合格」と表示されます。

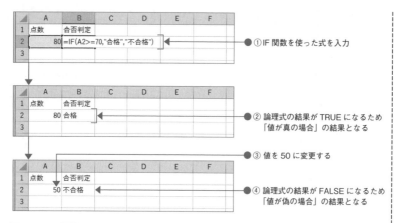

図4-25　IF関数

　IF関数の「値が真の場合」と「値が偽の場合」の部分に長さ0の文字列（**空文字列**）「""」を書くと、セルに何も表示しなくなります。長さ0の文字列とは、文字が0個の文字列を意味しますので、空白ではありませんが何も表示されません。条件を満たす場合もしくは条件を満たさない場合だけ結果を表示したい場合は、空文字列を利用すると便利です。

　IF関数は書き方や条件評価の流れを理解することが難しい関数です。IF関数をわかりやすく図示するには「**フローチャート**」が有効です。図4-26は、先ほどの式「IF(A2>=70,"合格","不合格")」をフローチャートで図示した例です。フローチャートは上から下に向かって線に沿って順番に読んでいきます。ひし形の図形は条件を表し、長方形は処理を表します。条件のひし形から出る線は真（TRUE）の場合と偽（FALSE）の場合の2本あり、条件を評価したときの結果によってたどる線が異なります。もし、IF関数の数式を読むことが難しい場合は、このようなフローチャートを書いて確認するとよいでしょう。また、IF関数を書くことが難しい場合は、条件判断のフローチャートを先に書いてから順番にIF関数の書式に合わせて数式に書き直すとよいでしょう。

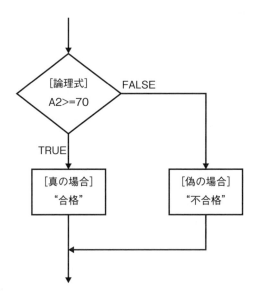

図4-26　成績判定のフローチャート

練習問題4-6（IF関数）

　次のワークシートには、ある試験の点数がA列に、基準点がセルF2に書いてあります。次の条件で各点数を評価しなさい。

① 評価1（B列）は、点数が90点以上であれば「優」と表示する。
② 評価2（C列）は、点数が基準点未満であれば「不合格」そうでなければ「合格」と表示する。
③ 評価3（D列）は、点数が100点ならば「満点」と表示し、そうでなければ100点との差の点数を表示する。例えば、セルA2が95であるので、セルD2は5となる。

	A	B	C	D	E	F
1	点数	評価1	評価2	評価3		基準点
2	95					70
3	100					
4	74					
5	62					
6	45					
7	70					
8	80					

4.3 見やすい表の作成

4.3.1 ワークシートの操作

■ワークシートの挿入・削除

新しいワークシートを挿入するには、［ホーム］タブ→［セル］グループ→［挿入］の ∨ →［シートの挿入］を選択します（図4-27）。新しいワークシートは、現在表示中のワークシートの前に挿入されます。また、シート見出しの右にある ⊕ （［新しいシート］ボタン）をクリックすると表示中のワークシートの次に挿入されます。

ワークシートを削除するには、削除したいワークシートを表示し、［ホーム］タブ→［セル］グループ→［削除］の ∨ →［シートの削除］を選択します（図4-27）。

Advice

シート見出しを右クリックして表示されるコンテキストメニューからワークシートを挿入／削除することもできます（図4-27）。メニューから［挿入］を選択すると、［挿入］ダイアログボックスが表示されるので、［標準］タブの［ワークシート］を選択し［OK］をクリックします。また、メニューから［削除］を選択するとそのワークシートは削除されます。

新しいシートを挿入する場合は［シートの挿入］を選択

現在表示しているシートを削除する場合は［シートの削除］を選択

● シート見出しからシートを削除する場合は右クリックして［削除］を選択

シート見出しを右クリックして表示されるメニューから［挿入］を選択するとダイアログが開く

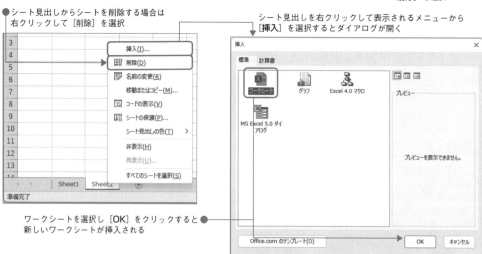

ワークシートを選択し［OK］をクリックすると新しいワークシートが挿入される

図4-27　ワークシートの挿入・削除

Microsoft Excel

■ワークシートの移動／コピー／名前の変更

　ワークシートを移動またはコピーしたい場合は、[**ホーム**] タブ→ [**セル**] グループ→ [**書式**] → [**シートの移動またはコピー**] を選択します。表示される [**シートの移動またはコピー**] ダイアログボックスから [**挿入先**] を選択し [**OK**] をクリックすると、挿入先として指定したシートの前にワークシートが移動します。また、このダイアログボックスで [**コピーを作成する**] にチェックを入れると、複製されたワークシートが挿入先の前に配置されます。

　ワークシートの名前を変更したい場合は、[**ホーム**] タブ→ [**セル**] グループ→ [**書式**] → [**シート名の変更**] を選択して、シート見出しに新しい名前を入力します（図4-28）。また、[**ホーム**] タブ→ [**セル**] グループ→ [**書式**] → [**シート見出しの色**] で色を選択すると、シート見出しの色を変更できます。

Advice

　マウスでシート見出しをドラッグすることでシートを移動することができます。また、[Ctrl] を押しながらシート見出しをドラッグすることでシートを複製することができます。

Advice

　シート見出しを右クリックして表示されるコンテキストメニューから、シートの移動またはコピー・名前の変更・シート見出しの色の操作ができます（図4-28）。

4.3

見やすい表の作成

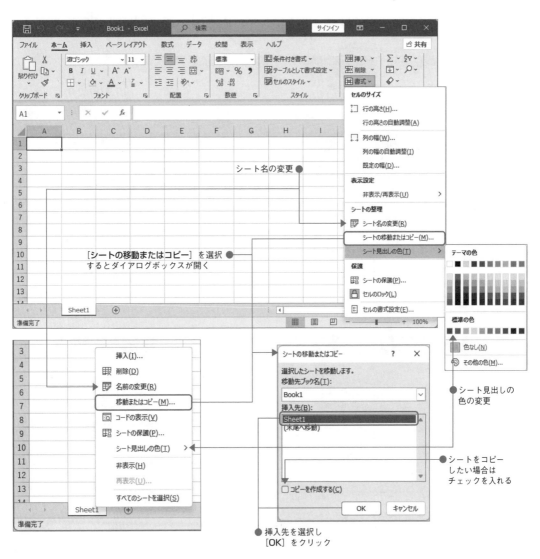

図4-28　ワークシートの移動・コピー・名前の変更

4.3.2　行／列の挿入・削除

　ワークシートに新たに行または列を挿入したい場合は、行番号または列番号を選択し、[**ホーム**] タブ→ [**セル**] グループ→ [**挿入**] をクリックします。新しい行もしくは列は、選択した行または列の手前に挿入されます。また、ワークシートの行または列を削除したい場合は、行番号または列番号を選択し、[**ホーム**] タブ→ [**セル**] グループ→ [**削除**] をクリックします（図4-29）。

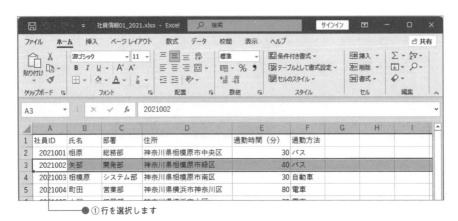

●①行を選択します

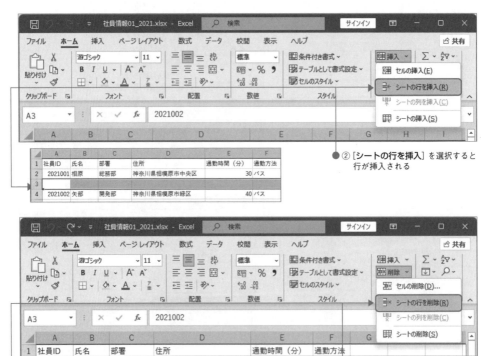

図4-29　行と列の挿入・削除

セルを挿入する場合は、手順が少し複雑です。セルを挿入したい場合は、挿入したいセル番地をアクティブセルにし、［ホーム］タブ→［セル］グループ→［挿入］を選択します。このとき、新しいセルがそのセル番地に挿入されると同時に、そのセル番地より下にあるセルは下方向に移動します。もしセルの移動する方向を指定したい場合は、［ホーム］タブ→［セル］グループ→［挿入］の ∨ →［セルの挿入］を選択し、表示される［セルの挿入］ダイアログボックスから挿入したい方向を選び［OK］をクリックします（図4-30）。削除する場合も［ホーム］タブ→［セル］グループ→［削除］から同様に操作できます。

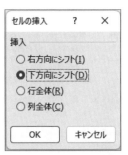

図4-30　［セルの挿入］と［セルの削除］ダイアログボックス

4.3.3　行／列の非表示と再表示

行や列を非表示にするには、非表示にしたい行または列に含まれるセルを選択し、［ホーム］タブ→［セル］グループ→［書式］→［非表示/再表示］から［行を表示しない］または［列を表示しない］を選択します（図4-31（a））。

非表示になっている行や列を再表示するためには、その行や列を含むようなセル範囲を選択し、［ホーム］タブ→［セル］グループ→［書式］→［非表示/再表示］から［行の再表示］または［列の再表示］を選択します（図4-31（b））。

ワークシートを非表示にするには、［ホーム］タブ→［セル］グループ→［書式］→［非表示/再表示］→［シートを表示しない］を選択します。このとき、現在表示されているワークシートが非表示になります。また、非表示になっているワークシートを再表示するには、［ホーム］タブ→［セル］グループ→［書式］→［非表示/再表示］→［シートの再表示］を選択し、［再表示］ダイアログボックスから再表示したいシート名を選択し［OK］をクリックします。

Advice

セルを1つ選択し、［ホーム］タブ→［セル］グループ→［挿入］の ∨ →［シートの行を挿入］または［シートの列を挿入］を選択すると、選択されたセルの位置に行または列が挿入されます（図4-29）。また、挿入したい位置の行番号または列番号を右クリックし、メニューから［挿入］をクリックしても行または列が挿入されます。

セルを1つ選択し、［ホーム］タブ→［セル］グループ→［削除］の ∨ →［シートの行を削除］または［シートの列を削除］を選択すると、そのセルを含む行または列が削除されます（図4-29）。また、削除したい行番号または列番号を右クリックし、メニューから［削除］をクリックしても行または列が削除されます。

Attention

非表示になったシート・行・列は、表示されていないだけであり、データは削除されていません。作成したブックをデータで配布する場合は、非表示のデータも残されたまま配布してしまうため注意しましょう。

Advice

行番号、列番号、シート見出しを右クリックして表示されるメニューから［非表示］または［再表示］を選択することでも、行、列、ワークシートを非表示または再表示することができます。

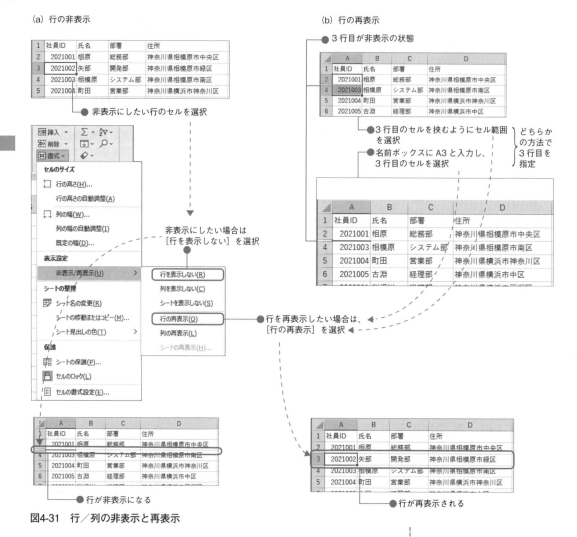

図4-31　行／列の非表示と再表示

4.3.4　行の高さ／列幅の調整

　セルにデータを入力すると列の幅に収まらないことがあります。このような場合は、列幅を次のような方法で調整します。ここでは、列幅についてのみ説明しますが、行の高さも同様の方法で変更することができます。

■データに合わせた行の高さ／列幅の自動調整

　列幅を自動的に調整するには、調整したい列見出しの右端近くにマウスポインタを移動し、マウスポインタが╬のときにダブルクリックします。列幅は、その列に含まれる文字列の最大の長さに調整されます。列見出しをドラッグして複数の列を選択しておくと、ダブルクリックしたときに選択しているすべての列が同時に自動調整されます（図4-32）（行の高さの自動調整の場合は、マウスポインタが╪のときにダブルクリックします）。

また、調整したい表のセル範囲を選択し、[ホーム] タブ→ [セル] グループ→ [書式] → [列の幅の自動調整] を選択すると、そのセル範囲の文字列に合わせて列幅が自動的に調整されます。

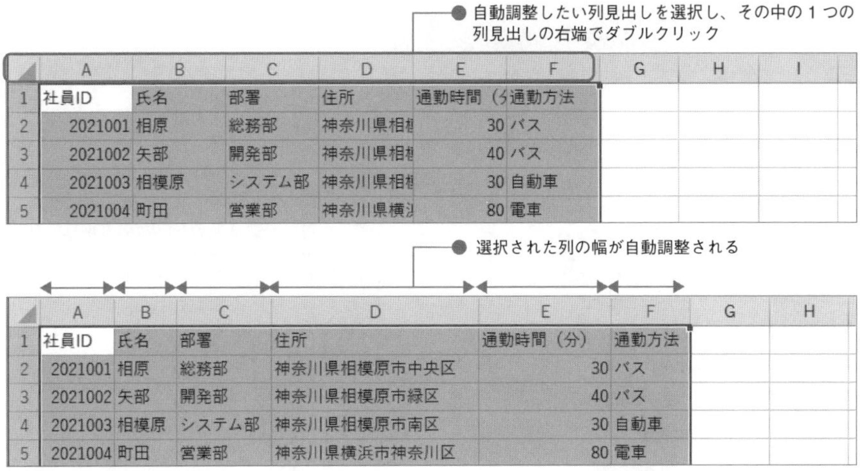

図4-32　列幅の自動調整

なお、マウスで列幅を調整する場合は、その列の列番号の右端でマウスポインタが ✛ のときにドラッグすると、自由な大きさに変更できます。

■数値入力による行の高さ／列幅の調整

列幅の長さを指定して調整したい場合は、その列番号を選択し、[ホーム] タブ→ [セル] グループ→ [書式] → [列の幅] を選択します。表示された [セルの幅] ダイアログボックスに列幅の数値を入力し [OK] ボタンをクリックすると、幅が変更されます（図4-33）。列番号ではなく、セルを選択しても同様の操作で列幅を変更できます。異なる列の複数のセルを選択した場合は複数の列が同時に変更されます。

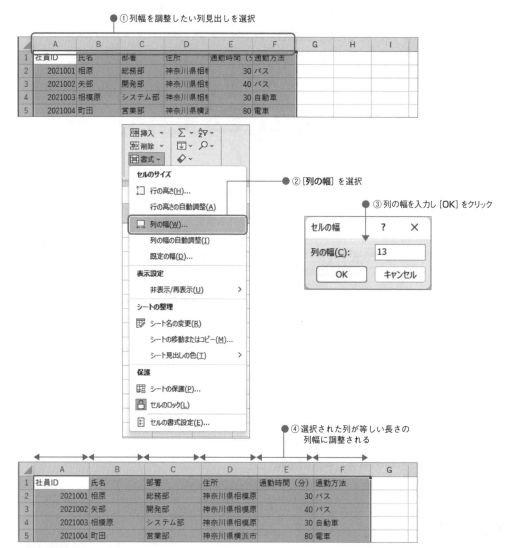

図4-33　列幅の調整

4.3.5　セルの書式設定（表示形式）

通貨や日付などの表示をExcelの標準的な表示ではなく用途に適した表示に切り替えたい場合があります。例えば、「1000」という数値を「¥1,000」のように通貨の表示にしたいような場合です。このようなときは、セルの表示形式を変更します。

セルの表示形式を変更するには、そのセルを選択し、[ホーム] タブ→ [数値] グループから [通貨表示形式] や [パーセント スタイル] など適用したいものを選択します（図4-34上）。[数値] グループにない場合は、[ホーム] タブ→ [セル] グループ→ [書式] → [セルの書式設定] を選択し、[セルの書式設定] ダイアログボックスの [表示形式] タブから適用したい [分類] などを選択し、[OK] ボタンをクリックします（図4-34下）。

Advice

[セルの書式設定] ダイアログボックスは、[ホーム] タブ→ [フォント] グループ、[配置] グループ、[数値] グループの [ダイアログボックス起動ツール] をクリックするか、書式を変更したいセルを右クリックして表示されるメニューから [セルの書式設定] を選択しても表示されます。

Advice

[セルの書式設定] ダイアログボックスを表示するキーボードショートカットは、[Ctrl]+[1]です。

セルの書式設定適用前 　　　　　　　　　　　セルの書式設定適用後

A2 に［通貨表示形式］を選択

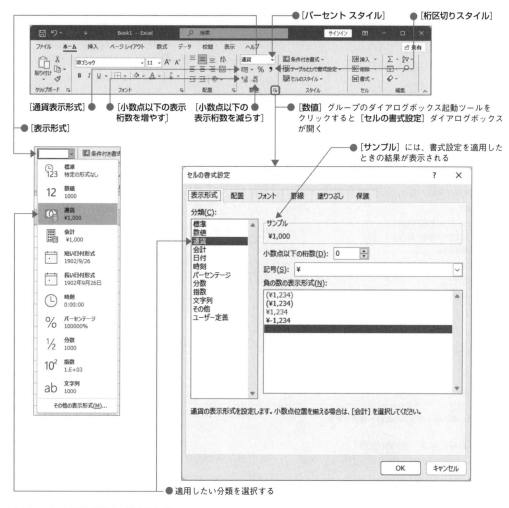

図4-34　セルの書式設定（表示形式）

4.3.6　セルの書式設定（文字の配置）

　セル内の文字列の表示位置を変更したい場合は、［**ホーム**］タブ→［**配置**］グループから配置を選択します（図4-35上）。縦方向の文字列の配置には、［**上揃え**］、［**上下中央揃え**］、［**下揃え**］などがあり、横方向には［**左揃え**］、［**中央揃え**］、［**右揃え**］などがあります。詳細な設定は、［**ホーム**］タブ→［**配置**］グループの［**ダイアログボックス起動ツール**］で表示される［**セルの書式設定**］ダイアログボックスの［**配置**］タブから設定ができます（図4-35下）。

Attention

　セルへデータを入力すると、Excelが自動的にその内容に合わせた表示形式とデータに変更するため、予期せぬ結果となる場合があります。例えば、分数「1/2」を入力すると標準では「1月2日」に変換されて分数として扱われません。このような不都合が生じた場合は、あらかじめ表示形式を適切な分類（この場合は「分数」）に設定してから入力することで解決できます。

4.3

見やすい表の作成

147

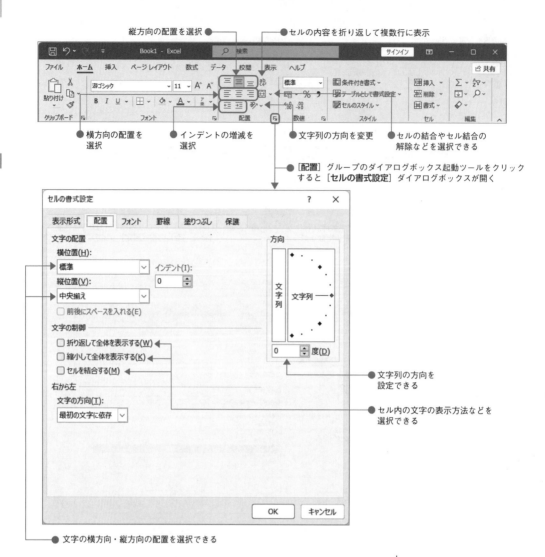

図4-35 セルの書式設定（文字の配置）

4.3.7 セルの書式設定（フォント）

フォントやフォントサイズ、太字や斜体などのスタイルといった文字の表示形式を変更したい場合は、[**ホーム**] タブ→ [**フォント**] グループから設定できます（図4-36上）。より詳細に設定したい場合は、[**ホーム**] タブ→ [**フォント**] グループの [**ダイアログボックス起動ツール**] で表示される [**セルの書式設定**] ダイアログボックスの [**フォント**] タブから設定ができます（図4-36下）。

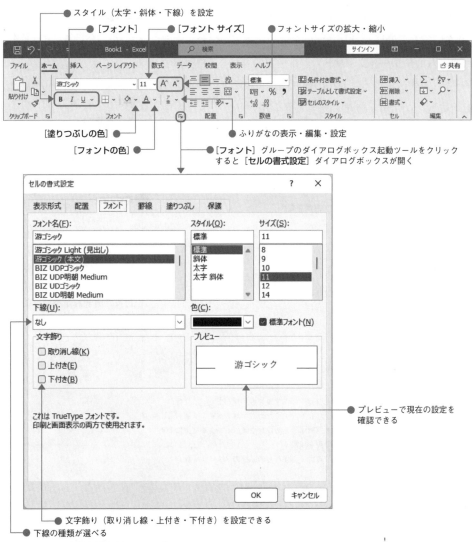

図4-36　セルの書式設定（フォント）

図の周りのラベル：
- スタイル（太字・斜体・下線）を設定
- ［フォント］
- ［フォント サイズ］
- フォントサイズの拡大・縮小
- ［塗りつぶしの色］
- ［フォントの色］
- ふりがなの表示・編集・設定
- ［フォント］グループのダイアログボックス起動ツールをクリックすると［セルの書式設定］ダイアログボックスが開く
- プレビューで現在の設定を確認できる
- 文字飾り（取り消し線・上付き・下付き）を設定できる
- 下線の種類が選べる

4.3.8　セルの書式設定（罫線）

　セルの周辺に罫線を引きたい場合は、変更したいセル範囲を選択し、［ホーム］タブ→［フォント］グループ→［罫線］の ∨ で表示されるプルダウンメニューの［罫線］グループの中から適用したい罫線を選択します（図4-37）。マウスを使用して自由に罫線を作成したい場合は、［ホーム］タブ→［フォント］グループ→［罫線］の ∨ で表示されるプルダウンメニューから［罫線の作成］を選び、マウスポインタが ✏ （鉛筆）の状態で罫線を引きたいセルやセルの枠をドラッグします。

　罫線を削除したい場合は、消したいセルを選択して、［ホーム］タブ→［フォント］グループ→［罫線］の ∨ で表示されるプルダウンメニューから［枠なし］を選択します。マウスで罫線を消したい場合は、［ホーム］タブ→［フォント］グループ→［罫線］の ∨ で表示されるプルダウンメニューの［罫線の削除］を選択し、マウスポインタが ✍

Advice

　マウスポインタが ✏ （鉛筆）や ✍ （消しゴム）のときに、[Esc] を押すと、その操作を終了して標準のマウスポインタに戻ります。

（消しゴム）の状態で罫線を消したいセルや罫線の上をドラッグします。

　複数のセルの罫線を同時に設定したい場合は、変更したいセル範囲を選択し、[**ホーム**] タブ→[**フォント**] グループの [**ダイアログボックス起動ツール**] で表示される [**セルの書式設定**] ダイアログボックスの [**罫線**] タブから設定すると便利です（図4-38左）。

■**Advice**

　[**ホーム**] タブ→[**フォント**] グループの [**ダイアログボックス起動ツール**] で表示される [**セルの書式設定**] ダイアログボックスの [**塗りつぶし**] タブからセルの背景色の詳細な設定ができます（図4-38右）。

■**Advice**

　[**ホーム**] タブ→[**スタイル**] グループ→[**セルのスタイル**] には、いろいろなセルの書式設定が登録されています。手軽な操作でセルの書式設定を変えたいときに便利です。

図4-37　罫線

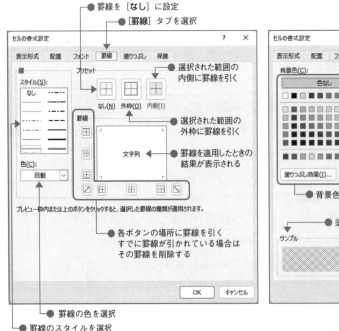
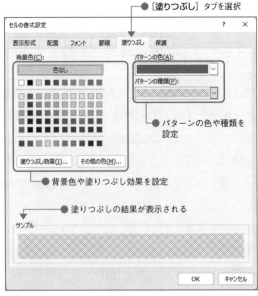

図4-38　セルの書式設定（罫線と塗りつぶし）

150

4.3.9　条件付き書式

　条件に合わせてセルの書式を自動的に変更したい場合は、条件付き書
式を使用すると便利です。条件付き書式を設定するには、適用したいセ
ルを選択し、[**ホーム**] タブ→ [**スタイル**] グループ→ [**条件付き書式**]
のメニューから条件を選択し、表示されるダイアログボックスから条件
の詳細とセルの書式を選び [**OK**] ボタンをクリックします（図4-39）。

　設定した条件付き書式を削除したい場合は、書式を削除したいセル
を選択し、[**ホーム**] タブ→ [**スタイル**] グループ→ [**条件付き書式**]
のメニューから [**ルールのクリア**] → [**選択したセルからルールをク
リア**]を選択します。シート全体から条件付き書式を削除したい場合は、
同様にして、[**ホーム**] タブ→ [**スタイル**] グループ→ [**条件付き書式**]
のメニューから [**ルールのクリア**] → [**シート全体からルールをクリア**]
を選びます。

　1つのセルに複数の条件付き書式を設定できます。詳細に設定した
い場合は、[**ホーム**] タブ→ [**スタイル**] グループ→ [**条件付き書式**]
のメニューから [**ルールの管理**] を選択します。表示される [**条件付
き書式ルールの管理**] ダイアログボックスで新規ルールの追加やルー
ルの削除を行います。

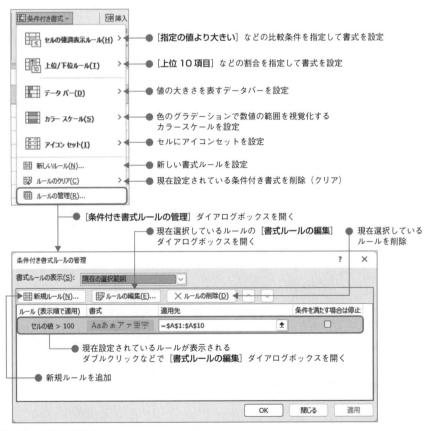

図4-39　条件付き書式

　条件付き書式の適用例として、図4-40のような表を考えます。C列で総務部だけ赤く色付けたい場合は、セルC2からC11までを選択し、［**ホーム**］タブ→［**スタイル**］グループ→［**条件付き書式**］→［**セルの強調表示ルール**］→［**文字列**］を選択します。［**文字列**］ダイアログボックスで、左の入力欄に「総務部」と入力し、右の書式から「**濃い赤の文字、明るい赤の背景**」を選択し［**OK**］をクリックすると、総務部と入力されたセルだけにこの書式が適用されます。

図4-40　条件付き書式の適用例

練習問題4-7（条件付き書式）

　図4-40の表に次のような条件付き書式を適用しなさい。

① E列の通勤時間の中で、時間が60分以上の場合は書式が「濃い黄色の文字、黄色の背景」になるように設定しなさい。
② F列の通勤方法の中で、通勤方法が電車以外の場合は書式が青色の背景になるように設定しなさい。

Advice

　練習問題4-7のような条件は、図4-39のプルダウンメニューにある［**新しいルール...**］または［**ルールの管理...**］を使って設定しましょう。

4.4
グラフの利用

　グラフは、表のデータを図としてわかりやすく視覚的に表示する方法の1つです。ここでは、各種グラフの特徴とExcelを使ったグラフの作成方法について解説します。

4.4.1　Excel でのグラフの種類

　表をグラフで表現することにより、視覚的にデータを捉えることができます。グラフ作成で重要な点は、データの特徴を適切に表現できるグラフを選択することです。ここで、代表的なグラフの種類と、それらがどのようなデータに適しているのかを説明します。

■棒グラフ

　棒グラフには、「集合棒グラフ」、「積み上げ棒グラフ」、「100%積み上げ棒グラフ」などがあり、向きは縦方向（縦棒）と横方向（横棒）があります。棒グラフは、データの差を比較するときに使います。例えば、8月はA店よりB店の方が売上が多いなど、数値の比較を示すとき、長さの差が売上の差になるので、わかりやすく示すことができます。

1. 集合棒グラフ

　データの数値を棒の長さで表したグラフです。数値の差が長さの差となります。

2. 積み上げ棒グラフ

　複数の棒グラフを積み上げたグラフで、データの合計が棒の長さになります。その結果、1つの項目しか比較できない集合棒グラフと異なり、複数項目と全体を同時に比較することができます。

3. 100%積み上げ棒グラフ

　積み上げ棒グラフを割合で表したグラフです。各項目の割合の変化を示すことができます。例えば、図4-41であれば、2018年度から2021年度にかけて、「0〜24点」と「90点〜」の割合がともに増加していることがわかります。

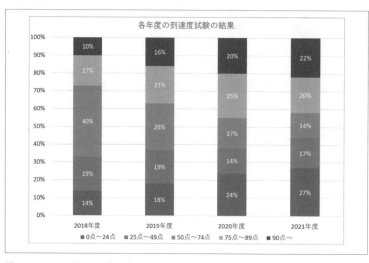

図4-41　100%積み上げ棒グラフの例

■折れ線グラフ

あるデータの一定期間の推移を表すときなどに利用します。例えば、気温の変化を表したいときなど、気温が上がれば上向きに、気温が下がれば下向きに線が折れるので、わかりやすく示すことができます（図4-42）。また、線の傾く角度で、その変化の大きさを見ることもできます。

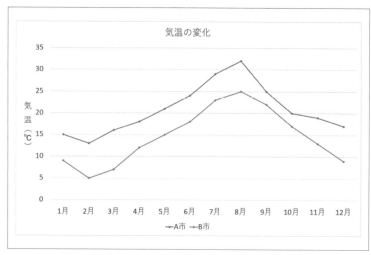

図4-42　折れ線グラフの例

■円グラフ・ドーナツグラフ

100%を表す円を各項目で分割して表したグラフで、ある1つの問題に対する各項目の割合を示すときに使います。各項目の割合が扇型の大きさ（面積）で表されるので、各項目の比較がしやすいという特徴があります（図4-43）。

複数の円グラフを1つのグラフとして表したいときは、ドーナツグラフを使います。

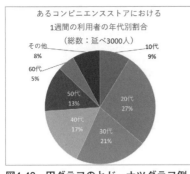

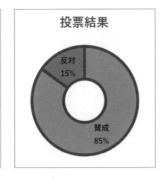

図4-43　円グラフのとドーナツグラフ例

■レーダーチャート

　レーダーチャートは、データの長所や短所を示したい場合に使います。例えば、図4-44のような場合は、各評価基準が、外側の点に近ければ評価が高く、内側の点に近ければ評価が低いというように、長所・短所を視覚的に表すことができます。

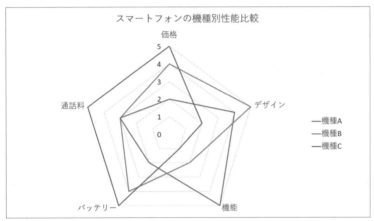

図4-44　レーダーチャートの例

■散布図

　散布図は、2つのデータ間の関係を視覚的に表示することができます（図4-45）。

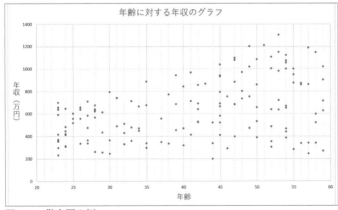

図4-45　散布図の例

4.4.2 グラフの構成名称

グラフを構成する要素の名称は図4-46のとおりです。グラフの書式設定を変更したりする際に使います。

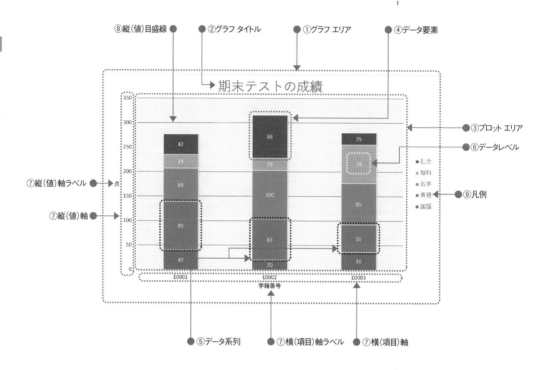

図4-46　グラフの画面構成

各部の機能について説明します（表4-9）。

表4-9　各部の機能

構成要素	説　明
①グラフエリア	グラフの構成要素が描かれる部分です
②グラフタイトル	グラフの表題です。グラフが何を表しているのか、簡潔に書きましょう
③プロットエリア	グラフが描かれる部分です。グラフの種類により、棒線、折れ線、円などのグラフが描かれます
④データ要素	各データを表します。グラフの種類によって形が変わります。図4-46では縦棒の形です
⑤データ系列	同じ種類のデータ要素の集まりです
⑥データラベル	データの値のラベルです。グラフに値などを表示したいときに使います
⑦軸と軸ラベル （縦（値）軸／横（項目）軸）	グラフを表示するための基準となる軸とそのラベルです。ラベルには軸の値を表す内容を正しく簡潔に書きましょう。特に単位は忘れないように書きましょう
⑧目盛線 （縦（値）軸／横（項目）軸）	目盛線は、グラフを見やすくするために使います。補助目盛線を使うことにより、さらに細かい目盛線を引くことができます
⑨凡例	データ系列の名称を表示する部分です。データ系列をプロットエリアの外に書きたい場合に使います

4.4.3　グラフの作成方法

各グラフの作成方法について学習します。

■縦棒グラフの作成

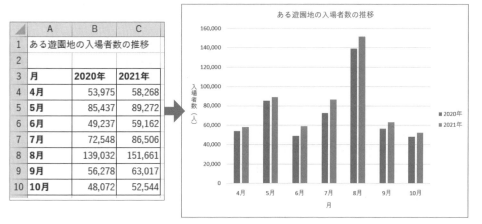

図4-47　ある遊園地の月別入場者数の表（左）とその縦棒グラフ（右）

図4-47の例をもとに、次の手順で縦棒グラフの作成をします。

① 表を作成します。ここでは、図4-47（左）の表のとおりにワークシートにデータを入力します。棒グラフを作成する場合は、行や列の見出しを必ず入力するようにします。

② 次に、表からグラフにしたいデータを選択します。数値だけでなく、行や列の見出しも含めて、マウスでドラッグして選択します。ここでは、セルA3からC10まで選択します（図4-48）。

図4-48　データ範囲の指定

● データだけではなく、行ラベル・列ラベルを含めてマウスでドラッグして選択する

③ グラフの種類を選びます。縦棒グラフを作成するには、［**挿入**］タブ→［**グラフ**］グループ→［**縦棒/横棒グラフの挿入**］→［**集合縦棒**］（図4-49）をクリックします。クリック後に、シート内にグラフが挿入されます。

Advice

表全体をグラフにしたい場合は、表の中のデータの入ったセルを1つ選択するだけでも構いません。例えば、図4-48ではB4のセルをアクティブセルにします。

157

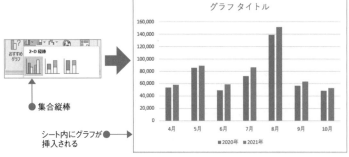

● 集合縦棒

シート内にグラフが
挿入される

図4-49　グラフの種類の選択

4

Microsoft Excel

④ グラフタイトルの変更、軸ラベルの挿入、および凡例の位置の修
正を行います（図4-50）。

　グラフタイトルを変更するには、グラフ内の「グラフタイトル」
と書かれた場所をクリックしてタイトルを入力します。ここでは
「ある遊園地の入場者数の推移」と入力します。次に、軸ラベル
を挿入します。シート内のグラフをクリックして選択し、[**グラ
フのデザイン**] タブ→ [**グラフのレイアウト**] グループ→ [**グラ
フ要素を追加**] → [**軸ラベル**] → [**第1横軸**] を選び横軸ラベル
を挿入します。横軸ラベルには「月」と入力します。同様にして、
[**第1縦軸**] を選び縦軸ラベルを挿入します。縦軸ラベルには「入
場者数（人)」と入力します。

Advice

　グラフは、他者が見ても
意味を読み取ることができ
ないと、意味がありません。
そのため、グラフタイトル
や軸ラベルを書くことは大
切です。

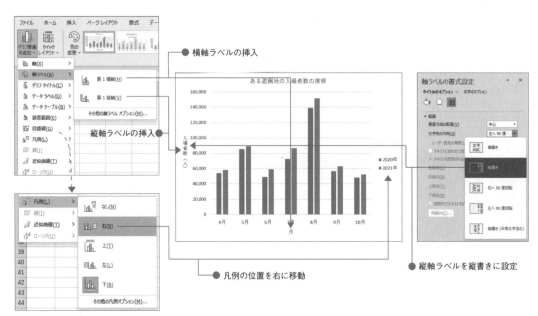

● 横軸ラベルの挿入

縦軸ラベルの挿入 ●

● 凡例の位置を右に移動

● 縦軸ラベルを縦書きに設定

図4-50　グラフタイトルと軸ラベルの挿入

ここで、縦軸ラベルの文字方向を変更するには、グラフをクリックし、[**書式**]タブ→[**現在の選択範囲**]グループにおいて[**グラフ要素**]リストで[**縦(値)軸ラベル**]を選択し[**選択対象の書式設定**]をクリックします。表示される[**軸ラベルの書式設定**]から[**タイトルのオプション**]→[**サイズとプロパティ**]→[**文字列の方向**]で[**縦書き**]を選びます。最後に、凡例の位置を右側に移動するには、[**グラフのデザイン**]タブ→[**グラフのレイアウト**]グループ→[**グラフ要素を追加**]→[**凡例**]→[**右**]を選択します。

以上の操作で縦棒グラフが完成しました。

もし、グラフの種類、レイアウト、スタイルを変更したい場合や、グラフを別のシートに移動したい場合は、次のような操作をします。

デザインを変更したい場合は、グラフを選択し、[**グラフのデザイン**]タブを選択します(図4-51)。[**グラフのデザイン**]タブでは、グラフの種類やレイアウト、スタイルなどを変更することができます。

また、グラフ用のワークシートを作成したい場合は、[**グラフのデザイン**]タブ→[**場所**]グループ→[**グラフの移動**]をクリックし、表示された[**グラフの移動**]ダイアログボックスの[**新しいシート**]を選択し、[OK]をクリックします(図4-52)。この操作で、新たにグラフだけのワークシートが作成されます。

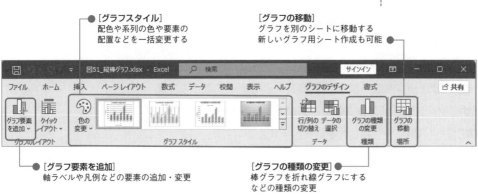

[**グラフスタイル**]
配色や系列の色や要素の
配置などを一括変更する

[**グラフの移動**]
グラフを別のシートに移動する
新しいグラフ用シート作成も可能

[**グラフ要素を追加**]
軸ラベルや凡例などの要素の追加・変更

[**グラフの種類の変更**]
棒グラフを折れ線グラフにする
などの種類の変更

図4-51 [デザイン]タブ

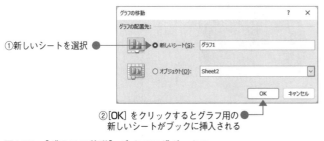

①新しいシートを選択

②[OK]をクリックするとグラフ用の
新しいシートがブックに挿入される

図4-52 [グラフの移動]ダイアログボックス

練習問題 4-8

次の表から折れ線グラフを作成しなさい。

	A	B	C	D	E	F	G	H	I	J	K	L	M
1		1月	2月	3月	4月	5月	6月	7月	8月	9月	10月	11月	12月
2	A市	15	13	16	18	21	24	29	32	25	20	19	17
3	B市	2	5	3	8	13	18	23	28	24	19	13	8
4	C市	9	8	7	12	15	18	23	25	22	17	13	9

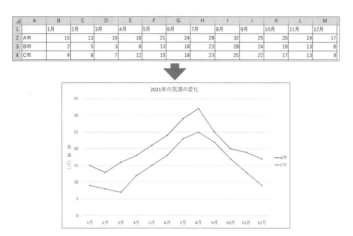

練習問題 4-9

　左の表から右の円グラフを作成しなさい。ただし、作成する際には次の点に注意しなさい。

　セル範囲A4:B11を選択してから円グラフを作成します。データラベルを挿入するには、まずグラフをクリックし、[**グラフのデザイン**]タブ→[**グラフのレイアウト**]グループ→[**グラフ要素を追加**]→[**データラベル**]→[**中央**]を選択します。各データラベルの位置はマウスでドラッグすることで変更できます。次に、[**書式**]タブ→[**現在の選択範囲**]グループにおいて、[**グラフ要素**]リストで[**系列 "支店A" データラベル**]を選択し[**選択対象の書式設定**]をクリックします。表示された[**データラベルの書式設定**]の[**ラベルオプション**]の中の[**ラベルの内容**]から[**分類名**]、[**パーセンテージ**]、[**引き出し線を表示する**]にチェックを入れます。最後に、凡例を削除するには、[**グラフのデザイン**]タブ→[**グラフのレイアウト**]グループ→[**グラフ要素を追加**]→[**凡例**]→[**なし**]を選択します。

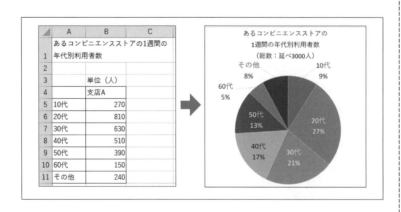

練習問題 4-10

左の表から右のレーダーチャートを作成しなさい。

	A	B	C	D	E	F
1	スマートフォンの機種別性能比較					
2						
3		価格	デザイン	機能	バッテリー	通話料
4	機種A	2	4	5	2	3
5	機種B	4	5	2	4	3
6	機種C	5	2	1	5	5

■散布図の作成

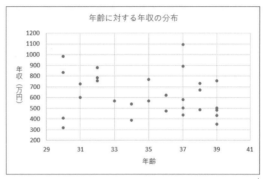

	A	B
1	年齢	年収（万円）
2	39	755
3	38	486
4	30	320
5	38	732
6	39	484
7	30	411
8	31	727
9	37	439
10	36	621
11	37	1093
12	32	756
13	34	391
14	37	581
15	36	474

16	35	567
17	33	568
18	30	984
19	38	669
20	39	503
21	37	503
22	32	878
23	35	768
24	31	600
25	39	434
26	37	892
27	32	786
28	34	540
29	39	352
30	30	835

図4-53　年齢と年収のデータ（左）とその散布図（右）

図4-53をもとに、次の手順で散布図を作成します。

① 表を作成します。ここでは、図4-53（左）のとおりに入力します。

② データを選択します。ここでは、年収の列（B列）のセルを1つアクティブにします。

③ [**挿入**] タブ→ [**グラフ**] グループ→ [**散布図(X,Y)またはバブルチャートの挿入**] → [**散布図**] をクリックすると、シート内にグラフが挿入されます。

④ プロットエリアを見やすくするために、軸目盛を調整します。はじめに、グラフを選択し、[**書式**] タブ→ [**現在の選択範囲**] グループにおいて、[**グラフ要素**] リストで [**縦（値）軸**] を選択し [**選択対象の書式設定**] をクリックします。表示された [**軸の書式設定**] で [**軸のオプション**] の中の [**境界値**] → [**最小値**] を「200」と入力します。同様にして、[**書式**] タブ→ [**現在の選択範囲**] グループにおいて、[**グラフ要素**] リストで [**横（値）軸**] を選択し [**選択対象の書式設定**] をクリックします。表示された [**軸の書式設定**] で [**軸のオプション**] の中の [**境界値**] → [**最小値**] を「29」と入力します。最後に、グラフタイトルと軸ラベルを入力します。

■ヒストグラムの作成

	A
1	点数
2	59
3	100
4	13
5	47
6	32
7	86
8	24
9	52
10	73
11	42
12	53
13	12
14	72
15	74
16	43
17	50

18	39
19	58
20	72
21	46
22	54
23	52
24	16
25	53
26	50
27	51
28	45
29	59
30	66
31	50
32	27
33	52
34	37
35	45

36	58
37	0
38	38
39	79
40	47
41	37
42	81
43	38
44	68
45	48
46	67
47	61
48	21
49	59
50	54
51	31
52	45
53	82

54	19
55	62
56	67
57	97
58	29
59	64
60	59
61	46
62	49
63	51
64	20
65	64
66	55
67	18
68	65
69	47
70	63
71	29

72	37
73	46
74	68
75	44
76	39
77	28
78	6
79	35
80	38
81	22
82	48
83	40
84	81
85	74
86	50
87	67
88	67
89	18

90	64
91	34
92	42
93	32
94	63
95	30
96	58
97	68
98	25
99	46
100	48
101	55

図4-54　0点以上100点以下で採点されたある試験の結果

図4-54をもとに、次の手順でヒストグラムを作成します。

① 表を作成します。ここでは、図4-54のとおりにデータを入力します。

② データを選択します。ここでは、データが入力されているA列のセルを1つアクティブにします。

③ ［挿入］タブ→［グラフ］グループ→［統計グラフの挿入］→［ヒストグラム］グループ→［ヒストグラム］を選択します。

④ プロットエリアを目的に合わせたグラフにするために、横軸を調整します。はじめに、［書式］タブ→［現在の選択範囲］グループの［グラフ要素］リストで［横軸］を選択した後、［選択対象の書式設定］をクリックします。表示された［軸の書式設定］で、［軸のオプション］→［ビン］→［ビンの幅］を選択し、「10」と入力します。

⑤ ［系列 "点数"］の書式設定で枠線が描画されるよう設定し、グラフタイトルと軸ラベルを入力して完成します（図4-55）。

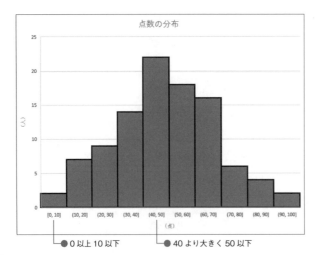

図4-55　試験結果のヒストグラム

4.5 少し高度な関数

　ここでは、Excelを使用するうえで利用頻度の高い関数について、その使用方法を説明します。ここで扱う関数はどれも引数の指定の仕方が複雑ですので、注意して学習しましょう。

4.5.1　RANK.EQ ／ COUNTIF ／ SUMIF 関数

■順位を付けるRANK.EQ関数

　複数の数値データの中で、指定した1つの数値データの順位が何番目に位置するかを求めたい場合は、**RANK.EQ関数**を使用します（図4-56）。

　RANK.EQ関数の書式は表4-10のとおりです。引数の「**数値**」には順位を調べたい数値データを1つ指定します。「**参照**」には順序付ける複数のデータをセル範囲で指定します。「**順序**」は並べる順序を表す数値を指定します。順序が0または省略された場合は降順（数値の大きい順）で順位付けを行います。順序が1の場合は昇順（数値の小さい順）で順位付けされます。

■ Advice

　複数の数値データに順位付けを行うような場合は、RANK.EQ関数の第2引数「**参照**」に指定するセル範囲を絶対参照にしておくと、式のコピーがオートフィルなどの操作で楽に行えます。

■ Advice

　RANK.EQ関数の第3引数「**順序**」に0以外の数値を指定した場合は、1を指定したときと同じく昇順で順位を求めます。

表4-10　RANK.EQ関数

関数名	書式	セルへの入力例	例の説明
RANK.EQ	RANK.EQ (数値, 参照, 順序)	=RANK.EQ(A2,A2:A6,0)	セルA2からA6までの範囲で値を降順に並べたときのセルA2の値の順位を求めます

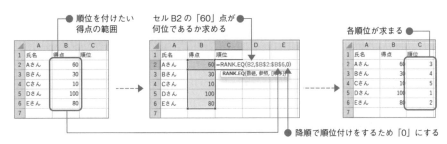

図4-56　RANK.EQ関数

■条件に合うデータを数えるCOUNTIF関数

　条件に合ったデータの個数を数えたい場合は、**COUNTIF関数**を利用します。例えば、「○だけ数えたい」という場合や「50以上の数値データの個数を数えたい」という場合に使用します（図4-57）。COUNTIF関数の書式は表4-11のとおりです。引数の「**範囲**」には数えたいデータのあるセル範囲を指定します。「**検索条件**」には数えたい

データの条件を指定します。条件には、特定の数値や文字列、比較演算子を使用した条件を表す文字列、セル番地などが指定できます。

表4-11 COUNTIF関数

関数名	書式	セルへの入力例	例の説明
COUNTIF	COUNTIF (範囲, 検索条件)	=COUNTIF(A1:A5,">=50")	セルA1からA5までの範囲で50以上の値のセルの個数を求めます
		=COUNTIF(A1:A5,"○")	セルA1からA5までの範囲で「○」と入力されているセルの個数を求めます
		=COUNTIF(A1:A5,B1)	セルA1からA5までの範囲でセルB1と等しいセルの個数を求めます

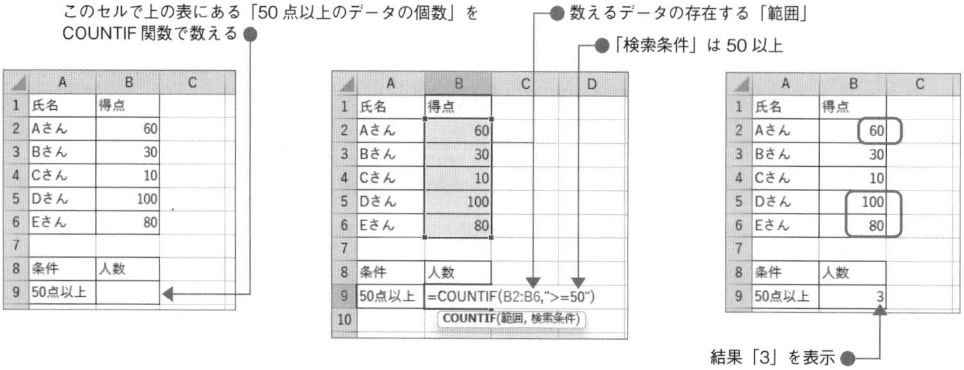

図4-57 COUNTIF関数

■条件に合う数値を合計するSUMIF関数

日々の集計の中で、ある条件に適合する場合のみ合計を計算したいという場面はよくあります。例えば、「全店舗の販売データから、ある店舗の売上金額の合計を求めたい」というような場合です（図4-58）。そのような場合に、条件を指定して合計を計算する関数として**SUMIF関数**を使用します。

SUMIF関数の書式は表4-12のとおりです。引数の「**範囲**」は条件を検索するデータのあるセル範囲です。「**検索条件**」には検索する条件を書きます。「**合計範囲**」には合計を計算するデータのあるセル範囲を指定します。条件の書き方はCOUNTIF関数と同じです。SUMIF関数は、「**検索条件**」の条件に適合するデータを「**範囲**」で指定したセル範囲から順番に検索し、条件が合えばそのデータと同じ順番にあるデータを「**合計範囲**」で指定したセル範囲の中で検索して、それらの合計を求めます。

Advice

検索条件には、**ワイルドカード文字**と呼ばれる任意の1文字を表す「**?**」や任意の数の文字列を表す「*****」を他の文字列と組み合わせて利用することができます。例えば、「東京都〜区」（〜は任意の文字列）に当てはまる文字列を検索条件にしたい場合は、検索条件に"東京都＊区"と指定します。

Advice

SUMIF関数の第3引数「**合計範囲**」を省略した場合は、第1引数「**範囲**」で指定したセル範囲で合計します。

表4-12　SUMIF関数

関数名	書式	セルへの入力例	例の説明
SUMIF	SUMIF (範囲, 検索条件, 合計範囲)	=SUMIF(A2:A7,">=50",B2:B7)	セルA2からA7までの範囲で50以上の値のセルを検索し、セルB2からB7までの範囲内の検索したセルに対応するセルで合計を求めます
		=SUMIF(A2:A7,"○",B2:B7)	セルA2からA7までの範囲で「○」と入力されたセルを検索し、セルB2からB7までの範囲内の検索したセルに対応するセルで合計を求めます
		=SUMIF(A2:A7,C2,B2:B7)	セルA2からA7までの範囲でC2と等しい値のセルを検索し、セルB2からB7までの範囲内の検索したセルに対応するセルで合計を求めます

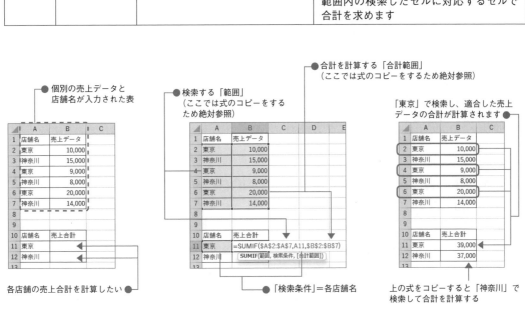

図4-58　SUMIF関数

練習問題4-11

次の表は10月1日から7日までの3店舗の売上データです。

① COUNTIF関数を使用して、セルH2からH4に売上が9万円以上の日数を店舗ごとに集計しなさい。

② 曜日ごとに3店舗の売上の合計を、SUMIF関数でセルH7からH13までの空欄に集計しなさい。

③ RANK.EQ関数を使用して、セルI7からI13までの空欄に売上の合計の降順で各曜日に順位を付けなさい。

	A	B	C	D	E	F	G	H	I
1	データ番号	店舗名	日付	曜日	売上（円）		店舗	売上が9万円以上の日数	
2	SJ0001	新宿店	10月1日	月	52,306		新宿店		
3	SJ0002	新宿店	10月2日	火	107,142		品川店		
4	SJ0003	新宿店	10月3日	水	103,715		横浜店		
5	SJ0004	新宿店	10月4日	木	39,955				
6	SJ0005	新宿店	10月5日	金	93,978		曜日	売上合計	順位
7	SJ0006	新宿店	10月6日	土	40,053		月		
8	SJ0007	新宿店	10月7日	日	123,078		火		
9	SG001	品川店	10月1日	月	43,484		水		
10	SG002	品川店	10月2日	火	31,255		木		
11	SG003	品川店	10月3日	水	77,429		金		
12	SG004	品川店	10月4日	木	54,579		土		
13	SG005	品川店	10月5日	金	43,545		日		
14	SG006	品川店	10月6日	土	34,416				
15	SG007	品川店	10月7日	日	101,757				
16	YH001	横浜店	10月1日	月	84,075				
17	YH002	横浜店	10月2日	火	63,291				
18	YH003	横浜店	10月3日	水	33,616				
19	YH004	横浜店	10月4日	木	81,495				
20	YH005	横浜店	10月5日	金	25,596				
21	YH006	横浜店	10月6日	土	78,938				
22	YH007	横浜店	10月7日	日	109,747				
23									

4.5.2 ROUND／ROUNDUP／ROUNDDOWN／INT 関数

　数値処理や資料作成において、概数を計算することは頻繁にあります。ここでは、数値の概数を計算する関数として、ROUND、ROUNDUP、ROUNDDOWN、およびINT関数について説明します。

　概数を計算するにはROUND／ROUNDUP／ROUNDDOWN関数を使用します。**ROUND関数**は四捨五入、**ROUNDUP関数**は切り上げ、**ROUNDDOWN関数**は切り捨てを行う関数です。各関数の書式は表4-13のとおりです。引数の「**数値**」には概算の元となる数値を指定します。「**桁数**」には数値をどの桁で概算するかを指定します。例えば、ROUND関数の場合は、「**桁数**」が0ならば小数第1位で四捨五入し、1の位までの概数を求めます。

表4-13　ROUND／ROUNDUP／ROUNDDOWN関数

関数名	書式	セルへの入力例	例の説明
ROUND	ROUND (数値, 桁数)	=ROUND(153.79,1)	小数第2位で四捨五入して153.8にします
		=ROUND(153.79,−1)	1の位を四捨五入して150にします
ROUNDUP	ROUNDUP (数値, 桁数)	=ROUNDUP(153.79,1)	小数第2位で切り上げして153.8にします
		=ROUNDUP(153.79,−1)	1の位を切り上げして160にします
ROUNDDOWN	ROUNDDOWN (数値, 桁数)	=ROUNDDOWN(153.79,1)	小数第2位で切り捨てして153.7にします
		=ROUNDDOWN(153.79,−1)	1の位を切り捨てして150にします

セルに概数を表示する場合、セルの表示形式を変更する方法でも、関数を利用して概数にする方法でも、同じように見える場合があります。しかし、表示形式を変更した場合はセル内のデータは加工されず元のデータのままであるのに対して、関数を利用して概数にした場合はその概数がセルの値になります。したがって、セルの表示形式を変えた場合と、関数を使って概算した場合では、そのセルを参照している別のセルの結果が変化する可能性があるため注意が必要です（図4-59）。

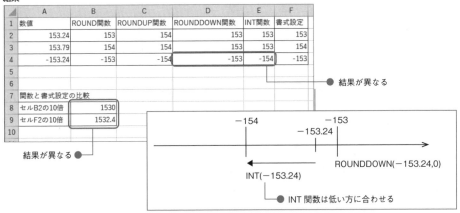

式の入力

	A	B	C	D	E	F
1	数値	ROUND関数	ROUNDUP関数	ROUNDDOWN関数	INT関数	書式設定
2	153.24	=ROUND(A2,0)	=ROUNDUP(A2,0)	=ROUNDDOWN(A2,0)	=INT(A2)	=A2
3	153.79	=ROUND(A3,0)	=ROUNDUP(A3,0)	=ROUNDDOWN(A3,0)	=INT(A3)	=A3
4	-153.24	=ROUND(A4,0)	=ROUNDUP(A4,0)	=ROUNDDOWN(A4,0)	=INT(A4)	=A4
5						
6						
7	関数と書式設定の比較					
8	セルB2の10倍	=B2*10				
9	セルF2の10倍	=F2*10				
10						

小数点以下の表示桁数を減らして整数で表示 ●

結果

	A	B	C	D	E	F
1	数値	ROUND関数	ROUNDUP関数	ROUNDDOWN関数	INT関数	書式設定
2	153.24	153	154	153	153	153
3	153.79	154	154	153	153	154
4	-153.24	-153	-154	-153	-154	-153
5						
6						
7	関数と書式設定の比較					
8	セルB2の10倍	1530				
9	セルF2の10倍	1532.4				
10						

● 結果が異なる

結果が異なる ●

INT(-153.24) は低い方に合わせる

図4-59　ROUND／ROUNDUP／ROUNDDOWN／INT関数と書式設定

INT関数は数値を整数に変換する関数です。INT関数の書式は表4-14のとおりです。引数の「**数値**」を指定すると、INT関数はその数値以下の最大の整数値を求めます。

表4-14　INT関数

関数名	書式	セルへの入力例	列の説明
INT	INT(数値)	= INT (153.24)	整数値を153に変換します
		= INT (-153.24)	-153.24を超えない最大の整数値である-154に変換します

ROUNDDOWN関数で「**桁数**」を0に指定すると整数値に概算します。これはINT関数に似ていますが、引数の「**数値**」に負の数を指定した場合は処理が異なります。ROUNDDOWN関数は、小数点以下を切り捨てますが、INT関数はその数値以下で一番近い整数に変換します（図4-59右下）。したがって、INT関数で負の数を利用する場合に

167

は注意が必要です。

練習問題4-12

　次の表は、あるクラスの成績表です。この表から各教科の平均点を次のようにして求めます。9行目はAVERAGE関数で求めなさい。また、10行目はROUND関数、11行目はROUNDUP関数、12行目はROUNDDOWN関数を使用して9行目の平均から概数を求めなさい。ただし、10行目から12行目まではそれぞれの関数を使い小数第1位までの概数を表示し、9行目はセルの書式設定を変更して小数第1位まで表示しなさい。

	A	B	C	D	E	F	
1	学籍番号	文学	数学	経済学	社会学	物理学	
2	20210001	66	72	56	40	50	
3	20210002	82	88	34	94	42	
4	20210003	62	56	46	64	64	
5	20210004	84	100	78	82	42	
6	20210005	52	70	52	98	58	
7	20210006	64	76	72	46	32	
8	20210007	96	54	74	48	98	
9	平均						
10	平均（四捨五入）						
11	平均（切り上げ）						
12	平均（切り捨て）						

4.5.3　IF関数の入れ子

　IF関数は、1個の条件についてその評価が真の場合と偽の場合で処理を切り替える関数でした。しかし、条件が複数ある場合には、その処理に合わせて複数のIF関数を組み合わせて使用する必要があります。ここでは、複数のIF関数を入れ子にして、複数の条件を処理する式の書き方について説明します。

　条件は論理式を使って書くことはすでに学習しました。IF関数は1個の論理式を評価して、真の場合と偽の場合で異なる処理を行う関数です。しかし、条件が1個の論理式で書けない場合があります。例えば、成績評価において、セルA2の点数が90点以上で「A」、70点以上90点未満で「B」、70点未満で「C」というような判定をする場合です。評価が3通りですので、1つのIF関数では書くことができません。そこで、図4-60のようなフローチャートの流れで処理することを考えます。このフローチャートには条件を表すひし形の部分が2か所あるので、図にあるように2個のIF関数を組み合わせた式が必要になります。

　このように、関数の中にさらに関数を書くことを**「関数の入れ子」**と言います。IF関数の引数の**「値が真の場合」**と**「値が偽の場合」**の部分に、さらにIF関数を書くことで、より深い条件判断ができます。

Advice

　IFS関数を使用すると複数の条件を評価する式を関数の入れ子を使わずに書くことができます。

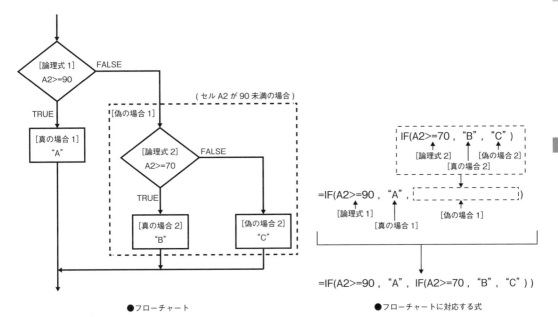

●フローチャート　　　　　　　　　　　　　　●フローチャートに対応する式

図4-60　複数の条件が入れ子となっているフローチャートと対応する式

4.5.4　AND／OR関数

　AND関数とOR関数を使うと、論理式を複数組み合わせてより複雑な条件を表す論理式を作ることができます。AND関数とOR関数の書式は表4-15のとおりです。

　AND関数は論理積を求める関数で、引数で指定した複数の論理式がすべて真の場合にTRUEを返します。つまり、AND関数は、複数の条件を使って真となる条件の範囲を絞り込むときに利用します。

　一方、**OR関数**は論理和を求める関数で、引数で指定した複数の論理式が1つでも真の場合はTRUEを返します。つまり、OR関数は条件を増やすことで真となる条件の範囲を広げるときに利用します。

　例として、「セルA1が50より大きく80未満ならば真」となるような論理式は、「セルA1が50より大きい」と「セルA1が80未満」の2つの論理式で真となる範囲を絞り込んでいますので、AND関数を使って「AND(A1>50,A1<80)」と書くことができます（図4-61左）。また、「セルA1が50未満または80より大きいならば真」という論理式は、「セルA1が50未満」と「セルA1が80より大きい」という2つの論理式を満たすように真となる範囲を広げていますから、OR関数を使って「OR(A1<50,A1>80)」と書くことができます（図4-61右）。

Advice

　AND関数とOR関数はIF関数の論理式に使用できます。

表4-15　AND／OR関数

関数名	書式	セルへの入力例	例の説明
AND	AND(論理式1, 論理式2, …)	=AND(A1>50,A1<80)	セルA1が50より大きく80未満ならばTRUE
OR	OR(論理式1, 論理式2, …)	=OR(A1<50,A1>80)	セルA1が50未満または80より大きいならばTRUE

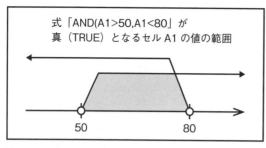

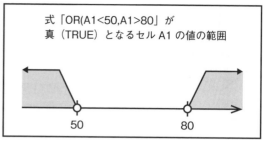

図4-61 AND／OR関数

y

【練習問題4-13】

次の表は練習問題4-12と同じ成績表のデータです。次の手順で空欄を埋めなさい。

① 「判定1」のG列には、各学生に対してIF関数の入れ子を使って、数学と経済学が両方とも教科の平均点以上ならば「○」と判定しなさい。

② 「判定2」のH列には、各学生に対してIF関数とAND関数を使って、文学が80点以上かつ社会学が70点以上なら「合格」と判定しなさい。

③ 「判定3」のI列には、各学生に対してIF関数とOR関数を使って、経済学が50点以下または物理学が50点以下なら「×」と判定しなさい。

	A	B	C	D	E	F	G	H	I
1	学籍番号	文学	数学	経済学	社会学	物理学	判定1	判定2	判定3
2	20210001	66	72	56	40	50			
3	20210002	82	88	34	94	42			
4	20210003	62	56	46	64	64			
5	20210004	84	100	78	82	42			
6	20210005	52	70	52	98	58			
7	20210006	64	76	72	46	32			
8	20210007	96	54	74	48	98			
9									

4.5.5 VLOOKUP 関数

すでにある表から情報を検索したいことはよくあります。例えば、会員情報の表があるときに、会員番号から会員名を調べたいといった場合です。このような場合は、VLOOKUP関数を利用します。

VLOOKUP関数は表から情報を得るので、あらかじめ情報を整理して登録した表を用意する必要があります。この表は次のようにして作成します。まず、列ごとに登録するデータの種類を決めます。このとき、一番左の第1列目は検索するときのキーワードとなるデータとします。次に、列の種類の順番に従って、各行に関連する情報を入力していきます。例えば、会員情報の入力された表から、会員番号を使って会員

4

Microsoft Excel

名などの情報を引き出す場面を考えます。このとき、第1列を会員番号、第2列を会員名、第3列を電話番号と決めます。次に、この列の順番で、1人分ずつの会員情報を行ごとに入力して表を作ります。図4-62は、そのようにして作成した表の例です。

表が準備できれば、VLOOKUP関数を利用して表から情報を検索することができます。VLOOKUP関数の書式は表4-16のとおりです。「**検索値**」には表から検索したいデータの値を入力します。「**範囲**」には検索する表の書いてあるセル範囲を入力します。このセル範囲の一番左の列が検索値を検索する範囲になります。「**列番号**」には検索した結果として表示したい列番号を入力します。「**検索方法**」には「**TRUE**」と「**FALSE**」が指定できます。TRUEを指定した場合は、検索値以下で最大の値を検索します。したがって、TRUEを使用する場合は範囲の第1列は昇順に並んでいる必要があります。一方、FALSEを指定した場合は、検索値と一致するときのみ値を表示します。VLOOKUP関数が値を検索できなかった場合は「**#N/A**」（存在しない）というエラーが表示されます。

例として、図4-62の会員情報の表を使って、セルB10の会員番号の値から会員名を検索するには、「=VLOOKUP(B10,A3:C7,2,FALSE)」と書きます。会員名は表の2列目ですので「**列番号**」は2とします。また、「**検索方法**」は完全に一致する必要があるためFALSEとします。

表4-16　VLOOKUP関数

関数名	書式	セルへの入力例	例の説明
VLOOKUP	VLOOKUP (検索値, 範囲, 列番号, 検索方法)	=VLOOKUP(B10, A3:C7,2,FALSE)	セルB10の値をA3からC7までの範囲の一番左の列（A列）内から検索し、完全に一致する値を発見した場合は範囲の2列目から対応するセルの値を取得して表示します

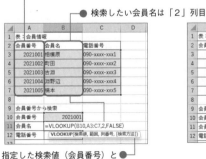

図4-62　VLOOKUP関数

VLOOKUP関数と同じように表から情報を検索する関数として
HLOOKUP関数があります。VLOOKUP関数が縦方向に検索するの
に対して、HLOOKUP関数は範囲の一番上の行を左から右に横方向で
検索を行います。したがって、検索する表が横方向に伸びる表の場合
はHLOOKUP関数を利用します。

■ Advice

情報検索の関数として、
VLOOKUP関数とHLOOKUP
関数の他に、これらの関数
の使用上の問題を改善した
XLOOKUP関数があります。

練習問題4-14（VLOOKUP関数）

次の表のA列には点数が入力されています。A列の各点数に対して、
B列ではVLOOKUP関数を使って、「90点以上ならA、80点以上90
点未満ならB、70点以上80点未満ならC、60点以上70点未満ならD、
60点未満ならX」という条件で成績を評価しなさい。ただし、
VLOOKUP関数で使用する「範囲」はD2からE6までのセル範囲とし、
「検索方法」はTRUEとしなさい。

■ Advice

練習問題4-14において
VLOOKUP関数の「検索方
法」をTRUE、「検索値」
をセルA2（81点）とし、「範
囲」をD2:E6と指定した場
合、81を超えない最大値
である80の行が検索され
ます。このとき、「列番号」
が2ならば評価「B」が得
られます。

	A	B	C	D	E
1	点数	評価		点数	評価
2	81			0	X
3	92			60	D
4	75			70	C
5	43			80	B
6	56			90	A
7	63				

4.5.6 MATCH／INDEX 関数

VLOOKUP関数は1つの検索値で表から情報を検索する関数ですが、
2つ以上のキーワードを使って表から情報を検索したい場合もありま
す。例えば、運賃表から「乗車駅」と「降車駅」で運賃を探す場合や、
荷物の郵送において「郵送方法」と「大きさ」で料金を調べる場合な
どです。ここでは、MATCH／INDEX関数を利用して2つのキーワー
ドで表から情報を検索する方法を説明します。

MATCH関数とINDEX関数の書式は表4-17のとおりです。

表4-17　MATCH関数とINDEX関数

関数名	書式	セルへの入力例	例の説明
MATCH	MATCH(検査値, 検査範囲, 照合の種類)	=MATCH("東京", A1:A4,0)	A1からA4までのセル範囲の中で「東京」はA1から数えて何番目か求めます
INDEX	INDEX(配列, 行番号, 列番号)	=INDEX(A1:D5,2,3)	A1からD5までのセル範囲の中で2行3列目のセルの値を求めます（つまり、セルC2の値を求めます）

MATCH関数は、1行または1列のセル範囲の中から指定したデータ
が何番目にあるかを求める関数です。「検査値」は検索したい値を指定
します。「検査範囲」は検査値を探すセル範囲を指定します。「照合の
種類」は0、1、−1のいずれかを指定します。照合の種類に「0」を

指定した場合は、検査値と完全に一致した値がはじめて現れるセルが
何番目かを求めます。「1」を指定した場合は検査値以下の最大の値が
セル範囲の先頭から数えて何番目かを求めます。照合の種類で「1」
を使用する場合は、セル範囲のデータは昇順に並んでいる必要があり
ます。「−1」を指定した場合は検査値以上の最小の値がセル範囲の先
頭から数えて何番目かを求めます。照合の種類で「−1」を使用する
場合は、セル範囲のデータは降順に並んでいる必要があります。

　INDEX関数は、セル範囲と位置を指定してデータを求める関数です。
「配列」はデータを探すセル範囲を指定します。「行番号」はデータの
ある行の位置がセル範囲内で上から何番目かを指定します。「列番号」
はデータのある列の位置をセル範囲内で左から何番目かを指定します。

　MATCH関数とINDEX関数を使用する例として、図4-63のような
配達料金表を考えます。配達方法には「通常」と「速達」があり、また、
サイズは「200（150cmより大きく200cm以下）」、「150（100cm
より大きく150cm以下）」、「100（70cmより大きく100cm以下）」、
「70（50cmより大きく70cm以下）」、「50（50cm以下）」の5段階
から選択が可能であるとします。例えば、「通常」の配達でサイズが
「72cm」のときは800円になります。この配達料金表から配達方法
とサイズを指定して料金を検索する表をINDEX関数とMATCH関数で
作成します。

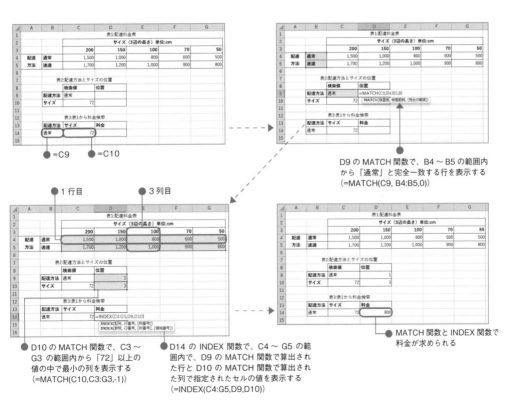

図4-63　MATCH関数とINDEX関数

　まず、MATCH関数を使用して、セルC9に配達方法を指定するとセルD9にその配達方法の料金のある行番号を求めることを考えます。配達料金表の配達方法が書いてある行見出しは「B4:B5」のセル範囲ですので、セルD9に「=MATCH(C9,B4:B5,0)」と入力します。

　次に、MATCH関数を使用して、セルC10にサイズを指定するとセルD10にそのサイズの料金のある列番号を求めることを考えます。配達料金表のサイズが書いてある列見出しは「C3:G3」のセル範囲です。また、サイズは「200,150,100,70,50」と降順に並んでおり、そのサイズ以上の最小値が料金の列となるので参照方法に「-1」を指定します。つまり、セルD10に「=MATCH(C10,C3:G3,-1)」と入力します。

　ここまでの過程で、MATCH関数を使って料金表から料金の書いてある行番号と列番号を求めることができました。この行番号と列番号を使って、INDEX関数で料金をセルD14に求めたいと考えます。料金の書いてあるセル範囲は「C4:G5」、行番号はセルD9、列番号はセルD10にありますので、セルD14に「=INDEX(C4:G5,D9,D10)」と入力すると配達料金表から料金が検索され表示されます。セルC9やC10の配達方法やサイズを変更すると、料金もそれに応じて変更されます。

4.6
データベース

複数のデータを整理して管理する機能を**データベース**と言います。Excelはテーブルと呼ばれる表を使って簡易的なデータベース機能を提供しています。ここでは、Excelのデータベース機能を使用する上での基本的な操作方法について説明します。

4.6.1　テーブル

データの種類を表す**フィールド**と関連するデータのまとまりを表す**レコード**で構成され、複数のデータを整理して管理できる表のことを**テーブル**と言います。ここでは、テーブルを作成する方法と基本的な操作について説明します。

■テーブルの作成

すでに作成されている表をテーブルに変換するには、表の任意のセルを選択して、[**挿入**] タブ→ [**テーブル**] グループ→ [**テーブル**] を選択します。表示される [**テーブルの作成**] ダイアログボックスでは、自動的にテーブルに変換する範囲が入力されているので間違いがないか確認し、[**先頭行をテーブルの見出しとして使用する**] にチェックを入れ、[OK] をクリックします（図4-64）。

テーブルから標準の範囲に戻すには、テーブルの任意のセルを選択し、[**テーブルデザイン**] タブ→ [**ツール**] グループ→ [**範囲に変換**] を選択します。表示される [**テーブルを標準の範囲に変換しますか?**] の確認ダイアログボックスで [**はい**] を選択します（図4-65）。

■Advice

別の手順でもテーブルを作成することができます。[**ホーム**] タブ→ [**スタイル**] グループ→ [**テーブルとして書式設定**] からスタイルを選択し、[**テーブルの作成**] ダイアログボックスを表示します。テーブルに変換するデータ範囲を指定し、[**先頭行をテーブルの見出しとして使用する**] にチェックを入れ、[OK] をクリックすると指定したデータ範囲がテーブルに変換されます。

■Advice

テーブルから標準の範囲に戻したとき、テーブルの書式設定は残ります。書式設定をクリアするには、クリアしたいセル範囲を選択し、[**ホーム**] タブ→ [**編集**] グループ→ [**クリア**] から [**書式のクリア**] を選択します。

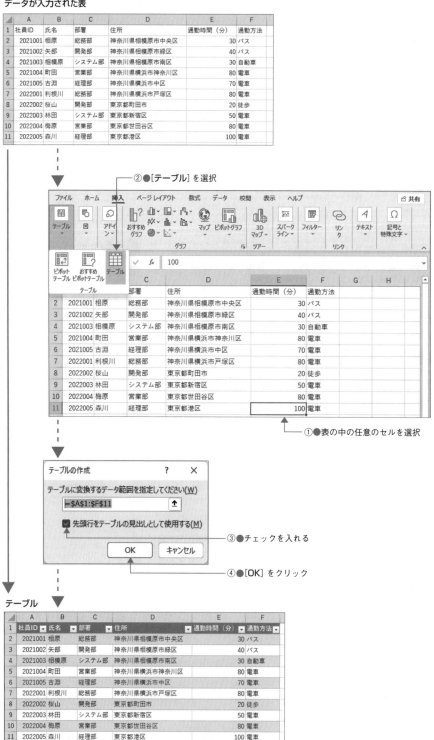

図4-64　テーブルの作成

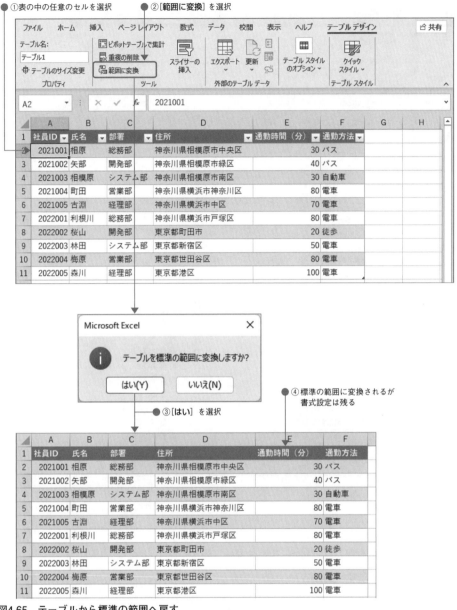

● ①表の中の任意のセルを選択　● ②[範囲に変換]を選択

● ④標準の範囲に変換されるが
　書式設定は残る

● ③[はい]を選択

図4-65　テーブルから標準の範囲へ戻す

■テーブルの操作

　テーブルに新たな行を追加する場合は、一番下の行の下にデータを入力します。自動的に入力した行がテーブルに含まれます。同様にして、一番右の列の右にデータを入力するとテーブルの新しい列になります。リボンから行う場合は、[**ホーム**]タブ→[**セル**]グループ→[**挿入**]から行や列を挿入できます（図4-66）。

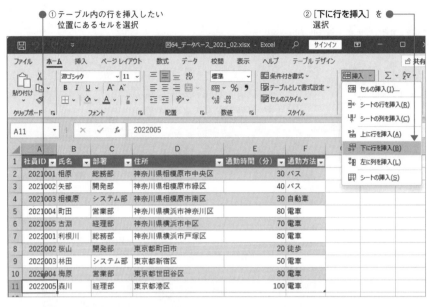

①テーブル内の行を挿入したい
位置にあるセルを選択

②［下に行を挿入］を
選択

③新しい行が下に挿入される

図4-66　テーブルへの行の挿入

　テーブルの行や列を削除する場合は、［**ホーム**］タブ→［**セル**］グループ→［**削除**］から操作できます（図4-67）。

　テーブルには集計行を追加することができます。［**テーブルデザイン**］タブ→［**テーブルスタイルのオプション**］グループ→［**集計行**］にチェックを入れると、テーブルの一番下に集計行が追加されます。集計行の各セルの ⌄ を選択し、メニューから「合計」などの集計する項目を選ぶことで、現在表示されているテーブルのその列の集計が行われます（図4-68）。集計で利用できる項目には、「平均、個数、数値の個数、最大、最小、合計、標本標準偏差、標本分散」などがあります。また、［**集計行**］のチェックを外すと集計行が表示されなくなります。

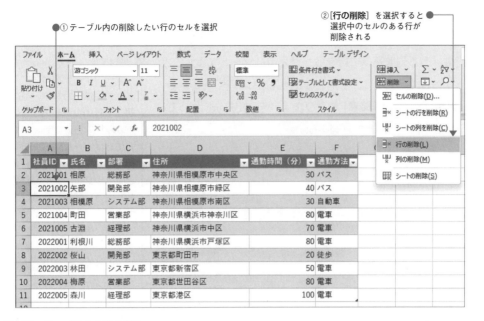

●① テーブル内の削除したい行のセルを選択

② [行の削除] を選択すると
選択中のセルのある行が
削除される

図4-67　テーブルから行を削除

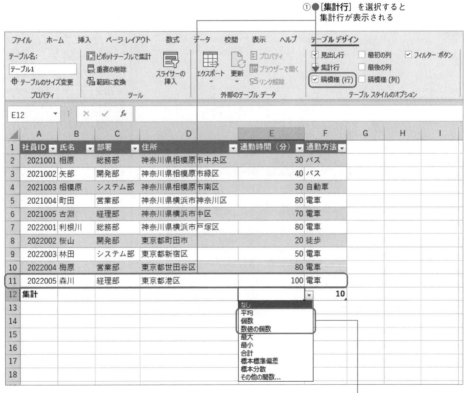

① ● [集計行] を選択すると
集計行が表示される

② ● 集計方法を選択すると
計算が行われ結果が
表示される

図4-68　テーブルへの集計行の追加

4.6.2　並べ替え

　テーブルでは、ある列を基準に行を並べ替える（ソートする）ことができます。並べ替えの手順は、基準となる列見出しの ✓ を選択し、リストから [**昇順**] もしくは [**降順**] を選びます。選んだ方法に従って、テーブルの行が並べ替えられます（図4-69）。

Advice

　テーブルを使用しないで並べ替えを行うには、並べ替えを行いたい表の任意の1つのセルをアクティブセルにし、[**ホーム**] タブ→ [**編集**] グループ→ [**並べ替えとフィルター**] から [**昇順**] もしくは [**降順**] を選びます。

　また、表の任意の1つのセルをアクティブセルにし、[**ホーム**] タブ→ [**編集**] グループ→ [**並べ替えとフィルター**] → [**フィルター**] を選択すると、1行目が列見出しに設定され ✓ ボタンが設置されます。✓ ボタンの操作方法は、テーブルと同じです。なお、もう一度 [**ホーム**] タブ→ [**編集**] グループ→ [**並べ替えとフィルター**] → [**フィルター**] を選択すると、✓ ボタンは削除されます。

●②並べ替える方向を選択　　●①ボタンをクリックしメニューを表示

●④並べ替えに使用した列見出しの
　　ボタンのマークが変わる

●③列見出しより下の行が並べ替えられる

図4-69　並べ替え

■コラム■ 文字列の並べ替えルール

　文字列の並べ替えの順番は特別なルールに基づきます。アルファベット、ひらがな、カタカナは辞書順に並びます。特にひらがなとカタカナは順番を区別しません。

　漢字の場合は、セルにキーボードから入力すると、漢字変換前の入力データが「ふりがな」として記憶されており、標準ではこの「ふりがな」を使って辞書順に並べ替えられます。ただし、セルに貼り付け操作などでデータを入力すると「ふりがな」は設定されません。このような場合は、文字の管理番号を表す文字コードの数値順に並べ替えられます。

　したがって、注意しておくべきなのは、名前や住所などの漢字データの入った列を並べ替える場合は、標準では表示されない「ふりがな」が並べ替えの順番に影響を与えるということです。例えば、Excelでセルに入力したデータと他のソフトウェアから貼り付けたデータが混在する列を並べ替えれば、「ふりがな」がある文字列とない文字列が混在するため意図しない並べ替え結果になる場合があります。また、難しい漢字を手書き入力でセルに入力した場合や、本来の読み方とは別の読み方で漢字変換したときにその読み方で「ふりがな」が設定されてしまったデータを含むような列を並べ替える場合は、並べ替えの結果が自分の想定から外れてしまうことがあります（図4-70）。

　このように、漢字を含む文字列の並べ替えルールは複雑ですので、意図しない結果になる可能性を常に考慮しておくことが必要です。できることならば、並べ替えをすることを想定して別の列に漢字の「読み仮名」を入力し、その列で並べ替えるようにするなどの工夫があると、よりデータベース機能を便利に使えるようになります。

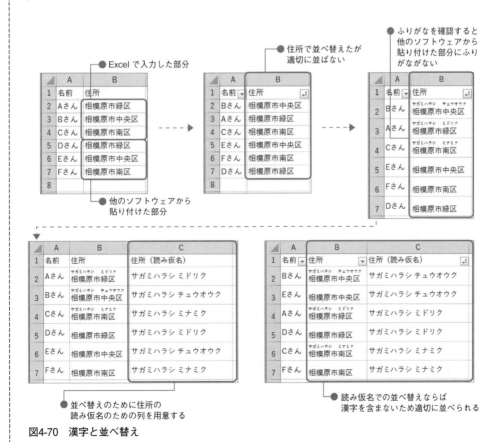

図4-70　漢字と並べ替え

4.6.3 抽出

テーブルを、ある条件を満たす一部の行だけの小さなテーブル表示にすることができます。このような操作を抽出と言います。テーブルで抽出を行う手順は次のとおりです。まず、抽出の基準となる列の列見出しの ✓ を選択します。表示されるメニューから、列のデータが数値データならば [**数値フィルター**] を、列のデータが文字列ならば [**テキストフィルター**] を選択し、さらに表示されたメニューから抽出に使用したい条件を選びます（図4-71）。表示される [**オートフィルターオプション**] ダイアログボックスで抽出条件を指定して [**OK**] をクリックすると、条件を満たすテーブルに表示が切り替わります。また、入力されているデータから抽出したいデータを選択したい場合は、列見出しの ✓ を選択し、メニューから表示したいデータのみチェックを入れます。

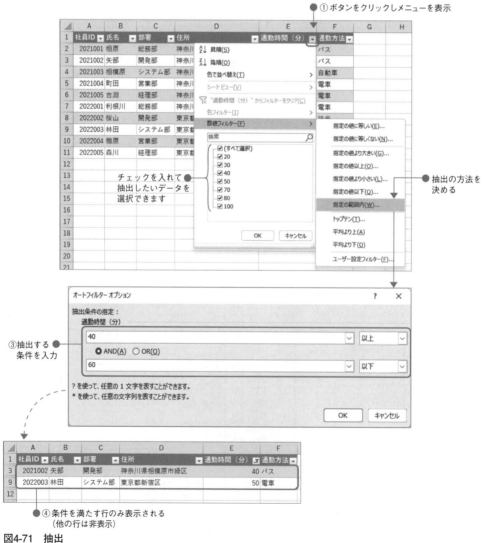

図4-71　抽出

4.7 ピボットテーブル

データベース機能で使用したテーブルは、データを整理して管理することを目的としていました。このようなテーブルの一種で、データの種類を絞って情報分析をするための表がピボットテーブルです。ピボットテーブルを使用すると、数式を利用することなくマウス操作で簡単に様々な視点からデータを分析することができます。

ピボットテーブルを作成するためには、表の任意の1つのセルをアクティブセルにして、［**挿入**］タブ→［**テーブル**］グループ→［**ピボットテーブル**］を選択します。表示される［**ピボットテーブルの作成**］ダイアログボックスの［**ピボットテーブル レポートを配置する場所を選択してください**］で［**新規ワークシート**］を選択し［**OK**］をクリックします（図4-72）。新しいワークシートに空のピボットテーブルが配置されます。

ここで、ワークシートの右に表示される［**ピボットテーブルのフィールド**］（フィールドリスト）で、レポートに追加するフィールド名を［**列**］や［**行**］のボックスにドラッグすると、フィールド名がピボットテーブルの列や行に設定されます。また、［**値**］ボックスにフィールド名をドラッグすると、そのフィールド名で集計が行われます。［**値**］ボックスに設定したフィールドを選択して表示されるメニューから［**値フィールドの設定**］を選ぶと、表示されるダイアログボックスから集計に使用する計算方法の種類を選択できます。

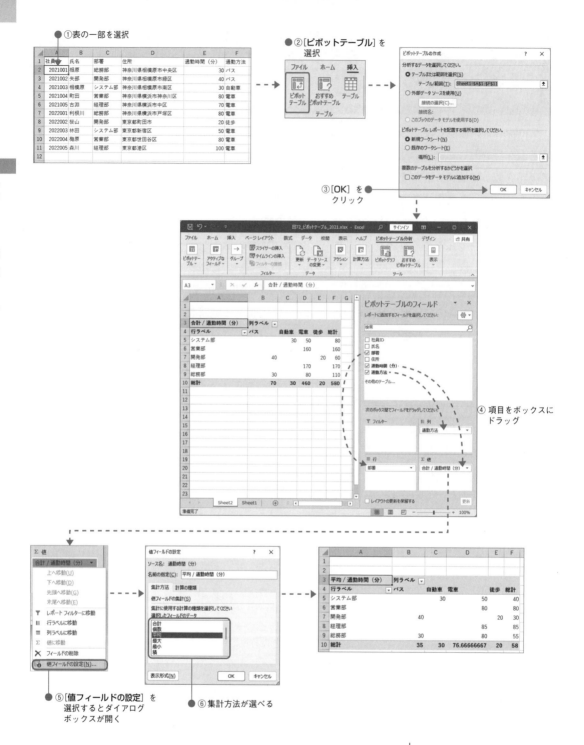

図4-72　ピボットテーブル

4

Microsoft Excel

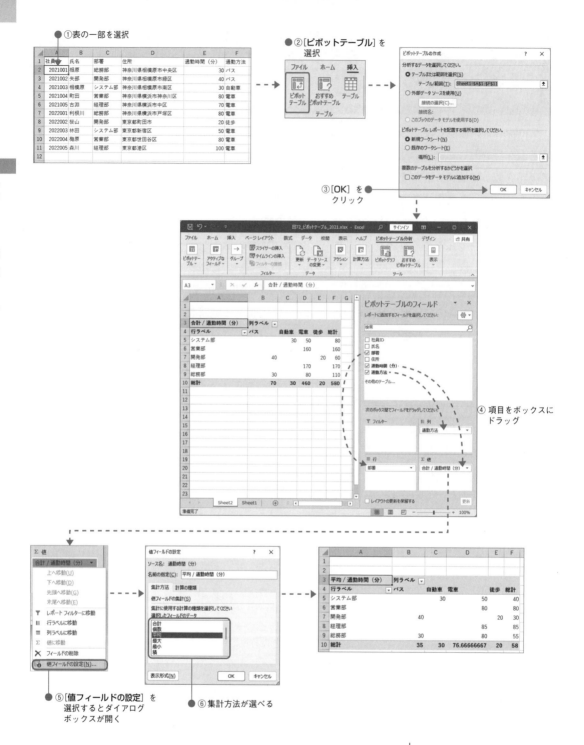

①表の一部を選択

②[ピボットテーブル]を選択

③[OK]をクリック

④項目をボックスにドラッグ

⑤[値フィールドの設定]を選択するとダイアログボックスが開く

⑥集計方法が選べる

184

練習問題4-15

次の表から次の手順に従ってピボットテーブルを作成しなさい。

① 行を店舗名、列を日付、値を販売個数、フィルターを商品名とする
ピボットテーブルを作成します。

② ピボットテーブルのフィルター欄の商品名をアップルパイに設定
し、アップルパイの店舗と日付ごとの販売個数を集計します。

	A	B	C	D	E	F	G
1	データ番号	店舗名	日付	商品名	単価	販売個数	
2	1	新宿店	10月1日	食パン	150	16	
3	2	新宿店	10月1日	アップルパイ	210	17	
4	3	新宿店	10月1日	ショートケーキ	380	19	
5	4	新宿店	10月2日	食パン	150	4	
6	5	新宿店	10月2日	アップルパイ	210	18	
7	6	新宿店	10月2日	ショートケーキ	380	12	
8	7	品川店	10月1日	食パン	150	6	
9	8	品川店	10月1日	アップルパイ	210	18	
10	9	品川店	10月1日	ショートケーキ	380	5	
11	10	品川店	10月2日	食パン	150	12	
12	11	品川店	10月2日	アップルパイ	210	5	
13	12	品川店	10月2日	ショートケーキ	380	8	
14	13	横浜店	10月1日	食パン	150	15	
15	14	横浜店	10月1日	アップルパイ	210	4	
16	15	横浜店	10月1日	ショートケーキ	380	6	
17	16	横浜店	10月2日	食パン	150	11	
18	17	横浜店	10月2日	アップルパイ	210	18	
19	18	横浜店	10月2日	ショートケーキ	380	9	
20							

4.8
知っていると便利な機能・関数

4.8.1　他のソフトウェアとの連携

　ここでは、Excelで作成した表やグラフをWordやPowerPointなどの他のソフトウェアで利用する方法について説明します（図4-73）。

■コピーと貼り付け

　Excelでセル範囲を選択しコピー操作をした後、WordやPowerPointで貼り付け操作を行うと、WordやPowerPointの表に変換して挿入されます。比較的簡単に操作できますが、Excelのワークシートとは別のものに変換されますので注意が必要です。WordやPowerPointに貼り付けた後は、そのドキュメントに合うように表のサイズやフォントサイズなどを調整しましょう。また、PowerPointに貼り付ける場合は、PowerPointの［**ホーム**］タブ→［**クリップボード**］グループ→［**貼り付け**］の ∨ →［**元の書式を保持**］を選ぶと、通常の貼り付けよりはExcelの状態をある程度保って貼り付けられます。

■オブジェクトとしての貼り付け（埋め込み）

　WordやPowerPointで［**形式を選択して貼り付け**］を選択し、［**Microsoft Excel ワークシート オブジェクト**］を選択した場合、Excelのブックがそのまま埋め込まれます。貼り付けたオブジェクトは、ダブルクリックすることで編集できるようになり、WordであってもリボンがExcelと同じ状態になります。編集を終了する場合は余白などのオブジェクト以外の場所をクリックします。

■オブジェクトのリンク貼り付け

　WordやPowerPointで［**形式を選択して貼り付け**］を選択し、［**Microsoft Excel ワークシート オブジェクト**］を選択した場合に［**リンク貼り付け**］を選択することで、Excelファイルにリンクした状態でデータが貼り付けられます。

　この形式で貼り付けた場合、Excelのファイルを変更すれば自動的に貼り付け先にも変更結果が反映されますが、ファイルを削除したり保存場所を移動した場合などには貼り付け先のオブジェクトが正しく表示できなくなることもあります。

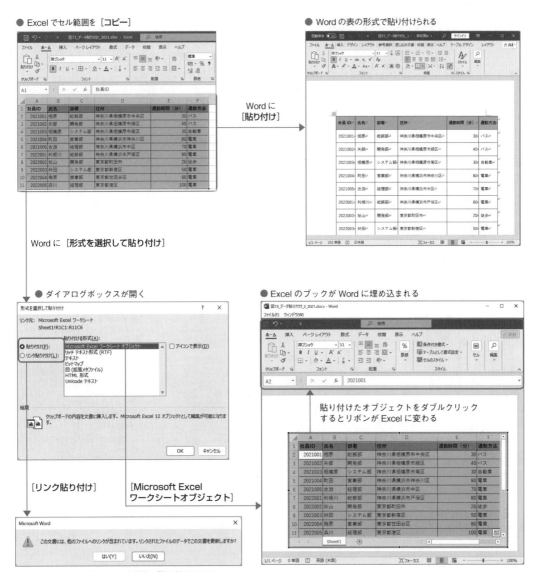

図4-73　WordへExcelデータの貼り付け

■ビットマップ貼り付け

WordやPowerPointで［**形式を選択して貼り付け**］を選択し［**ビットマップ**］を選択した場合は、画像として貼り付けることができます。表を修正されたくない場合は有効ですが、ファイルサイズが大きくなる可能性があります。

4.8.2　Excel の貼り付け操作

　Excel内ではセルの貼り付け操作において、様々な形式を選択して貼り付けることができます。セルを選択して、[**ホーム**] → [**クリップボード**] グループ→ [**コピー**] または [**切り取り**] を選択します。次に、貼り付けたいセルをアクティブセルにして、[**ホーム**] → [**クリップボード**] グループ→ [**貼り付け**] の ∨ から使用したいボタンを選びます（図4-74）。ここで、[**値**] を選ぶと数式ではなくセルに表示されている値の貼り付けになります。また、[**書式設定**] を選べば書式設定のみ貼り付けることができます。

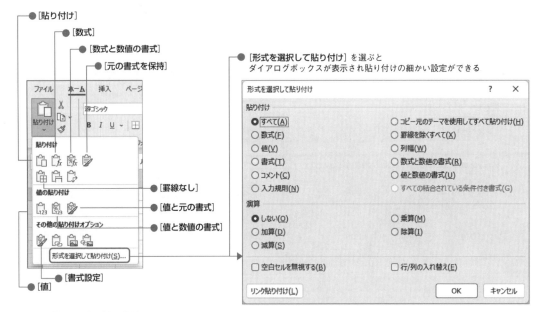

図4-74　様々な貼り付け方法

4.8.3　日付関数

■日付の書式設定

　Excelでは、日付と時刻を**シリアル値**という連続する実数値で表しています。Excelは、このシリアル値を日付や時刻に関する様々な書式を使ってセルに表示しています。例えば、「12月1日」と「12/1」は同じシリアル値を異なる表示形式でセルに表示したものです。この表示形式は、セルの書式設定で変更できます。日付と時刻の表示形式は、様々な形式があり、「年月日」をすべて表示したり、「月日」だけにして簡潔に表示するなどの切り替えが可能です。

■日付を使った計算

　日付と時刻を表すシリアル値は、表示形式を「標準」に切り替えると表示できます。この値は、1900年1月1日を基準に経過した日数を表しています。具体的には、1900年1月1日が1となります。時間は、1日に対する割合を表す小数を使って表現します。つまり、時間は0より大きく1未満の小数になります。例えば、12時は12÷24=0.5で表されます。

　このように日付と時刻は実数値で表現されているので、加算や減算といった計算ができます。図4-75は、日付と時刻を使った計算の例です。注意としては、この実数値は負の値になるような計算はできません。また、24時を超えた場合は表示形式の工夫が必要です。

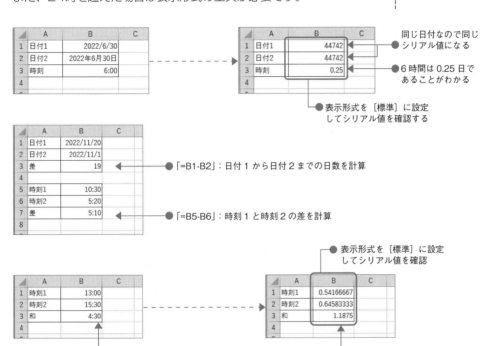

図4-75　日付とシリアル値

■日付に関連する関数

　日付を求める関数として、ここではTODAY関数、NOW関数、DATE関数について紹介します。各関数の書式は表4-18のとおりです。

　TODAY関数はその日を、**NOW関数**はその日と時刻を求めます。これらの関数は、設定したとき、もしくはファイルを開いたときに更新されます。また、[F9]を押したときも更新されます。

　DATE関数は、年・月・日の3つの数値から日付を表すシリアル値を求めます。年には1900以上9999以下の数値を指定しましょう。

表4-18　日付に関連する関数

関数名	書式	セルへの入力例	例の説明
TODAY	TODAY()	=TODAY()	現在の日付を表示します
NOW	NOW()	=NOW()	現在の日付と時刻を表示します
DATE	DATE(年, 月, 日)	=DATE(2016,10,1)	2016年10月1日の日付（シリアル値）を求めます

練習問題4-16

　次の表は、あるスポーツ施設の利用時間表です。すでに、セルA1に年、セルD1に月が入力されています。また、セルA4からA10には日付が入力されています。ここで、次の手順に従って、表を完成させなさい。

① セルB4からB10には曜日が入ります。DATE関数を使って年・月・日から日付を計算し、表示形式をユーザー定義で「aaa」に設定して曜日だけ表示させます。

② セルE4からE10には利用時間を計算します。終了時間から開始時間を引いて計算します。

③ セルB12には利用時間の合計を計算します。

④ セルB13には、利用料金を計算します。このスポーツ施設は300円で30分間利用できます。

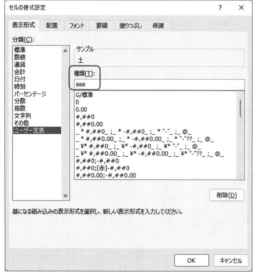

●この部分のセルの書式設定として[ユーザー定義]で種類に「aaa」と入力すると、その日付の曜日のみが表示される

Advice

　日付が入力されたセルの書式設定で［ユーザー定義］の［種類］にキーボードから「aaa」、「aaaa」、「ddd」、「dddd」と入力すると「月」、「月曜日」、「Mon」、「Monday」のような表示になります。

4.8.4 大きな表の印刷

　大きな表の印刷やページを意識した編集をしたい場合は、[**表示**] タブ→ [**ブックの表示**] グループ→ [**改ページプレビュー**] を選択します。ワークシートの表示が切り替わり、ページ番号が背景に表示され、改ページの位置が破線で表示されます。

　改ページの位置を変更するには、「**改ページ**」を挿入する必要があります。「改ページ」を挿入するには破線をマウスでドラッグして移動します（図4-76）。「改ページ」が挿入されると改ページの位置が実線で表示され、ページに収まらない大きさの場合は自動的に印刷倍率が縮小されます。また、セルを選択して [**ページレイアウト**] タブ→ [**ページの設定**] グループ→ [**改ページ**] → [**改ページの挿入**] を選択すると、そのセルの左の列と上の行に改ページが挿入されます。

　改ページを削除するには、実線の右もしくは下のページの左上のセルを選択し、[**ページレイアウト**] タブ→ [**ページの設定**] グループ→ [**改ページ**] → [**改ページの解除**] を選択します。すべての [**改ページ**] を削除したい場合は、[**ページレイアウト**] タブ→ [**ページの設定**] グループ→ [**改ページ**] → [**すべての改ページの解除**] を選びます。

　その他の詳細な設定は、[**ページレイアウト**] タブのリボンから設定できます。

●青い実線や破線をマウスでドラッグすることで改ページの位置を変更できる

図4-76　改ページプレビューとページの調整

4.8.5 ヘルプの使い方

新しい機能を調べたい場合は、[**Microsoft Search**] 機能を利用すると便利です（図4-77）。インターネットに接続した状態で[**Microsoft Search**] に調べたいキーワードを入力し、表示されたプルダウンメニューから [**以下に関するヘルプを表示**] の ["**入力したキーワード**"] を選ぶことで、そのキーワードに関する [**ヘルプ**] ウィンドウを開くことができます。このウィンドウには、キーワードに関連するヘルプの検索結果が表示されます。表示されたリンクを選択することで、キーワードに関連するExcelの操作方法などのサポート情報を見ることができます。

図4-77　Excelヘルプ

第5章

Microsoft PowerPoint

合宿の準備は
無事完了し…

おつかれ！

いよいよ
明日にせまって
います

あ！

先輩！
何を作って
いるんですか？

あ
リンちゃん

課題だよ
今度プレゼンテーションが
あるから
PowerPointで
資料を作っているんだ

そう　自分の考えや
研究成果などを
発表するプレゼンでは、
グラフ・図・写真などの
資料を見せる
必要があって…

○○における△の提案

2年 林田学

○○における△の提案

2年 林田学

プレゼン
テーション
の資料？

5.1
プレゼンテーション

この章では、プレゼンテーションソフトMicrosoft PowerPoint 2021（以下、PowerPoint）を使い、以下2つのことを学びます。

① **技術面：スライド作成の基本操作**
② **内容面：自分の考えを的確にまとめ、伝えること**

5.1.1　プレゼンテーションの基礎

「プレゼンテーション」という言葉を最初に使ったのは広告業界であると言われていますが、近年では広告業界に限らず、一般的に使われる用語になりました。『コンサイスカタカナ語辞典（第5版）』（三省堂編修所、2020）では、1番目に次のように説明されています。

① 提示・説明。発表。自分の考えを，他者の理解しやすいように，目に見える形で示すこと。特に広告代理業が広告主に対して行う広告計画の提示や説明活動などについていう。

プレゼンテーションの定義は、上記に限らず数多くありますが、今後の学生生活においてはゼミでの発表や卒業研究、また、大学卒業後の社会人生活においては、社内での企画やアイデアの発表など、様々な場面でプレゼンテーションの機会があります。

5.1.2　プレゼンテーションを行う上での留意点
—スライドを作成する前に—

プレゼンテーションを行う際に忘れてはならないのが、聞き手の存在です。プレゼンテーションの場には、必ず複数の聞き手が存在します。プレゼンテーションの第一の目的は、**聞き手に自分の発表内容を理解してもらうこと**です。また、場合によっては聞き手に理解、同意をしてもらった上で、自分の意図した方向に聞き手の考えや行動を変容（姿や形が変わること）させていくという、より積極的な要素を含むこともあります。したがって、プレゼンテーションとは、通常のコミュニケーションよりも積極的で言わば「説得」に近いものとなります。

この章で学ぶ「スライド」という視覚的な資料を作成する際にも、プレゼンテーションの対象である聞き手に理解してもらうことを念頭に置きましょう。プレゼンテーションを行うからには、自分の考えを聞き手に伝えることが大切です。そのためには、**聞き手が内容を理解しやすいよう、伝える内容をうまくまとめておくことが重要**です。ここがレポートとプレゼンテーションで最も違いが出てくる部分と言えます。なぜならば、レポートは読み手がじっくりと自分のペースで読み進め、吟味し、必要があれば戻って読み直すことができますが、プレゼンテーションでは、決められた時間内に話し手の説明とスライドが一方向に流れていくためです。

　聞き手にとって納得できない箇所が出てくれば、聞き手はそこでつまずいてしまい、その先の説明についてきてくれる可能性は低くなります。もし、話し手が内容をきちんと整理していなければ、聞き手が内容を聞きながら整理していかなくてはなりません。そのため、理解するのに苦労し、聞き手がプレゼンテーション内容に納得して、何かしらの行動に移る可能性は低くなります。したがって、スライドはやみくもに作成せず、聞き手が一つひとつのスライドを見ながら納得して、スムーズに話が聞けるように準備する必要があります（図5-1）。

　さて、次の節では、これらの留意点を踏まえて、プレゼンテーションソフトPowerPointの技術面：スライド作成の基本操作を学びます。

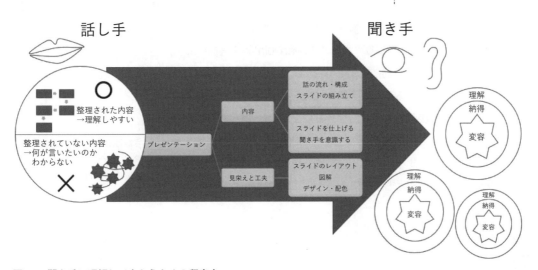

図5-1　聞き手に理解してもらうための留意点

5.2 PowerPoint

5.2.1 PowerPoint でできること

　プレゼンテーション用ソフトウェアであるPowerPointには、大まかに次の3つの機能があります。

① プレゼンテーションを行う際に提示するスライドの作成
② スライドの提示
③ 印刷

　PowerPointによるプレゼンテーションは、提示するスライドを電子的な紙芝居と考えることができますが、紙ではなく、電子媒体であり、コンピュータを使って提示するため、スライドには文字だけではなく、静止画（グラフや写真、Wordで学んだ描画オブジェクトを使って作成する図形）、音声や動画（これらを**コンテンツ**と言います）を貼り付けてプレゼンテーション中に聞き手に見せることが可能です。

5.2.2 PowerPoint の起動

　PowerPointを起動するには、■（スタート）で表示したスタートメニューの一覧か、[**すべてのアプリ**] から [**PowerPoint**] を選択します。
　新規にPowerPointを起動するか、または、左に表示されるメニューから [**新規**] を選択することで、「**テンプレート**」と呼ばれる様々なデザインのひな形が表示されます（図5-2）。ここで、あらかじめデザインテーマを選択して作成を始めることもできますが、デザインテーマは作成した後に選択することもできます。次項では、[**新しいプレゼンテーション**] という最もシンプルなデザインを選択した画面を用いて説明していきます。

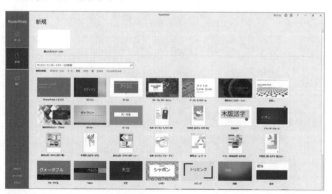

図5-2 テンプレートの選択画面

Attention

　Office 2021のインストール方法やアップデートのタイミングの違いによって、起動時などの画面が異なります。
　そのため、本文の説明に用いられている図5-2のようなBackstageビューのアイコンやメニューが異なる場合があります。

Advice

　図5-4の画面に進んだ後で新規にプレゼンテーションを作成したい場合は、[**ファイル**] タブをクリックしてBackstageビューを表示し、[**新規**] をクリックし、テンプレートの一覧から [**新しいプレゼンテーション**] をクリックします。

■コラム■　タッチモードとマウスモード

　Microsoft Office 2021では、画面上部にあるクイックアクセスツールバー右端の ▼ をクリックし、[**タッチ/マウスモードの切り替え**]を選択すると、クイックアクセスツールバー上にタッチ操作に対応した「**タッチモード**」と、通常の操作方法である「**マウスモード**」を切り替える[**コマンドの間隔を最適化する**]ボタン が表示されます。PowerPointの場合、タッチモードでは、リボン上のボタンの間隔が広がるとともに、「タイトルを入力」という表示が「ダブルタップしてタイトルを追加」に変わるなどの違いがあります。

図5-3　タッチモード画面

5.2.3　PowerPointの画面構成

　[**新しいプレゼンテーション**]を選択すると、図5-4上段に示したウィンドウが表示されます。ウィンドウ画面右に大きく表示され、「タイトルを入力」などの文字が書かれている白い部分が1枚のスライドです。この1枚のスライドの中に、必要な情報だけを選択して、大きな文字で、場合によってはコンテンツ（グラフ・図・写真・絵など）も交えて、内容が見やすく効果的に伝わるように情報を配置していきます。

　図5-4上段の画面左に表示されているのは、右に大きく表示されているスライドの縮小版（**サムネイル**）です。スライドの数が増えると、「1」と左上に書かれているサムネイルの下に「2」と書かれたサムネイルが現れ、新しいスライドを作るごとにその数は増えていきます。サムネイルでは、マウスでドラッグしてスライドの順番を入れ替えたり、任意のスライドを選択して文字と同様に [Delete] で削除したり、コピー＆貼り付けで複製したりできます。任意のサムネイルをクリックすると、そのスライドが右側の編集画面に表示されるため、スライド間をすばやく移動し編集するのにも便利です。

　図5-4下段は、[**表示**]タブ→[**プレゼンテーションの表示**]グループ→[**アウトライン表示**]をクリックした状態です。サムネイルが表示されていた部分がアウトラインに切り替わっています。サムネイルはスライドの縮小版ですが、アウトラインは文字だけが表示されます。アウトラインを利用した文字入力の詳細については、203ページの図5-6を参照してください。文字だけを入力してシンプルなスライドを作成する場合や、プレゼンテーションの枠組みや話の流れを確認するのに便利です。

　スライドに対して、発表での注意点やスライドの説明といった覚え

Advice

　リボンが表示されていない場合、[**ホーム**]などのタブをクリックすると表示されます。リボンの右端にある （[**リボンの固定**]）をクリックすると、リボンを表示した状態で固定できます。

書きやメモを記入したい場合は、[**表示**] タブ→ [**表示**] グループ→ [**ノート**] をクリックするとスライド下部に入力できます。ここに入力されたものは、プレゼンテーションを実行した際、聞き手に対しては表示されませんが、発表者ツールでは確認できます。また、印刷対象としてノートを選択すれば、内容を印刷して、発表前の練習や準備に利用できます。

Advice

印刷については図5-25、発表者ツールについては5.6.2を参照してください。

スライドを編集する領域

サムネイル

サムネイルを
表示する領域

[**アウトライン表示**]に
切り替え　　　　　　　[**ノート**]を表示　　　[**表示**]タブをクリック

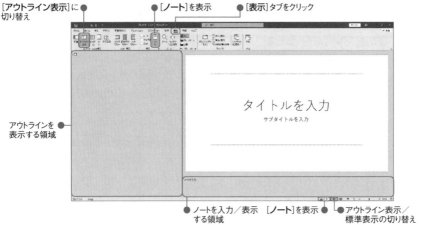

アウトラインを
表示する領域

ノートを入力／表示　　[**ノート**]を表示　　アウトライン表示／
する領域　　　　　　　　　　　　　　　　　標準表示の切り替え

図5-4　PowerPoint 2021の画面構成

5.2.4　PowerPoint の終了

WordやExcelと同様に、[**ファイル**] タブ→ [**閉じる**] またはウィンドウ右上の [**閉じる**] ボタン（✕）で終了させます。タイトルバーに「**プレゼンテーション 1 - PowerPoint**」と表示されている場合は、まだ名前を付けて保存していない状態です。作業内容を保存する際には、終了する前に [**ファイル**] タブ→ [**名前を付けて保存**] を選択し、適切な名前を付けて保存します。

PowerPointのファイルには、通常、ファイル名の後に「**pptx**」という拡張子が付きます。例えば、ファイル名として「**パワーポイントの練習**」と入力し、保存すると、保存したファイルは「**パワーポイントの練習.pptx**」となります。

5.3
スライド作成

5.3.1　タイトルスライド

　PowerPoint起動後、新しいファイルが表示される際、はじめに画面上に表示されているスライドは、**タイトルスライド**です。図5-4に表示されているスライドもタイトルスライドです。

　タイトルスライドには、点線で四角が2つ表示されています。四角には、それぞれ「タイトルを入力」、「サブタイトルを入力」と表示されています。これは文字どおりタイトルなどを入力するためのスライドで、具体的な内容については、通常、新しくスライドを挿入して2枚目以降に作成していきます。

5.3.2　新しいスライドの挿入方法

　新たにスライドを作成するためには、[**ホーム**] タブ→ [**スライド**] グループ→ [**新しいスライド**] をクリックします。ボタンをクリックすると、画面左に「2」と左上に書かれたサムネイルが追加され、画面右には、新しいスライドが表示されます。

　[**新しいスライド**] の ✓ をクリックすると、新しく挿入するスライドの種類が選べます。図5-5は、[**タイトルとコンテンツ**] をクリックして新しくスライドを挿入した状態です。

　このようなスライドの種類は**スライドレイアウト**（5.3.5参照）と言います。スライドを挿入する前に、あらかじめ適切なレイアウトを選んでおくこともできますが、レイアウトは後から変更することもできます。

5.3.3　スライドの削除

　作成したスライドを削除する場合は、画面左側で削除したいスライドのサムネイルをクリックして選択し、 Delete や Backspace を押します。サムネイル上で**右クリック**すると [**スライドの削除**] というメニューが表示されますから、これを選択してもよいでしょう。

Advice

　スライド一覧の表示でも、スライドを選択して Delete や Backspace を押すか、右クリックで削除ができます。スライド一覧に関しては5.4.3を参照してください。

図5-5　新しいスライド「タイトルとコンテンツ」が挿入された状態

5.3.4　文字の入力

　スライド内に文字などを入力する場合は、すべて点線で囲まれた**プレースホルダー**内で行います（図5-6）。この点がWordとは異なります。Wordでは基本的に文字を入力するため、特に必要がない限り、プレースホルダーを用いなくても文字が入力できる状態になっています。しかし、PowerPointでは、聞き手が理解しやすいように、文字とコンテンツ（グラフ・図・写真・絵など）をスライド内に効果的に配置する必要があります。そのため、テキストも自由に移動したり大きさを変更したりできるように、このようなプレースホルダーを使う仕組みとなっています。

　文字を入力するだけならば、図5-4下段で紹介したアウトラインを表示し、Wordのアウトラインと同じ感覚で入力していくこともできます。

　プレースホルダーは行数に応じて文字の大きさも自動調整する設定になっており、とりあえずの入力であれば、長い文章を入力してしまっても、プレースホルダー内に収めてくれます。ですから、プレースホルダー内で直接入力する方法でも、アウトライン上で入力する方法でも構いませんので、どちらでもやりやすい方で入力しましょう（図5-6）。

　とりあえず文字をスライドに入力し終えたら、スライドを確認し、次の点に注意しましょう。

　スライドはレポートとは異なり、じっくり読んでもらうものではなく、パッと見て内容をできる限りわかってもらうことが肝要です。

Advice

　プレースホルダーは、文字を含むコンテンツを挿入する領域です。コンテンツの挿入については、5.3.7を参照してください。

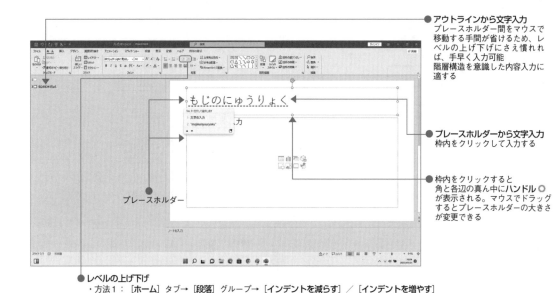

● アウトラインから文字入力
プレースホルダー間をマウスで
移動する手間が省けるため、レ
ベルの上げ下げにさえ慣れれ
ば、手早く入力可能
階層構造を意識した内容入力に
適する

● プレースホルダーから文字入力
枠内をクリックして入力する

● 枠内をクリックすると
角と各辺の真ん中にハンドル○
が表示される。マウスでドラッグ
するとプレースホルダーの大きさ
が変更できる

プレースホルダー

● レベルの上げ下げ
・方法1：［ホーム］タブ→［段落］グループ→［インデントを減らす］／［インデントを増やす］
・方法2：アウトライン領域内で右クリックして表示したメニューの中から［レベル上げ］／［レベル下げ］を選択

図5-6　文字の入力（スライド内のプレースホルダーとアウトライン）

そこで、**長い文章は極力避け、箇条書きを活用し、短い言葉で端的に**、例えばキーワードのみを表示し、詳細についてはプレゼンテーション中に口頭で補うようにします。文字が入力できるプレースホルダーには、あらかじめ箇条書きが適用されています。箇条書きをやめる方法や行頭文字の変更、およびレベル下げ／レベル上げの方法は、基本的にWordと同じです。

　アウトラインを利用する場合、スライド番号横の□（スライドアイコン）の後ろに続けて入力するとスライドタイトルになります。この位置で Enter を押すと次のスライドが作成されます。スライドタイトル入力後、プレースホルダー内に箇条書きテキストを入力するには、Enter の後に Tab を押してレベルを下げます。箇条書きした項目に階層構造を付ける場合にも、Tab が使えます。

5.3.5　スライドレイアウト

　レイアウトとは、スライド上でのテキストや図・グラフなどの配置方法のことで、11種類のレイアウトが用意されています（図5-7a、b）。［**ホーム**］タブ→［**スライド**］グループ→［**新しいスライド**］の ∨ をクリックする手順で新しいスライドを挿入する場合には、あらかじめレイアウトを選んでおくことができます。

　このようにあらかじめレイアウトを選択してスライドを作成しておいても、スライドを仕上げていく過程では、図の追加など、レイアウト変更が必要になることが頻繁にあります。

　作成後にスライドのレイアウトを変更する場合は、変更したいスラ

■ Advice

　箇条書きについては、3.3.2を参照。ただし、PowerPointでは、プレースホルダー内の行頭文字は、スライドのテーマ（5.5.1参照）によって自動的に変更されます。テーマを決定した後で、行頭文字を変更したい場合はスライドマスターを変更しましょう（5.5.3参照）。一つひとつのプレースホルダーの設定を変更するよりも、一括で変更されるため便利です。

■ Advice

　階層構造の代表的な例は、フォルダーとファイルの関係ですが、文章を書く際にも書く内容を項目別にして、上下関係を付けていくことができます。Wordも表示をアウトラインに変更すると、PowerPointのアウトライン表示と近い状態で文章構造が表示されます。

●タイトルスライド／セクション見出し

文字を入力するプレースホルダーが2つ含まれる、表紙や話題の区切りに利用するスライド

●コンテンツ用レイアウト

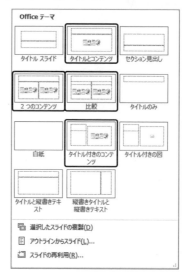

真ん中に8つのアイコンが表示されたプレースホルダーにはコンテンツの挿入ができる。文字の他に、「表・グラフ・SmartArt グラフィック・3D モデル・図・ストック画像・ビデオ・アイコン」を挿入可能

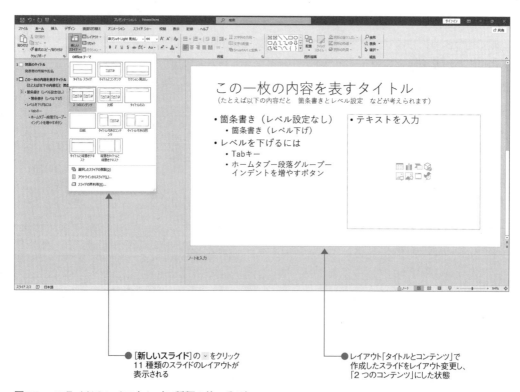

● [新しいスライド]の ∨ をクリック
11種類のスライドのレイアウトが表示される

●レイアウト「タイトルとコンテンツ」で作成したスライドをレイアウト変更し、「2 つのコンテンツ」にした状態

図5-7a　スライドのレイアウト（11種類の使い分け）

●タイトルのみ／白紙

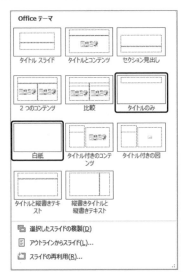

「タイトルのみ」はタイトル用のプレースホルダーのみを含むスライド、
「白紙」はプレースホルダーがないスライド
図形を組み合わせて自分で図を描く場合に適する（5.3.7 参照）

●目的に特化したもの （タイトル付きの図／縦書き2種）

「タイトル付きの図」は、ファイルから図を挿入するためのプレースホ
ルダーと、図のタイトルと図の説明用のプレースホルダーからなる、
図に特化したレイアウト
縦書き2種はすでに入力したテキストを縦書きにしたい場合などに
適する

図5-7b　スライドのレイアウト（11種類の使い分け）

イドを表示した状態で［**ホーム**］タブ→［**スライド**］グループ→［**レ
イアウト（スライドのレイアウト）**］をクリックし、レイアウトを変更
しましょう。

5.3.6　図解の効果

　適切な図の挿入は、プレゼンテーションの際に聞き手に内容をより
よく理解してもらったり、複雑な内容をうまく伝えたりすることに役
立ちます。例えば、初めて行く場所への道順を話だけで説明すること
は難しいですが、地図を見せて説明するとすぐに理解を得ることがで
きます。このように一目でわかるように工夫すると、聞き手に内容を
効果的に伝えることができ、理解を助けます。特に概念などの抽象的
な内容や、階層構造があるものを説明する場合などは、説明内容を図
にすると、全体像や関係性をうまく伝える効果があります。

　図5-1は、この章での主な学習内容を図で表しています。5.1の説明
をプレゼンテーションで行う場合を想定してみましょう。スライドに
図5-1がある場合と、図5-1の内容を箇条書きで示す場合では、聞き手
にとって、どちらがより理解しやすいでしょうか？

　では次に、図5-1を例にPowerPointで図を作成する方法を紹介し
ます。

Advice

　選択したデザインテーマ
によってはスライドレイア
ウトの種類がここで紹介す
る11種類とは異なる場合
や、種類が増えることがあ
ります。

5.3.7　図の挿入

■基本的な図形

　図5-1は「タイトルのみ」レイアウトを利用して、基本的な図形と
SmartArtを組み合わせて作成しています。

　図5-1でも利用している○や⇨、それに文字入力に利用しているテ
キストボックスなどは総称して、**オブジェクト**と言います。オブジェ
クトについては、例えば、お正月の福笑いのパーツをイメージすると
理解しやすいでしょう。すべてばらばらに動かすことができ、また、
重ねることもできます。この図で利用している○や⇨のような基本的
な図形は、[**ホーム**]タブ→[**図形描画**]グループ、もしくは[**挿入**]
タブ→[**図**]グループ→[**図形**]から選択します。テキストボックス
については、[**挿入**]タブ→[**テキスト**]グループ→[**テキストボック
ス**]ボタンをクリックする方法でも挿入できます。

　作成した図形などのオブジェクトの重なり順は、オブジェクトをク
リックした際に表示される[**図形の書式**]タブ→[**配置**]グループ→[**前
面へ移動**]／[**背面へ移動**]の⌄から、[**最前面に移動**]／[**最背面
に移動**](一番前／後に移動する場合)、または[**前面に移動**]／[**背
面に移動**](1つだけ移動する場合)を選択すると変更できます。また、
同様の作業はオブジェクト上で右クリックし、表示されたメニュー内
でも選択可能です。

　しかし、たくさんのオブジェクトをスライド内に配置した場合など
は、画面上では重なりがわかりづらいかもしれません。そのようなと
きは、オブジェクトを選択し[**図形の書式**]タブ→[**配置**]グループ
→[**オブジェクトの選択と表示**]をクリックして、画面右端にスライ
ド内のオブジェクトを一覧表示しましょう(図5-9)。この右端の領域
では、使用しているすべてのオブジェクトを確認しながら、配置や重
なり順を変更することができます。

5

Microsoft PowerPoint

■Advice

　基本的な図形では、図
5-1の以下の部分が作成で
きます。

図5-8　図形機能で作成した
　　　部分

　それぞれどのようなオブ
ジェクトを使っているのか
については、図5-9のオブ
ジェクトの選択と表示画面
を参照してください。

　⇨の中や話し手の○の
中ではSmartArtを使ってい
ます(209ページ参照)。

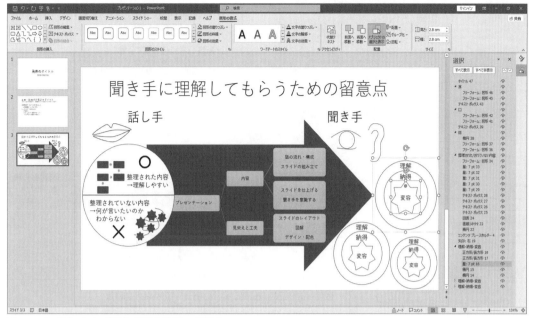

図5-9 オブジェクトの重なり順を確認・変更する

■コンテンツの挿入

レイアウトで、コンテンツを含むものを選択している場合には、コンテンツを挿入する領域（プレースホルダー）内に、左上から順に、「表・グラフ・SmartArtグラフィック・3Dモデル・図・ストック画像・ビデオ・アイコン」のボタンを選択することで、プレースホルダー内に図やビデオを挿入することができます（それぞれのアイコンをクリックしたときに表示されるダイアログボックスと簡単な説明については、図5-10を参照）。

コンテンツのアイコンボタンを含むプレースホルダーがないレイアウト、例えば、白紙やテキストのみのレイアウトを適用したスライドに図を挿入する手順は、基本的にWordと同様です。[挿入] タブ→ [表] グループ、[図] グループ、[画像] グループおよび [メディア] グループにコンテンツを選択する際に使用するアイコンと同じボタンがあるので、そのボタンをクリックして、ファイルなどを選択すれば、スライド内にコンテンツを挿入することができます。もちろん、他のファイル内にある図やグラフをコピーし、貼り付けることもできます。

Advice

図表は貼り付ける種類が選択できます。これを「形式を選択して貼り付け」と言います。写真やWordで作成した図は、画像形式が選択できます（Wordの画像形式は3.2.5参照。Excelの表やグラフは4.8.1を参照してください）。

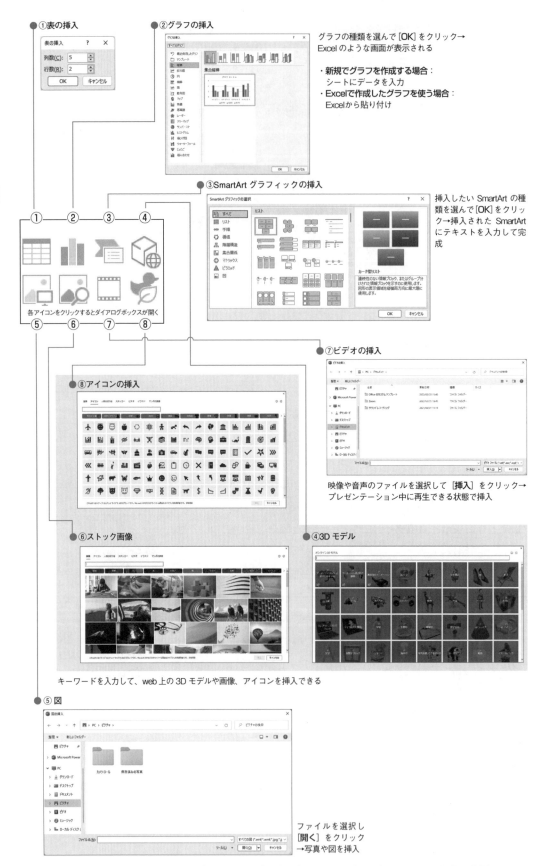

● ①表の挿入

● ②グラフの挿入

グラフの種類を選んで [OK] をクリック→
Excel のような画面が表示される

・新規でグラフを作成する場合:
　シートにデータを入力
・Excelで作成したグラフを使う場合:
　Excelから貼り付け

● ③SmartArt グラフィックの挿入

挿入したい SmartArt の種
類を選んで[OK]をクリッ
ク→挿入された SmartArt
にテキストを入力して完
成

各アイコンをクリックするとダイアログボックスが開く

● ⑦ビデオの挿入

● ⑧アイコンの挿入

映像や音声のファイルを選択して［挿入］をクリック→
プレゼンテーション中に再生できる状態で挿入

● ⑥ストック画像

● ④3D モデル

キーワードを入力して、web 上の 3D モデルや画像、アイコンを挿入できる

● ⑤ 図

ファイルを選択し
[開く] をクリック
→写真や図を挿入

図5-10　コンテンツの挿入（コンテンツプレースホルダー内で各アイコンボタンをクリックした際の動作）

以下ではコンテンツ8種のうち、特にSmartArtとビデオの挿入を取り上げます。

■SmartArt

図5-1の⇨の中の図形に見られるような決まった関係性を示す図を挿入する場合は、基本的な図形を自分で組み合わせて作成するよりも、SmartArtを活用した方が便利です。例えば①→②→③のような手順、食物連鎖で肉食動物が上、草食動物がその下、植物がさらにその下といったようなピラミッド構造、箇条書きのリストや図5-1で使用しているような階層構造などを表現するのに最適です。

SmartArtの挿入手順は、前述のとおりプレースホルダー内のSmartArtボタンをクリックする方法と[**挿入**]タブ→[**図**]グループ→[**SmartArt**]をクリックする方法がありますが、どちらの操作でも同じ[**SmartArtグラフィックの選択**]ダイアログボックスが表示されます。

ダイアログボックスの左側から、描きたい図のイメージに近い関係性を表す単語をクリックします。選択した単語に応じて、図のセットが右側に表示されます。その中から自分が最も使いやすいものを選択し、[**OK**]をクリックします。ダイアログボックスが消え、スライド上にSmartArtが挿入されます。SmartArtの左側には[**テキスト**]ウィンドウ（「ここに文字を入力してください」と書かれたウィンドウ）が現れ、アウトラインのようなものが表示されます。スライドに文字を入力する際にアウトラインを利用するのと同様で、ここを利用して文字を入力すると図形に反映される仕組みです。また、アウトラインと同じ方法で、入力する文字のレベルを上げ下げすることができます。

図5-11は図5-1の⇨内に配置してあったSmartArtを取り出したものです。これには「階層構造」グループの「横方向階層」を利用しました。階層構造のレベルは左が最も高く、右へ行くと順に低くなります。この例では最も高いレベルに「プレゼンテーション」、2つ目に「内容」と「見栄えと工夫」があります。2つ目のレベル「内容」の下には3つ目のレベルとして、「話の流れ・構成・スライドの組み立て」と「スライドを仕上げる・聞き手を意識する」の2つがあります。左側の[**テキスト**]ウィンドウを見ると、これらのレベルが高い順に左寄りに箇条書きされるのがわかります。レベルの上げ下げは右クリック内のメニューで行えますが、[Tab]と[Backspace]でも同様に行えます。また、入力文字が確定した後に[Enter]を押すと、同じレベルの項目を増やすことができます。

なお、プレースホルダ内の箇条書きに階層構造をつけておけば、[**ホーム**]タブ→[**段落**]グループ[**SmartArtに変換**]で、SmartArtに

Advice

SmartArtの左側に「ここに文字を入力してください」が表示されていない場合は、SmartArtの枠の左端にある[<]ボタンをクリックすることで表示できます。

Advice

階層構造のレベルは、[Tab]キーを押すと1つ下がり、[Shift]+[Tab]を押すと1つ上がります。
これはアウトラインの入力時も同様です。

変換できます。

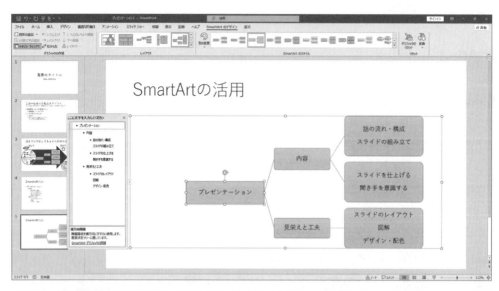

図5-11　SmartArt（階層構造を利用）

■ビデオの挿入

　最後にコンテンツの種類のうち、ビデオに注目しましょう。スライドには、図やグラフ、写真などに加えて、音声やビデオの映像なども挿入して「貼り付けておく」ことができます。コンピュータを使用しないプレゼンテーションでは、音声や映像をプレゼンテーション中に再生したい場合、AV機器が必要になりますが、コンピュータとPowerPointなどのプレゼンテーション用ソフトを用いた場合には、音声や映像はスライド内に挿入してさえおけば、プレゼンテーション中に再生して、聞き手に聞かせたり見せたりすることが可能です。これらのコンテンツを適切に使うと、図解だけではなかなか理解されにくい内容をさらに効果的に伝える手段になります。

5.4 スライドの組み立て

5.4.1　自分の考えをまとめる

—説得力のある発表の前に—

　ではここで、スライドを作成する前段として、自分の考えをまとめ、発表内容を練るプロセスを一緒に学んでいきましょう。

図5-12　発表内容を練る段階から発表まで

　発表内容を練る段階で心がけることは、日記やブログなどとは違い、**できるだけ自分の考え（主張）は、根拠（データ・事実）とセットで記述**することです。大学で求められる文書形式であるレポート・論文をはじめ、就職後仕事の中で求められる各種の文書でも、根拠（データ・事実）に基づいて作成することが基本となります。

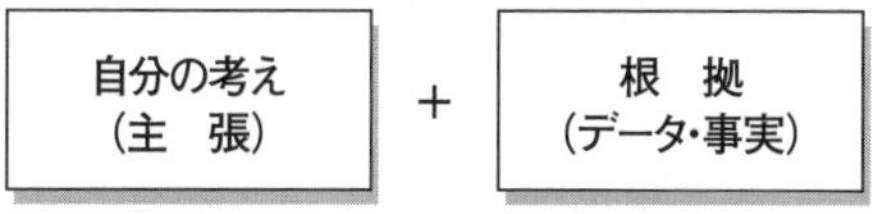

$$
\boxed{\begin{array}{c}\text{自分の考え}\\（\text{主　張}）\end{array}} \quad + \quad \boxed{\begin{array}{c}\text{根　拠}\\（\text{データ・事実}）\end{array}}
$$

図5-13　論理的に記述するポイント

　この論理的に記述するポイントを踏まえ、発表内容に合わせて、発表内容全体の構成を考えましょう。皆さんに馴染み深い文章の構成の代表的なものには、感想文や小論文に用いられることが多い「起・承・転・結」、「序論・本論・結論」などがあります。また、大学などでの研究論文の一般的な形式は、「問題（はじめに・研究背景）・目的・方法・結果・考察・まとめ（今後の課題）」です。それではここで、図5-14を見てみましょう。

▼レポート・論文・説明
　問題（はじめに・研究背景）・目的・方法・結果・考察・まとめ（今後の課題）

▼問題解決・業務改善
　問題点（背景・目的）・現状把握・要因分析・改善案（実行計画）・今後のスケジュール

▼企画・提案
　テーマ（アイデア）・背景・主張・根拠・まとめ

図5-14　文書内容別の構成例

　このように作成中の文書の種類によって、相応しい構成（シナリオ・ストーリー）は異なります。適宜、何のための文書であるのかを繰り返し自分自身に問いかけて目的を明確にし、相応しい構成を考えて文章・発表を作成しましょう。

■コラム■　テンプレートの利用

　PowerPointには、用途に応じてスライドの構成・デザインが1つにまとめられた「**テンプレート**」があり、これを利用してスライドを作成することもできます。例えば、「ビジネスプロジェクトの計画プレゼンテーション」や「教育機関向けのプレゼンテーション、ピンストライプとリボンのデザイン」といった複数スライドで構成される複雑なテンプレートだけでなく、「名刺」「賞状」などのシンプルなテンプレートも用意されています。

　テンプレートを使ってスライドを作成するには、起動後の画面（図5-2）上の［**オンラインテンプレートとテーマの検索**］と書かれたボックス内に、任意のキーワードを入力します。ボックスの下には検索の候補として、ビジネスや教育といった単語があります。前述のテンプレート2種は、前者が「ビジネス」、後者は「教育」で検索すると参照できます。なお、テンプレートはオンラインで検索するため、あらかじめインターネットに接続しておく必要があります。

5.4.2　自分の考えが伝わるようにスライドを構成する

　前項では、発表内容が**自分の考え＋根拠**という論理的な記述になっているかを確認して検討しました。この項では、スライドの作成・構成の段階に入っていきましょう。

　PowerPointを使ったプレゼンテーションが、スライドのアニメーション設定などに凝ったけれども、何を伝えたいかわからないものになっている例が数多くあります。プレゼンテーション後、聞き手に「印象だけは強く残っているが具体的な内容についてはあまり覚えていない」と言われないよう、**伝えたい内容を整理**し、**聞き手が納得しやすいよう順序立ててスライドを構成**しなくてはなりません。

　それでは、実際にレポートを用いて、プレゼンテーションを作成しましょう。次ページの上段は「大学の必修授業で情報リテラシーを学ぶ必要性」というテーマで書かれた600字程度のレポートを箇条書きにしたものです。プレゼンテーション用のスライドには、長い文章はプロジェクタで映したときに見えにくく適しません。まず、レポートの長い文章を箇条書きで短く書き出すとよいでしょう。

▼レポートの長い文章→箇条書き

- 情報社会
- パソコンを利用する機会が増えている（大学の学修でも）
- インターネットは世界中を結んでいる
- インターネットからは多くの情報が容易に得られる
- 時間と場所を選ばず、検索エンジンを用いて瞬時に情報収集ができる
- 生活・学修にも就職にもパソコンの技能は役立つ
- 企業に勤める父によると、IT関連の職業だけではなく、どのような職種でも仕事にパソコンを利用すると聞く
- 大学でWord・Excelが利用されてきたと考えられている
- インターネット上の文字ベースでのコミュニケーションの難しさ
- ネットの利用の仕方やマナーは皆が学ぶ必要がある
- 大学で必修として情報リテラシーを学ぶ必要がある

- -

▼レポートの長い文章→箇条書き→レベル設定や並べ替えでグループ化

- 情報社会
  - パソコンを利用する機会が増えている（大学での学修でも）
- 大学で必修として情報リテラシーを学ぶ必要がある（主張）
- ネットの利用の仕方やマナーは皆が学ぶ必要がある（から＝根拠）
  - ネットの利用の仕方
    - ネットの仕組みとセキュリティを学び、<u>自分の身は自分で守る</u>
  - マナー
    - インターネット上の文字ベースでのコミュニケーションの難しさ、<u>著作権</u>
- パソコンの技能は役立つ（から＝根拠）
  - 生活・学修にも
    - インターネット
    - 世界中を結んでいる
    - 多くの情報が容易に得られる
      - 時間と場所を選ばず、検索エンジンを用いて瞬時に情報収集ができる
  - 就職にも
    - 企業に勤める父に
      - IT関連の職業だけではなく、どのような職種でも仕事にパソコンを利用すると聞く
      - 大学でWord・Excelが利用されてきたと考えられている

　この文章を箇条書きにする作業は、すでにあるレポートを利用する
のですから、コピー＆貼り付けを活用しましょう。これは、Wordで行
ってもPowerPointで行ってもどちらでもやりやすい方で構いません。
この作業を実際に行うと、前ページの上段のようになります。

　次に、上段にある箇条書きを、文章の内容を検討して、レベル設定
を行ったり、聞き手にわかりやすいように並び替えをしたりしてグル
ープ化してみましょう。この作業を行うと、下段のようになります。
この上段と下段を見比べると、皆さんはどう感じますか？

　上段からは、少し漫然として整理されていない印象を受けるのでな
いでしょうか。上段と下段は、同じレポート内容で同じように箇条書
きになっていますが、違いは内容のまとめ方にあり、そこでわかりや
すさと説得力に差が出ています。

　それでは、ここでもう一度、上段の内容を下段のようにまとめるプ
ロセスを詳しく見ていきましょう。ここで「まとめる」という語を使
いましたが、レポートはすでに自分の考えをまとめたものだと考えれ
ば、この言い方に違和感を覚えるかもしれません。しかし、前述のよ
うにプレゼンテーションは、スライドという道具を利用し、一方向に
流して発表して聞き手に理解してもらうものです。**話し手であるあな
たの頭の中ではつながっている発表内容が、聞き手の中でもつながっ
ているとは限りません。**

　そこで、レポートの文章全体を内容ごとにばらばらにし、**1つの項
目（1つの文）に1つの意味内容**が入っているようにしましょう。この
ようにして作成した、**箇条書きの項目がそれぞれとどのようにつなが
っているか、論理的に検討**していきます。

　箇条書きの項目から、**最も伝えたい項目**を見つけます。これを核と
なる主張として、これを支える項目を下に置いていきましょう。そして、
**似たことを言っている項目同士があれば近くに配置しグループにまと
め**ます。また、「〜だから、〜」のように**論理的につながる項目がない
かも検討**します。どうしてもつながらない項目があれば、その項目を
なぜ書いたのかを思い出して、**論理の飛躍や書き足したい内容（論理
が甘く、抜け漏れがあるところ）があれば補足説明する項目を書き足**
しましょう。例えば、ここでは「自分の身は自分で守る」と「著作権」
が足されました（下段の下線部分）。検討の結果、どうしてもつながら
ない場合や項目の内容に重複があった場合は、保留あるいは削除します。

　そして最終的には、できるだけすべての項目が線で結ばれ、核とな
る主張につながるようにします。項目の配置が決まったら、**似た項目
同士の集まりに名前を付け**（これは後でスライドタイトルなどに利用
できます）、他にもまとめられそうな項目はないか、再度よく眺めます。

図5-15では、序論として「情報社会」という名前を付けてまとめられた内容が入りました。そして「大学で必修として情報リテラシーを学ぶ必要がある」という主張を導く、主張の根拠となる内容のまとまりを大きく2点に整理することができました。これらの2点の根拠はそれぞれを説明する内容の項目で支えられていることがわかります。

この図5-15「発表内容の構造図」をもとに「大学の必修授業で情報リテラシーを学ぶ必要性」というテーマについて、自分の主張が聞き手に論理的にわかりやすく伝わるように、発表全体の流れの構成を意識してスライドを構成すると図5-16になります。

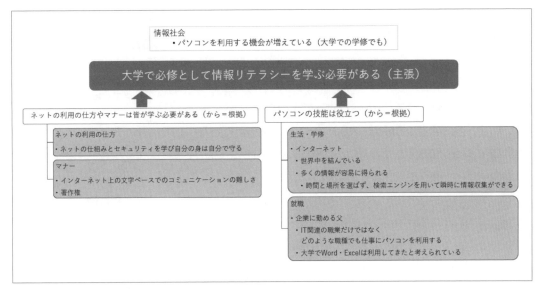

図5-15　発表内容の構造図

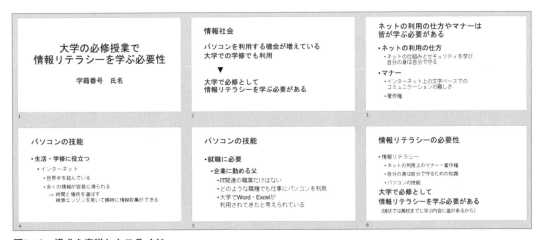

図5-16　構成を意識したスライド

5.4.3　表示の切り替え

　スライドを構成していく作業過程では、作成したスライドの順番を入れ替えなくてはいけない場合が出てきます。また、わかりやすくするために図やグラフなどのコンテンツを用いた場合は、スライドの枚数が次第に増えていきます。サムネイルはウィンドウ画面左に表示されますが、枚数が増えてくると全体を把握するのは難しくなります。

　PowerPointを起動した際の最初の表示は、スライド1枚1枚を作成・編集するための表示でした。枚数が増え、全体を確認・把握したいと思ったときは、表示を切り替えましょう。

　[**表示**] タブ→ [**プレゼンテーションの表示**] グループ→ [**スライド一覧**] をクリックすると図5-16のようなスライドが横に並んだ一覧表示になります。スライド一覧の表示では、スライド全体を把握しやすくなります。また、スライドを移動して順序の入れ替えをするのも、移動するスライドをマウスでドラッグするだけで簡単にできます。

　スライド一覧の表示から最初の表示に戻すには、[**表示**] タブ→ [**プレゼンテーションの表示**] グループ→ [**標準**] をクリックするか、編集したいスライドをダブルクリックします。

■Advice

　図5-4下段で紹介したウィンドウ下部のアウトライン表示／標準表示の切り替えボタンの隣には [**スライド一覧**] ボタン（ 🔡 ）があり、これを使うとタブを [**表示**] に切り替えることなく、表示をスライド一覧に変更できます。

5.5 スライドを仕上げる

5.5.1 スライドのデザイン

　スライドの配色は、白紙に黒文字だけではありません。効果的に色を使い分け、注目してもらいたい情報は、より目立たせる工夫をしましょう。

　聞き手に注目してもらいたい単語や文章のみに色を付ける場合は、Wordと同様に、対象となる文字を選択してフォントの色を変更します。この変更は部分的ですが、スライド内には、背景色、図形などのコンテンツの色、文字の色など色を変更できる対象が他にもあります。これらのすべてを対象とした配色、文字の配置やフォント、さらに箇条書きの行頭文字の種類をセットにした、スライドの総合的なデザインが、PowerPointには「**テーマ**」として組み込まれています。テーマは、スライドレイアウトが異なっても、全体的にまとまった印象を与えられるよう、ファイル内に作成されているスライドすべてに対して適用されます。

　そのため、[**デザイン**]タブ→[**テーマ**]グループ→[**Office**]の一覧からどれか1つを選択すると、すぐにスライド全体の印象が変化します。[**Office**]の一覧では選択しやすいように、サムネイルのようなスライドがボタンとなって並んでおり、これらをクリックすることで、見栄えが大きく変化します。また、同じ[**デザイン**]タブ内の[**バリエーション**]グループを活用することで、選択したデザインテーマをさらに変化させることができます。[**バリエーション**]グループの ∨ で表示されるメニューには、[**配色**]、[**フォント**]や、[**効果**]や[**背景のスタイル**]があり、これらを変更することで、さらに印象や読みやすさ、見やすさが変化します。

5.5.2 配色・文字・効果

　テーマを適用させたスライドの配色・文字・効果をそれぞれ変更することができます。これらもテーマと同じ名前が付いたセット（文字の色、行頭文字の色、コンテンツの色などがひとまとめ）になっています。配色では、**背景色や背景のスタイルと文字色の組み合わせに注意**が必要です。組み合わせる色によっては、文字が背景に埋没してしまい読みづらいものになることがあります。いろいろな組み合わせを試して比較しましょう。

文字についても同様です。文字のフォントは、部分的に太さが異なるフォントや全体的に細いフォント、例えば、レポートなどではよく使う明朝体などはあまり好まれません。映写した際にかすんでしまうことがあるからです。フォントは線の太さが均一ではっきりとして見やすい**ゴシック体**などをできるだけ利用しましょう。

また、小さな文字も、プレゼンテーションを行う場所にもよりますが、同じくかすんでしまい、遠くにいる人には見えない可能性があるため避けます。フォントサイズは、レポートなどは10.5や11ポイントで作成するのに対して、倍以上の**20ポイント以上**にします。

効果は、主に文字以外のコンテンツ、SmartArtや基本的な図形の枠線や塗りつぶしの部分の印象を変化させるときに利用します。塗りつぶしの色は配色で大きく変化しますが、塗りつぶした部分にグラデーションを付けて立体的に見せたり、光が当たったような明るい印象にしたり、変化を与えることができます。

Advice

PowerPoint 2021では、スライドのサイズが16:9のワイドで表示されます。4:3の標準サイズにしたい場合は、[**デザイン**] タブ→[**ユーザー設定**] グループ→[**スライドのサイズ**] から変更できます。

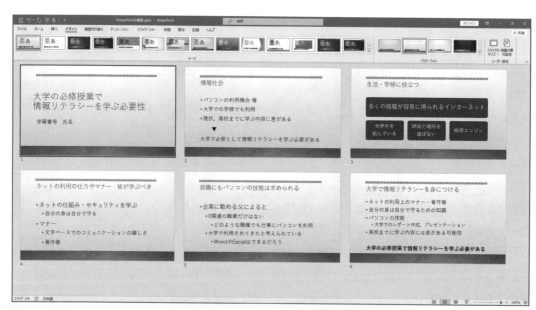

図5-17 構成を意識したスライド（図5-16）にテーマ「ギャラリー」を
適用→フォントや文字の大きさなどを調整

図5-17は、図5-16のスライドにテーマ「ギャラリー」を適用して、バリエーションなどで変更を加えた例です。スライドの背景に模様が入ったこと、文字のフォントと折り返しが変化していることがわかります。プレースホルダーの大きさや配置も、テーマやバリエーションによって変更されています。したがって、文章を読みやすくするためにフォントを変更（利用する文字のセットを変更）したり、文字の大きさを変更したり、文節で改行したり（[Shift]+[Enter]）といった工夫は、適用するテーマを決定した後に行った方がよいでしょう。

5.5.3　マスターの変更

テーマは自分なりに変更・作成することもできます。例えば、自分で考えたロゴなどをスライド全般に一貫して表示したい場合は、マスターにロゴを貼り付けます。その他、箇条書きの記号やフォントのスタイルなどをマスターで設定すると、スライド全般に適用されるため、個々に設定する手間が省けます。マスターはレイアウトごとに表示されますが、どのレイアウトのスライドを選択してもロゴを表示させたい場合には、[**スライドマスター**] 画面の一番上に表示される [**スライドマスター**] にロゴを貼り付けておきます（その下にあるレイアウトすべてに変更が反映されます）。

スライドのマスターに変更を加えるには、[**表示**] タブ→ [**マスター表示**] グループ→ [**スライドマスター**] をクリックします。ウィンドウ内がマスター表示になりますので、スライドを変更するのと同様に、箇条書きの行頭文字やフォント、ロゴの貼り付けを行います。日付のプレースホルダーや「フッター」と書かれたプレースホルダーを移動すると、日付が表示される場所が変更されます。」

マスターに加えた変更を確認したい場合には、[**スライドマスター**] タブ→ [**閉じる**] グループ→ [**マスター表示を閉じる**] をクリックするか、[**表示**] タブ→ [**プレゼンテーションの表示**] グループ→ [**標準**] をクリックします。

5.5.4　ヘッダーとフッター

PowerPointのヘッダーとフッターは、Wordのヘッダーとフッターとは少し異なります。Wordではフッターは通常文書の下に配置されることが多いですが、スライドのフッターは、適用したテーマによって、表示される位置が異なります（スライドマスターで変更できます）。また、表示する対象がスライドか、ノート・配布資料かで、表示できる情報の種類や表示内容が異なるため、別々に設定します。

Advice

[Shift]+[Enter] を押して任意の文節で改行することを「段落内改行」と言います。これはWordでも同様に利用できます。

Advice

[**ヘッダーとフッター**] ダイアログボックスは、[**ファイル**] タブ→ [**印刷**] → [**ヘッダーとフッターの編集**] をクリックして表示することもできます。つまり、印刷プレビューを行ってから、ヘッダーとフッターを設定することも可能です。

フッターを入力するには、［**挿入**］タブ→［**テキスト**］グループ→［**ヘッダーとフッター**］をクリックし、［**ヘッダーとフッター**］ダイアログボックスを表示します（図5-18）。また、スライドに日付やスライド番号といった、プレゼンテーション管理に役立つ情報を表示したいときは、このダイアログボックスの［**スライド**］タブで、表示したいものにそれぞれチェックを入れます。

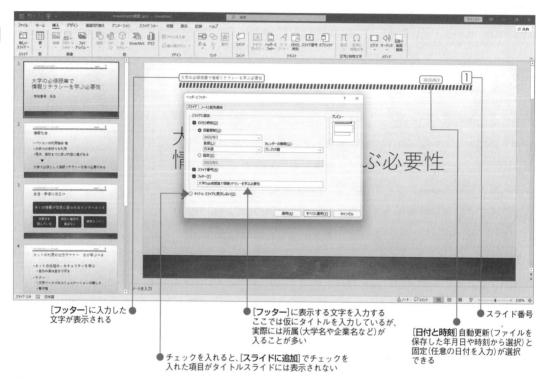

［**フッター**］に入力した
文字が表示される

［**フッター**］に表示する文字を入力する
ここでは仮にタイトルを入力しているが、
実際には所属（大学名や企業名など）が
入ることが多い

スライド番号

［**日付と時刻**］自動更新（ファイルを
保存した年月日や時刻から選択）と
固定（任意の日付を入力）が選択
できる

チェックを入れると、［**スライドに追加**］でチェックを
入れた項目がタイトルスライドには表示されない

図5-18　ヘッダーとフッターの設定

ヘッダーもこのダイアログボックスで設定することができますが、ヘッダーが表示されるのは印刷時でスライドには表示されません。そのため、［**スライド**］タブ内では設定できず、［**ヘッダーとフッター**］ダイアログボックスの［**ノートと配布資料**］タブで設定します。

5.5.5　アニメーション設定

アニメーション設定とは、スライド中の文字やコンテンツに動きを付けたり、音を付けたりするための設定です。人の目は動くものに視線を奪われる傾向があるので、アニメーションを多用すると肝心の内容の伝達を阻害してしまうこともあります。したがって、アニメーションを使う場合は、必ず本当に必要かどうかを考えて設定するようにしましょう。

また、音は注意喚起に役立ちます。医薬品のテレビCMでは、使用上の注意について書かれた静止画面とともに注意を喚起するための「ピンポーン」という音を付けています。しかし、これらの音による注意喚起も多用するとその効果が薄れることがありますので、アニメーションと同様によく考えて設定しましょう。

さて、アニメーションには、大きく分けて2種類あります。1つはスライドを切り替える際に動きを付けるもの（[画面切り替え] タブで設定）、もう1つは、オブジェクトやプレースホルダーごとにアニメーションの設定をするもの（[アニメーション] タブで設定）です。

■画面の切り替え

[画面切り替え] タブに表示されているサムネイルのようなスライドのアイコンをクリックすると、スライド内でその効果を確認することができます。切り替えの効果は大きく「弱」、「はなやか」、「ダイナミックコンテンツ」の3種類に分類されています。各分類の中にも多種多様な切り替え効果があります。この [画面切り替え] タブ内では切り替え効果の種類を選択する他に、切り替え時の音の設定、画面切り替えの速度、選択した効果や音の設定をすべてのスライドに適用させるかどうかの設定を行うことができます。

■オブジェクトやプレースホルダーごとのアニメーション設定

スライドの切り替えではなく、スライド内のテキストや図を順々に表示したい場合などは、オブジェクトやプレースホルダーを選択して、個々にアニメーションの設定を行います。人の目は新しく出現したものに注目しやすいので、このような設定は、箇条書きした内容を順番に見てもらいたい場合や手順を一つひとつ見てもらいたい場合などに効果的です。

例えば、SmartArtをスライドインで一つひとつ順番に表示したい場合は [アニメーション] タブ→ [アニメーション] グループ→ [効果のオプション] から「個別」を選択しましょう（図5-19）。

一方で、レベルを設定してグループ化した箇条書きは、効果のオプションでは項目を一つひとつばらばらに表示することができません。

そこで、[アニメーション] グループのダイアログボックスを表示します。図5-20ではスライドインを利用しているため、スライドインのダイアログボックスが表示されます。タブを「テキストアニメーション」に切り替えます。「グループテキスト」の欄を、利用している階層レベルに合わせて変更します。変更前は「第1レベルの段落まで」となっているため、「ネットの仕組み・セキュリティを学ぶ」という項目と、その下位項目「自分の身は自分で守る」がまとまって動いていました。

階層レベルを「**第2レベルの段落まで**」に変更したことで、アニメーションの順序を示す番号も1と2になり、ばらばらになりました。

　ちなみに、[**アニメーション**] タブ→ [**アニメーションの詳細設定**] グループ→ [**アニメーションウィンドウ**] をクリックすると、画面右端に作業領域が表示されます。基本的な図形の重なり順を確認したり変更したりする際と同様に、この作業領域を活用すれば、細かなアニメーションの設定を行うことができるだけでなく、[**▶ ここから再生**] ボタンで設定したアニメーションを確認することもできます。

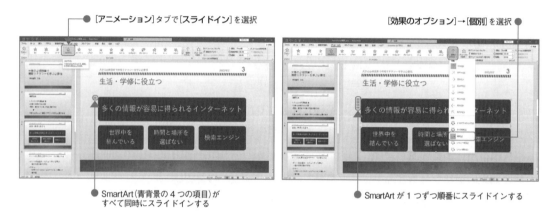

図5-19　SmartArtの効果のオプション適用

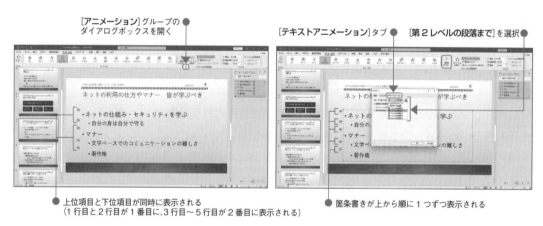

図5-20　グループテキスト設定変更

5.6 スライド提示

5.6.1　スライドショーの実行

　ここまでスライドの作成や組み立てについて学習しましたが、ここからは、いよいよ仕上がったスライドを使って発表を行う段階です。発表を行う際には、**スライドショー**という機能を使います。スライドショーとは、スライドを順番に、コンピュータ画面いっぱいに表示する機能です。発表中は、聞き手にスライドを見せる必要がありますから、多くの場合、コンピュータをプロジェクタという映写機に接続します。プロジェクタを使うとスクリーン上にコンピュータ画面を表示できます。しかし、コンピュータ画面をそのまま表示するとソフトウェアのメニューなども一緒に表示されてしまいますので、画面上がスライドだけになるようスライドショーを実行し、発表を行うわけです。

　PowerPoint 2016から、プロジェクタに接続した際、後述の［**発表者ツールを使用する**］にチェックが入っている場合は、自動的に手元のモニターには発表者ツールが表示されるようになりました。この場合は、手元のモニターにはスライドを切り替えるためのボタンなどが表示されるため、下記の操作をしなくても簡単にスライドを切り替えることができますが、以下では従来どおり手元の画面とプロジェクタ画面が同じ状態の場合の操作について説明します。

　スライドショーを実行するには、［**スライドショー**］タブ→［**スライドショーの開始**］グループ→［**最初から**］、または［**現在のスライドから**］をクリックします。あるいは、画面右下の［**スライドショー**］ボタン（標準／スライド一覧／閲覧表示に切り替えるボタンの隣にある）をクリックします。

　スライドショーでは画面全体がスライドになるためメニューなどは見えなくなりますが、以下の方法で次のスライドに切り替えることができます。

　　・マウスをクリックする
　　・[Enter]を押す
　　・[Space]を押す
　　・矢印キー（[↓][→]で進み、[↑][←]で戻る）を押す

　上記の方法でスライドを順に切り替えていき、最終スライドの次に表示される「スライドショーの最後です」という画面でさらに次に進もうとすると、自動的にスライドショーは終了し、元の画面に戻ります。途中で終了させたい場合には、[Esc]を押します。

■Advice

　スライドショー中の画面を切り替える方法には、この他に、マウスの右クリックを使う方法があります。スライドショー実行中に、**右クリック**→［**次へ**］、［**前へ**］、［**スライドショーの終了**］が選択できます。

5.6.2 発表者ツール

　発表者ツールには、発表時に役立つ機能がたくさんあります。発表者ツールを利用すると、聞き手に提示するプロジェクタ画面とは別に、手元のモニター上で、現在のスライドに対して聞き手の注意を引くための操作（レーザーポインター、スライド上にリアルタイムで記入できるペンの利用、任意の部分を拡大）や、発表に役立つ機能（ノートの参照、次のスライドの確認、スライドを一覧表示して確認）の活用ができます。

　発表時にこのツールを利用するには、あらかじめ［**スライドショー**］タブ→［**モニター**］グループで、［**発表者ツールを使用する**］にチェックを入れておく必要があります（図5-21上部）。発表者ツールを利用して、本番と同様の画面・操作で練習したい場合は、[Alt]＋[F5]を使うか、スライドショー中に右クリック→［**発表者ツールを表示**］で画面を切り替えます。発表者ツールでもタイマーが表示されていますが、次項のリハーサルで紹介するタイミングの記録機能はありません。

Attention

　発表者ツールへの切替のショートカットキー（[Alt]＋[F5]）はPCによって異なるので注意しましょう。

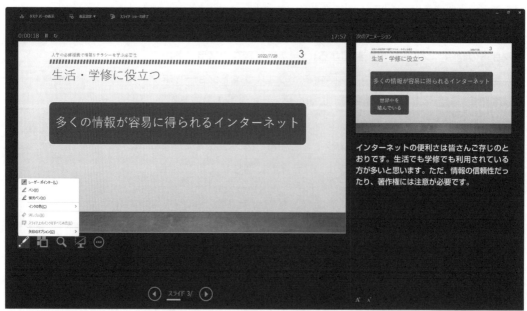

図5-21　発表者ツール

5.6.3 リハーサル

発表前には、もちろん練習が欠かせません。ある程度仕上げたスライドで、スライドショーを実行し、文字の大きさ、配色の確認、わかりづらい部分はないかなど、内容と見栄えの双方をチェックしましょう。また、スライドごとの説明内容を考え、実際に声に出して説明してみましょう。

このような練習の際に、スライドショーとは少し異なる機能である、リハーサルという機能を活用することもできます。リハーサルは、[**スライドショー**] タブ→ [**設定**] グループ→ [**リハーサル**] をクリックすると開始されます。リハーサルでは、スライドショーが実行されると同時に [**記録中**] ダイアログボックス（図5-22）が表示され、1枚のスライドにかかった時間やプレゼンテーション全体の時間などを計測してくれます。リハーサルを途中で終了するには、[**記録中**] ダイアログボックスの閉じるボタン（ ✕ ）をクリックするか、スライドショーと同様に [Esc] を押します。

リハーサル終了時には別のダイアログボックスが表示され、プレゼンテーションの所要時間が示されます。また、スライドを切り替えたタイミングを記録して使用するかを選択します。このダイアログボックスで [**はい**] を選択すると、次にスライドショーを行った際に、スライドが自動的に切り替わりますので注意が必要です。誤って [**はい**] を選択しリハーサルのタイミングがスライドショーに適用されてしまった場合は、[**スライドショー**] タブ→ [**設定**] グループ→ [**タイミングを使用**] のチェックボックスをオフにします。

5.6.4 スライドの非表示設定

スライドショーを実行したり、リハーサルを行った結果、このスライドは不要だと感じた場合、そのスライドを削除してしまう方法もありますが、削除せずに、スライドショーで表示されないようにする非表示設定を行うこともできます。

スライドを非表示にするためには、[**スライドショー**] タブ→ [**設定**] グループ→ [**非表示スライドに設定**] をクリックします。検討の結果、また表示させようと思った場合には、同じ操作をもう一度行うと非表示設定が解除されます。

非表示設定されたスライドは、サムネイルやスライド一覧の表示で、スライド番号に灰色で斜線が付きます。

Advice

このリハーサル機能では、タイミングだけでなく、（コンピュータ対応のマイクがあれば）声の録音も可能です。自分の説明や言葉遣いの客観的な検証に活用できます。

Advice

スライドの非表示は、アウトラインのサムネイル上、もしくは一覧表示で非表示にするスライド上で**右クリック**し [**非表示スライドに設定**] を選択することでも設定可能です。

図5-22 スライドショーの実行とリハーサル機能およびスライドの非表示設定

5.6.5 聞き手の立場からのスライドの構成
—よりよいプレゼンテーションのために—

　実際にプレゼンテーションを行うことになったら、話し手として練習を行って話しづらい部分を見つけ、文章やスライドの順番を入れ替えて構成を変更し、修正します。次に聞き手の立場になって検討を加えましょう。

　聞き手は、あなたの発表内容を、あなたの話す言葉、スライドの文字、図のすべてから総合的に判断します。スライドの見やすさなどはスライドを仕上げる過程ですでに確認しましたが、**話す内容や順番は聞き手によって変化させる**必要があります。なぜなら、聞き手がプレゼンテーションにどの程度興味を持つか、どこに疑問を持つか、どの点に重点を置いて聞くかは、聞き手の社会的な立場、地位、背景という要因によって変化するからです（鈴木・加藤，2008）。普段、皆さんが友人と会話しているときは、相手の反応や表情、興味関心を考えて話し

方を変え、会話内容を補足していると思います。しかし、プレゼンテーションの本番では、あらかじめ用意したスライドを本番中に変更することはできません。そこで、図5-23の発表以外の3領域（題材、説明・納得、スライド）について、**発表前に聞き手の立場に立って、しっかり準備する**必要があります。

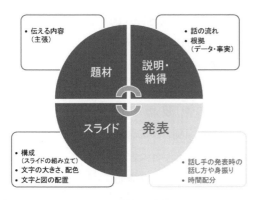

図5-23　プレゼンテーション時に留意する4領域

　この点について、鈴木・加藤（2008）は「プレゼンテーションの構成とは、聞き手が発するであろう声を自分の中に取り込みながら、内的に対話し、聞き手の声を理解の声へと組み替えていくための準備作業だと考えられる」と述べています。聞き手は、発表の間、「本当にそうなのか？」、「それはどういう理由から？」といった声を頭の中で発して聞いています。そのときタイミングよく話し手であるあなたが「それはこういう理由からです」と言い、聞き手が「なるほど」と納得すれば、その点については聞き手に理解されます。このような対話の声を、どのぐらい具体的に想像できるかによって、**聞き手の立場に立ったプレゼンテーションの構成**ができるかは変わります。

　それでは、具体的にはどのような聞き手の声を想像すればよいでしょうか。鈴木（2001）は、プレゼンテーションの授業において、商品開発を例に発表者と他者の関係性を次のように想定した練習を行っています。

（a）前向きな同僚・消費者

　「この商品はここがすばらしい、こうしたらもっと面白い。こんな風にも使える」

（b）悲観的な同僚（上司）

　「私はこの商品開発には反対だ。なぜなら〜だから。〜という社会背景があるから」

（c）理屈っぽい先輩

　「〜だということを論理だって説明してくれないと俺は納得しな

　図5-17は、図5-16からスライドの順番が変更されていることに気づいたでしょうか。「生活・学修に役立つ」のスライドで、「インターネットは便利だが、情報の信頼性や著作権に注意が必要」といった説明をするなら（図5-21ノート参照）、そのあとにマナーや著作権のスライドを置いたほうが流れが良くなることに気づき変更しています。信頼性もどこかに追加してもよいかもしれません。このように、スライドはいったん構成してデザインを付けて終わりではなく、何度も練習しながら、より伝わりやすい順番や説明、また、それに合わせた項目の追加などを繰り返して仕上げていきます。

いよ。説明が矛盾しているよ」

　（d）悲観的な消費者

　　「私はこの商品はいらない（不安だ）。なぜなら〜と思うから」

　（e）知りたがりの雑誌記者・新聞記者

　　「面白い紹介記事を書くために、〜について知りたい」

　もちろん声の主（聞き手）はここで挙げた立場に限定されるものではありません。このような声の主を一人で何役もこなすのは限界があるので、グループになってゲーム感覚でそれぞれの立場になりきって行うとよいでしょう。あなたが想像もしなかったような声が友達から聞けるかもしれません。発表内容をサポートするものや、反対に否定するものもあるでしょう。これらの声に対応しながら、聞き手の理解が増すようにスライドを再構成していければ、よりわかりやすく説得力あるものに仕上がるでしょう。このように**具体的に聞き手を想定しながらプレゼンテーションを作成する**過程で養われる想像力は、スライド作成、レポート作成に限らず、相手に何かを伝える伝達力、説得力として非常に役立ちます。

　例えば、図5-16で構成したスライドの場合、学ぶ必要があるのはわかったけれども、それが「なぜ大学の必修授業でなければならないの？」という他者の指摘（他者の声）が入る余地がありそうです。これに対して「現状の日本では情報リテラシーは、人によって高校までに学ぶ内容に差があるため、大学で必修科目として学ぶ必要がある」と回答できそうですね。そこで図5-16では「現状では高校までに学ぶ内容に差があるから」という項目を足してあります。

　そして最後は、決められた時間内に、自分の伝えたいことがきちんと伝わるよう、十分に練習をしておきましょう。

■コラム■　コメントの挿入

　スライド1枚1枚にコメントを付けることができます。それぞれの立場でのコメントを記入しておいてもらえば、スライドの精査に役立てることができます。

　コメントが記入されているスライドには、左上に吹き出しが表示されます。吹き出しをクリックすると、右端にコメント内容が表示されます。

　コメントを入力するには、[**校閲**] タブ→ [**コメント**] グループ→ [**新しいコメント**] をクリックします（図5-24）。

　図5-24　コメントの挿入

コメントウィンドウが表示され、コメントが追加できる

5.7 印刷

プレゼンテーション用ソフトウェアであるPowerPointにも印刷機能があります。ただし、何も設定せずに印刷すると、印刷用紙1ページに1枚のスライドが印刷され、スライドの枚数分の印刷が行われますから注意しましょう。スライドはレポートと異なり、大きめの文字で作成していますので、1枚の用紙に何枚かのスライドを縮小して印刷する「配布資料」という形態の方が、印刷枚数も少なく資料に適しているでしょう。ここでは、印刷対象の種類と設定について学びます。

5.7.1 印刷対象の設定

PowerPointでは印刷の際、印刷対象が選択できます。印刷対象には、「**フルページサイズのスライド**」、「**ノート**」、「**アウトライン**」、「**配布資料**」の4つがあります。さらに、配布資料では、印刷用紙1ページあたりに印刷するスライドの枚数を1，2，3，4，6，9枚に設定できます。

印刷対象の設定は、[**印刷**] ダイアログボックスで行います。

まず、[**ファイル**] タブ→ [**印刷**] を選択します。そのままではスライドが1枚大きく印刷される状態ですので、[**設定**] 欄の [**フルページサイズのスライド ▼**] をクリックし、印刷対象を選択します。印刷対象の詳細とイメージは図5-25を見てください。

選択した印刷対象に合わせて、印刷プレビューの表示が変更されますので、どの形態で印刷するのがよいか、また、スライド内に間違いや見づらい部分がないかどうか、よく確認をします。修正が必要な箇所が見つかったときはタブを切り替えて修正します。

最後に、プリンタやカラー、部数などを確認した上で [**OK**] をクリックすると、印刷を開始します。

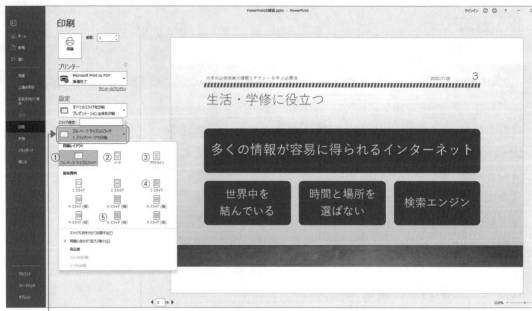

● [**フルページサイズのスライド ▼**]をクリックして、1 ページあたりのスライド枚数を選択

①フルページサイズのスライド

スライドそのままを印刷したい場合に選択
紙芝居のように 1 枚の紙に 1 スライドが印刷される

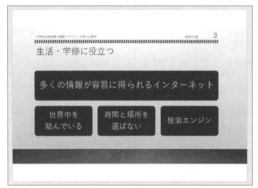

図5-25a　主な印刷対象の印刷プレビューと設定

②ノート

スライドと一緒にノートに記入したメモも印刷したい場合に選択

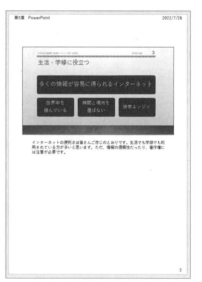

③アウトライン

スライドではなくコンテンツを廃して、
文字だけのアウトラインを印刷したい場合に選択

④配布資料（3スライド / ページ）

配付資料を作りたい場合に選択
印刷用紙1枚に印刷するスライド枚数を指定する
3スライドの場合、スライドの横に線の入ったメモ用の領域が印刷される

⑤配布資料（6スライド / ページ）

④の（3スライド / ページ）以外の「配布資料」では、
指定したスライド枚数が印刷用紙1枚に縮小されて並ぶ

●ヘッダーについて

②、③、④、⑤は、ヘッダー（「第5章 PowerPoint」という文字）が
左上に表示されています（ヘッダーについては5.5.4を参照）。
印刷画面からヘッダーを設定するには、[**ヘッダーとフッターの編
集**]→[**ヘッダーとフッター**]ダイアログボックス→[**ノートと配布
資料**]タブ→[**ヘッダー**]部分に文字を入力。

図5-25b　主な印刷対象の印刷プレビューと設定

　それでは、最後に、この章で学んだPowerPointのスライド作成の
プロセスを振り返って、その要点を示します。

▼スライド作成のプロセス

☑スライド作成

　　文字に加えて適度に図などのコンテンツを利用し、ベースとなるスライドを数枚作成します。

☑スライドの組み立て

　　プレゼンテーションを通して、自分が何を伝えたいのかを確認し、それが相手に明確に伝わるよう、スライドを構成します。

☑スライドを仕上げる

　　テーマを適用して、スライドの見栄えを変化させます。テーマによって変更になった文字の折り返しやフォント・配色を検討し、会場で映写した際に聞き手から見やすいかを考え、よりよく仕上げていきます。

☑スライド提示

　　スライドショーやリハーサルの機能を使ってスライドを提示し、会場で話す内容を頭に浮かべながら、スライドを確認します。この際、スライド全体やスライド内のリストなどが話しやすい順番になっているかなどを細かく確認していきます。

　　さらに自ら聞き手の立場になって、スライドの内容・見栄えの検討を重ねます。仕上がってきたら、発表者ツールを使ったより効果的な提示の方法を検討したり、説明方法を練習するのもよいでしょう。

☑印　刷

　　スライド提示で聞き手と話し手の双方の立場からスライドを検討し、でき上がったものを資料として印刷します。もちろん、一度スライド提示の行程で仕上げたスライドを自分用に印刷して、何度も繰り返し話す練習をするのもよいでしょう。

◆引用文献

三省堂編修所、2020『コンサイスカタカナ語辞典 第5版』、三省堂

鈴木栄幸・加藤浩、2008「プレゼンテーションの対話的構成過程に
　　関する事例研究」『メディア教育研究』第4巻第2号、pp.53-70

鈴木栄幸、2001「コラム5　対話としてのプレゼンテーション」
　　加藤浩著『文科系のための情報学シリーズ　プレゼンテー
　　ションの実際』、培風館、pp.35-48

第6章

Microsoft Access

合宿当日

やっと着いたァ〜

チェックインしてきますね！

ようこそ！

こちらの宿泊者名簿にサインしてください

オーナー

○○大学テニスサークルさんね…

カチカチ

あ

Excelでデータを管理していらっしゃるんですか？

いや、これはAccessだよ

アクセス？

たくさんのデータをコンピュータ上で管理するシステムだよ

6.1 データベース

この章では、データベースソフトMicrosoft Access 2021（以下、Access）を使い、データベースの基礎的な知識と、住所録作りを通じてデータベースの作り方を学びます。

6.1.1 データベースの基礎

データベースとは、たくさんのデータを、決められた基準やルールに基づいて集めたものです。例として、住所録を考えてみます。住所録は、ただ漠然と情報を集めたものではなく、「名前」や「住所」、「電話番号」、「メールアドレス」といった、必要と思われる情報が同じ順序や書式で整理してまとめられています。これが、データベースの最も基本的な概念です。

もし、住所録に登録する人数が10人程度なら、ちょっとした表で十分に管理できます。しかし、これが50人、100人と増えてきたらどうでしょう。もちろん、表で管理することは可能ですが、目的の情報を探すために表を上から下に順に探していくのでは、時間がかかる上にそもそも面倒です。

そこで、データをコンピュータ上で管理して、探したい情報を条件に応じて検索できるようにすれば、いくらデータが大量にあったとしても、すぐに必要な情報を取り出せます。これが、現在の一般的に知られているデータベースの姿です。

コンピュータを利用したデータベースは、最初に述べたようなデータの集合体である**データベース**と、そのデータベースを管理したり、ユーザーの必要な情報の取り出しを手伝ってくれる**データベース管理システム**で構成されています。この章で使用するAccessも、データベース管理システムの一種です。

データベースは、一般の人にはあまり関係ないように思えるでしょう。しかし、実際には多くの人が日常的にデータベースを利用しているのです。例えば、インターネットの通販サイトでは商品を名前や値段で検索したり、ある商品を選ぶと関連する商品を紹介してくれます。こういった仕組みは、実はデータベースによって管理されているのです。

6.1.2 リレーショナルデータベース

　コンピュータを利用するデータベースには、データの管理方法が異なる、様々な方式が存在します。その中でも、最も広く使われているのが、**リレーショナルデータベース（関係データベース）**です。リレーショナルデータベースは、データを表で管理し、データの一貫性を保つと同時に、データの検索や更新といった操作ができる仕組みです。

　リレーショナルデータベースではデータをカテゴリー分けして複数の表で管理します。例えば、様々なデータを含むホテルの宿泊状況管理データベースでは、顧客データや予約データなどの種類別に分けて、データを更新しやすくしてデータを管理します。そのため、抽出したい情報が、必ずしも同じ表には存在せず、いくつかの表に分かれている可能性もあるのです。

　複数の表に存在するデータを取り出すときに、ユーザーが表を一つひとつ検索するのは、効率的とは言えません。そこで、リレーショナルデータベースでは必要なデータを指定すると、複数の表からデータ選び出して1つの表として関連するデータを取り出す機能があります（図6-1）。

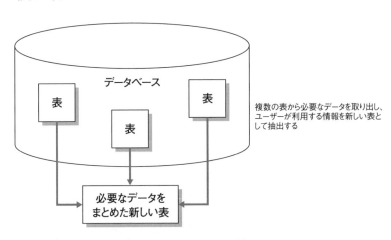

複数の表から必要なデータを取り出し、ユーザーが利用する情報を新しい表として抽出する

図6-1　リレーショナルデータベースの大まかな仕組み

　リレーショナルデータベースは、大量のデータを効率よく管理できるので、業務用途では最も普及しているデータベース管理システムです。個人が使うには規模が大きすぎるかもしれませんが、仕事でたくさんのデータを管理するなら、リレーショナルデータベースは不可欠と言えるでしょう。リレーショナルデータベースの知識は、将来きっと役に立つはずです。

　なお、この章では特に断りがない限り「データベース」と言えば「リレーショナルデータベース」を表すことにします。

6.2 Access の基本操作

ここでは、Accessの基本的な操作方法と入力方法について解説します。

6.2.1　Access でできること

Accessは、リレーショナルデータベース管理システムです（図6-2）。たくさんのデータをいくつもの**テーブル（表）**によって管理することができます。テーブルには、表の列にあたる**フィールド**があり、一連の関連するデータを行としてまとめたものが**レコード**です。

ユーザーが、データベースに対してデータの抽出や更新などの問い合わせを行うために使うのが、**クエリ**です。例えば、データベースからデータを抽出するには、クエリに取り出したいデータの条件を定義し、そのクエリを実行する必要があります。

データベースにレコードを登録するには、通常はデータベースに関する知識が必要です。しかし、実際のデータベース運用では、レコードの登録を行うのは、必ずしもデータベースに詳しい人ばかりではありません。そこで、Accessには簡単にレコードを登録できる画面、つまり**フォーム**を作成することが可能です。なお、フォームではデータの入力だけでなく、データの抽出や抽出したデータの加工、印刷などを行うこともできます。

一方、データベースから抽出されたデータは、通常はシンプルなデータの羅列にすぎません。クエリによって抽出されたデータやテーブルを見やすくレイアウトし、印刷できるのが**レポート**です。

本書では触れませんが、他にもAccessには様々な作業を自動化することが可能な**マクロ**や、プログラミング言語でAccessの機能を拡張する外部プログラムを作れる**モジュール**といった、高度な機能も用意されています。

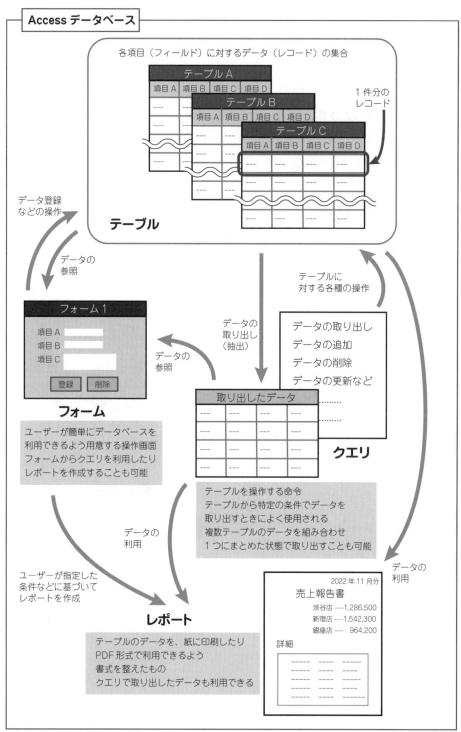

※そのほか Access では、マクロ、モジュールなども利用できますが、本書での説明は割愛します。

図6-2　Accessの構成要素

6.2.2　Accessの起動

　［**スタート**］ボタン（　　）をクリックすると、スタートメニューが表示されます。［**ピン留め済み**］の項目に［**Access**］がない場合は、メニュー画面の右上にある［**すべてのアプリ**］をクリックし、「**A**」の項目にある［**Access**］を選択して起動します（図6-3）。

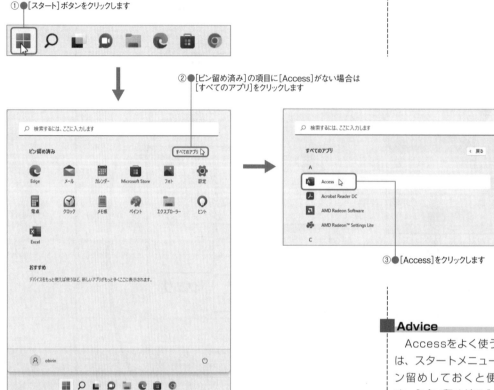

図6-3　Accessの起動

Advice

　Accessをよく使う場合は、スタートメニューにピン留めしておくと便利です。［**ピン留め済み**］の右側にある［**すべてのアプリ**］をクリックし、「**A**」の項目にある［**Access**］を右クリックするとメニューが表示されるので、［**スタートにピン留めする**］をクリックします（図6-4）。

図6-4　スタートメニューにピン留めする

6.2.3 Accessの画面構成

　Accessの画面は、図6-5のようになっています。表6-1は、画面を構成する各部分についての説明です。この画面は、**データシートビュー**と呼ばれており、Excelのデータシートのような画面でテーブルにフィールドを定義したり、データを入力することができます。

図6-5　Access 2021の画面構成

表6-1　Access 2021の画面を構成する要素

名称	機能
① ［ファイル］タブ	ファイルを開く、保存する、印刷するといった基本的なコマンドを呼び出すときに使用するBackstageビューを表示します
②クイックアクセスツールバー	よく使うコマンドを登録できます
③タブ	目的ごとのコマンドボタンをまとめています
④リボン	目的の操作ごとに分かれたタブと、その中でグループ化されたコマンドボタンが並んでいる部分です 解像度・ウィンドウの大きさによってコマンドボタンの形状が変わります
⑤テーブル名	データベースを構成するテーブルの名前がタブに表示されます タブをクリックすることで、表示するテーブルを切り替えることが可能です
⑥フィールド名	テーブルの各フィールドの名前が表示されます
⑦ナビゲーションウィンドウ	テーブル、クエリ、フォームなど、Accessのデータベースオブジェクトの一覧が表示されます
⑧ドキュメントウィンドウ	テーブルやクエリなどのデータベースオブジェクトが表示されます
⑨ステータスバー	現在の状態や、補足説明が表示されます

Hint

　ナビゲーションウィンドウは、不要なときは ≪ をクリックすることで閉じることができます。また、ナビゲーションウィンドウ内のリストの項目は、⌃ をクリックすることで、折りたたむことが可能です。

6.1.2でも述べたように、Accessは複数のテーブルによってデータを管理するリレーショナルデータベースです。データシートビューでは、タブで複数のテーブルを簡単に切り替えて表示できるようになっています。テーブルの一覧はナビゲーションウィンドウにも表示されているので、テーブル名をクリックするだけで表示したいテーブルを呼び出すことも可能です。

6.2.4　データベースオブジェクト

先に述べたテーブル以外にも様々なデータでAccessのデータベースは構成されます。このようなAccessのファイルを構成する要素を、**データベースオブジェクト**と呼びます。データベースオブジェクトには、**テーブル、クエリ、フォーム、レポート、マクロ、モジュール**の6種類があります。

6.2.5　Access の終了

Accessを終了するにはタイトルバーの閉じるボタン（ ✕ ）をクリックします（図6-6）。Accessを終了せずに、データベースだけを閉じたい場合は、ファイル（[**ファイル**] タブ）→ [**閉じる**]をクリックしてください。データベースオブジェクトの変更を保存せずにデータベースを閉じようとすると、確認のダイアログボックスが表示され、データベースオブジェクトを保存できます。

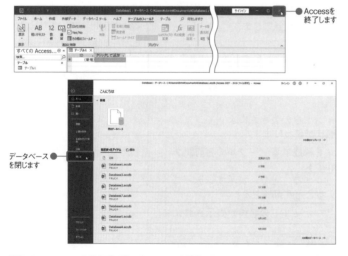

図6-6　Accessの終了とデータベースを閉じる

6.3
テーブル作成

　ここからは、Accessで「テニス部合宿名簿」を作りながら、データベースの仕組みについて学んでいきましょう。

6.3.1　データベースを作る

　リレーショナルデータベースが、複数のテーブルで構成されていることは、6.1.2でも説明しました。リレーショナルデータベースにおいて、「データベースを作る」ということは、データの集合体であるデータベースそのものを作るという意味の他に、テーブルの「入れ物」としてのデータベースを作る、という意味があるのです。ここでは、テーブルの「入れ物」であるデータベースの作り方について、説明しましょう。

　Accessを起動すると、図6-7のような画面が表示されます。新しいデータベースを作るには、[**空のデータベース**]をクリックします。ファイル名を入力して[**作成**]ボタンをクリックすると、新しい空のデータベースが作成されて、図6-5のような画面が表示されます。

Attention

　Office 2021のインストール方法やアップデートのタイミングの違いによって、起動時などの画面が異なります。

　そのため、本文の説明に用いられている図6-7のような起動時の画面や、図6-8のようなBackstageビューのアイコンやメニューが異なる場合があります。

①●[空のデータベース]をクリックします

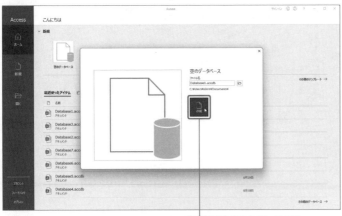

②●[作成]ボタンをクリックします

図6-7　新規データベースの作成（1）

243

すでに何かのデータベースを開いている状態で、他に新しくデータベースを作りたいという場合には、 ファイル （[ファイル] タブ）をクリックして、[新規] をクリックしましょう（図6-8）。この方法でも、新しいデータベースの作成が可能です。

● [新規]をクリックします

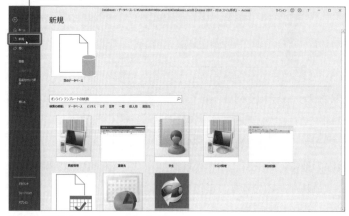

図6-8　新規データベースの作成（2）

6.3.2　テーブルを作る

新しくデータベースを作成した場合は、必ず最初にテーブルが1つ用意されています。したがって、今回の「テニス部合宿名簿」の作成では新たにテーブルを作る必要はありません。しかしながら、6.5で扱うリレーションシップでは、複数のテーブルが必要になりますので、ここでテーブルの作り方を説明します。

新しくテーブルを作るには、[**作成**] タブ→ [**テーブル**] グループ→ [**テーブル**] ボタンをクリックします。テーブル名のタブに、新しいテーブルが作成されるのを確認してください。ナビゲーションウィンドウにも、新しいテーブルが追加されます（図6-9）。

①● [作成]タブをクリックします　　　　　　　　　　　　　● 新しいテーブルが追加されます

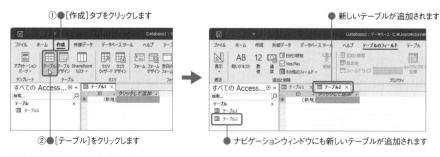

②● [テーブル]をクリックします　　　　● ナビゲーションウィンドウにも新しいテーブルが追加されます

図6-9　新規テーブルの作成

6.3.3 テーブルの構成

Accessの画面を見てもわかるように、テーブルは表のようなものです。このテーブルにデータベースを構成する、いろいろなデータを格納していきます。

テーブルの構成を理解するために、例として表6-2を見てください。

表6-2 学生名簿

学生番号	氏名	住所	電話番号
e2020a055	日野　謙一	大山市武川町2-71-2	090-1111-XXXX
e2020m104	大野　里子	黒川市谷川2-15	090-8888-XXXX
e2021b003	石井　たかし	東大名村5289-14	090-3333-XXXX
p2021a031	竹田村　国造	大山市武川町1-7-1	03-7777-XXXX

この表を、データベースのテーブルと考えた場合、「学生番号」「氏名」「住所」「電話番号」といった、それぞれの列を**フィールド**と呼びます。表における行に該当する部分、つまり学生名簿の1件分のデータが**レコード**です（図6-10）。

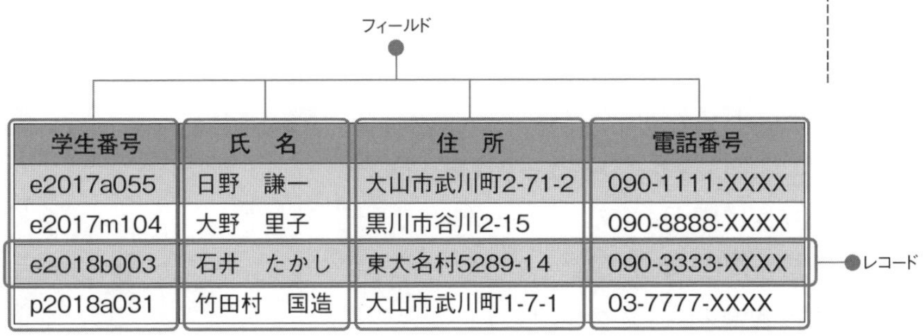

図6-10　テーブルの構成

テーブルにこのようなデータを格納するには、フィールドを作成して、それぞれのフィールドにどのようなデータが入るかを定義する必要があります。

6.3.4　主キー

テーブルにフィールドを定義する前に、知っておかなければならないのが、主キー（primary key）という考え方です。**主キー**とは、簡単に言うと「あるテーブルの中で、各レコードをただ1つに特定できるフィールド」を意味します。したがって、主キーに設定されたフィールドのすべての値は、互いに異なる必要があります。テーブルにフィールドを定義する場合は、その中に必ず1つ主キーを設定します。ただし、主キーを構成するフィールド自体は1つとは限りません。2つ以上のフィールドを組み合わせて主キーとすることも可能であり、こ

のような主キーは特に複合キーと呼ばれます。

　主キーについて理解するために、表6-2で説明します。表6-2のそれぞれの見出し（フィールド）のうち、一見すると「氏名」は主キーになれそうです。しかし、世の中には同姓同名の人もいるため、ある「氏名」と一致するデータを検索した場合に、複数のデータが抽出されてしまう可能性があります。同じ理由で、「住所」と「電話番号」も主キーにはなり得ません。名簿に掲載されている人の中に、兄弟姉妹や双子など、同じ住所や電話番号を共有している人がいる可能性もゼロではないのです。

　したがって、先ほどの例で主キーとなり得るのは「学生番号」のフィールドということになります。一般的に、「学生番号」とはある学生を特定するための仕組みですから、過去や未来にさかのぼったとしても、複数の学生に同じ番号が割り当てられることはありません。このように主キーとは、そのテーブルの各レコードを識別する機能を持つフィールドであり、特に、複数のテーブルを組み合わせて利用する場面などで、重要な役割を果たします。

6.3.5　フィールドの定義

　それでは、テーブルにフィールドを定義してみましょう。フィールドを定義する前に、Accessの画面を**デザインビュー**に変更することにします。画面右下の［**デザインビュー**］ボタンをクリックして、デザインビュー画面に切り替えてください。データシートビューでもフィールド名やデータ型を指定できますが、フィールドプロパティのような詳細設定はデザインビューから行います。なお、画面切り替え時にテーブルを保存するように指示されますので、テーブルを保存しておきます。テーブル名は後から変更できるので、ここではデフォルトの「テーブル1」のままで構いません（図6-11）。

①●画面右下の[デザインビュー]ボタンをクリックします

②●テーブルに名前を付けます

③●[OK]ボタンをクリックすると、テーブルが保存されます

デザインビュー表示に変わります

図6-11　デザインビューに切り替える

テーブルを作ると、最初から自動的に「**ID**」というフィールドが用意されます。この「ID」フィールドは、あらかじめ主キーとして設定されており、主キーであることを示す鍵のアイコンが左に表示されています。ここではこれを「**学生番号**」に変更することにします。

具体的には、フィールド名の項目に「学生番号」と入力して、「データ型」項目の右端にある☑をクリックしてデータ型を変更するだけです。ここでは、データ型に「短いテキスト」を選びます。データ型を変更すると、画面下の「フィールドプロパティ」の記載が自動的に変更されることに注意してください（図6-12）。

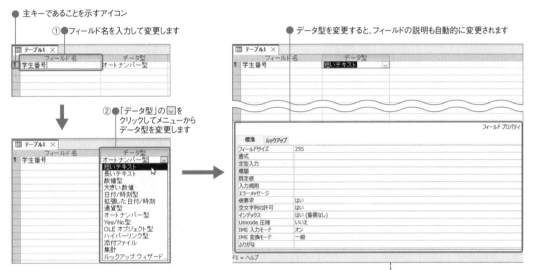

図6-12　フィールド名とデータ型を変更する

フィールドに入るデータは、文字列や数値など様々です。フィールドを作成する際には、そのフィールドにどのような種類のデータを入力するかをあらかじめ決めておかなくてはなりません。データ型は、各フィールドに入力するデータの値の種類を表します。次に、Accessで使用される主なデータ型を紹介します（表6-3）。

表6-3　Accessで使用される主なデータ型

データ型名	内容
短いテキスト	短い文字列や、電話番号などの計算の必要がない数字列（最大255字）
長いテキスト	ある程度長い文字列や数字の列に使用
数値型	集計など計算の必要がある数値（ただし、日付や時刻、通貨は除く）
日付／時刻型	日付と時刻
通貨型	値段など通貨の値
オートナンバー型	連続した番号か、ランダムな数字列が自動的に挿入
Yes／No型	YesまたはNo、TrueまたはFalseといった二者択一のデータ
OLEオブジェクト型	OLEを利用して、WordやExcelなどのデータを呼び出す場合に使用
ハイパーリンク型	UNCまたはURLを用いたハイパーリンク

今度は、新しいフィールドを追加してみましょう。図6-13のとおり、作成した「学生番号」フィールドの下の、「フィールド名」に「氏名」と入力します。続いて、その右側の「データ型」の ☑ をクリックして、メニューからデータ型を選んでください。この調子で、残りのフィールドも作成します。なお、データ型はすべて「短いテキスト」を選択します。

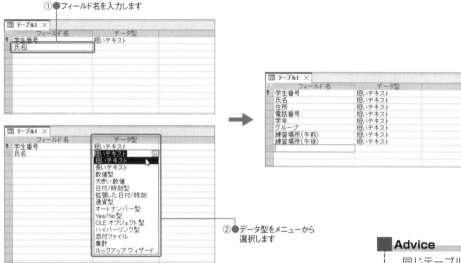

図6-13　フィールドの追加

フィールドの詳細な設定は、画面下の「フィールドプロパティ」で調整可能です。画面上で設定したいフィールドを選択すると、画面下のフィールドプロパティに詳細な内容が表示されます。

例として、「学生番号」フィールドを選択してみましょう。表6-2を見るとわかるように、学生番号は9文字です。そこで、フィールドプロパティで「フィールドサイズ」を「9」に設定すれば、「学生番号」フィールドには9文字までしか入力できなくなります。誤入力を防ぐために、「フィールドサイズ」を「9」にしてもいいでしょうし、将来的な仕様変更を考慮して余裕を持たせた数字を設定してもいいでしょう（図6-14）。

また、フィールドプロパティの中には**IME入力モード**という項目があります。この項目を「オフ」にすると、IMEがオンになっていても、フィールドにデータを入力するときには自動的にIMEをオフにすることが可能です。例えば、学生番号は半角の英数字で構成されているので、IMEを自動的にオフにします。これで、データを入力するときにカーソルを「学生番号」に移動すると、自動的に入力モードが「半角英数」に切り替わります。「電話番号」フィールドも同様に、フィールドサイズを「13」に設定し、「IME入力モード」を「オフ」にします。

Advice

同じテーブルでは、同一のフィールド名を複数使用することはできません。

Advice

データベースは大量のデータを管理するものなので、フィールドのデータ型を決めるときは、目的に合わせて、必要最小限のものを選ぶのが望ましいと考えられます（データ管理上の無駄をなくすため）。例えば、文字によるデータを格納するときは、短いテキスト型と長いテキスト型の両方を使用できますが、データが255字を超えることが絶対にない場合は、短いテキスト型を選択することをお勧めします。

また、通貨（お金）に関する計算を行うときは、数値型ではなく、計算による誤差が出にくいように設定された通貨型を使用した方がよいでしょう。

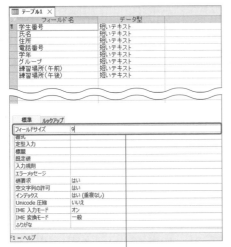

● フィールドに入力される内容が半角数字やアルファベット
のみなら、「IME入力モード」を「オフ」にすることで、誤入力
を防ぐことも可能です

● フィールドサイズを指定すれば、格納される
データの最大値を指定できます

図6-14　フィールドプロパティの設定（フィールドサイズとIME入力モード）

　他にも、フィールドプロパティを使えば、あるフィールドに入力されたデータの「ふりがな」のフィールドを自動的に作成できます。図6-15に、例として「氏名」のふりがな用のフィールドを新規に作成する手順を示します。

　ふりがなを振りたいフィールドを選んで（ここでは、「氏名」フィールドを選びます）、フィールドプロパティの「ふりがな」の … をクリックしてください。この際、テーブルの保存を促すメッセージが表示されることがありますが、その場合は指示に従って保存してください。

　［**ふりがなウィザード**］画面が表示されるので、「ふりがなの入力先」であらかじめ用意したフィールドにふりがなのデータを格納するか、新しいフィールドを作って、そこにふりがなのデータを格納するかを選んでください。新規にふりがな用のフィールドを作成する場合は、そのフィールド名を設定できます。また、ふりがなの文字種を全角／半角カタカナ、あるいはひらがなで指定可能です。

　設定が終わったら、［**完了**］ボタンをクリックしましょう。再度、「変更してよろしいですか？」という確認画面が表示されるので、問題がなければ［**OK**］ボタンをクリックしてください。以上の手順で、ふりがなを格納するフィールドが、新たに作成されます。

■ Attention

　本書では、Accessのバージョン2108でふりがなウィザードの動作を確認していますが、この機能は最新バージョンでうまく動作しないことがあります。その場合は、251ページのコラムを参考にふりがなの自動入力を設定してください。

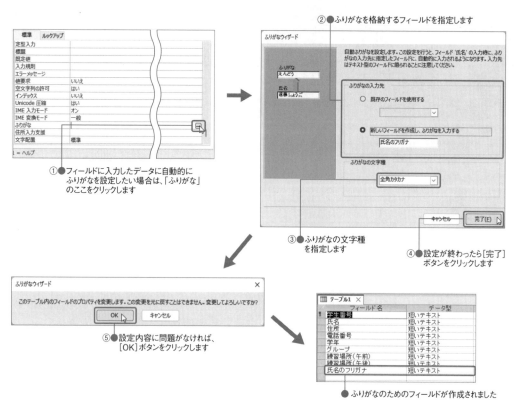

① ●フィールドに入力したデータに自動的に
ふりがなを設定したい場合は、「ふりがな」
のここをクリックします

② ●ふりがなを格納するフィールドを指定します

③ ●ふりがなの文字種
を指定します

④ ●設定が終わったら[完了]
ボタンをクリックします

⑤ ●設定内容に問題がなければ、
[OK]ボタンをクリックします

●ふりがなのためのフィールドが作成されました

図6-15　フィールドプロパティの設定（ふりがな）

　なお、ここで作成されたふりがなのフィールドは、テーブルの末尾
に追加されています。「氏名」フィールドのふりがなですから、「氏名」
フィールドの隣に置きたいところです。

　フィールドの左端部分をマウスでクリックすると、マウスポインタの
右下に四角い枠が表示されます。これで、フィールドをドラッグして移
動できるようになるので、フィールドを移動してください（図6-16）。

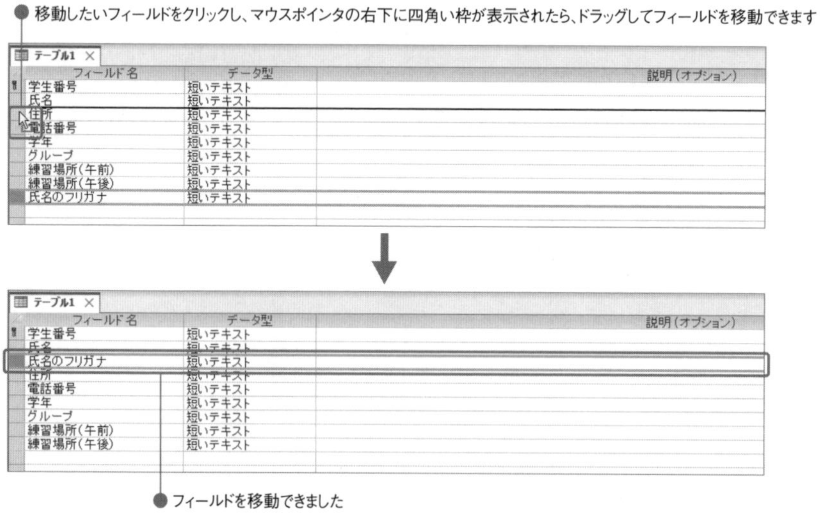

● 移動したいフィールドをクリックし、マウスポインタの右下に四角い枠が表示されたら、ドラッグしてフィールドを移動できます

●フィールドを移動できました

図6-16　フィールドの移動

■コラム■　ふりがなウィザードを使わずにふりがなの自動入力を設定する

　6.3.5では、**ふりがなウィザード**を使って、氏名のふりがなを簡単に入力する方法を解説しました。実は、このふりがなウィザードを使用しなくても、あるフィールドに入力したデータのふりがなを別のフィールドに自動的に入力できます。このコラムでは、ふりがなウィザードを使わずに、氏名のふりがなを別のフィールドに自動入力できるようにする方法を解説します。

　まず、デザインビューで、あらかじめ「氏名」フィールドのふりがなを表示する「氏名のフリガナ」フィールドを作成しておきます。

　次に、「氏名」フィールドを選択し、フィールドプロパティの「ふりがな」に「氏名のフリガナ」と直接入力します。「氏名」フィールドにデータを入力した際に、連動してふりがなを表示したいフィールドの名前を入力するのです。

　さらに、「氏名のフリガナ」フィールドのフィールドプロパティを開き、IME入力モードを「全角カタカナ」に設定します。これで、ふりがなウィザードを使って設定したときと同じように「氏名」フィールドにデータを入力すると、自動的に「氏名のフリガナ」フィールドに全角カタカナでふりがなが入力されます（図6-17）。

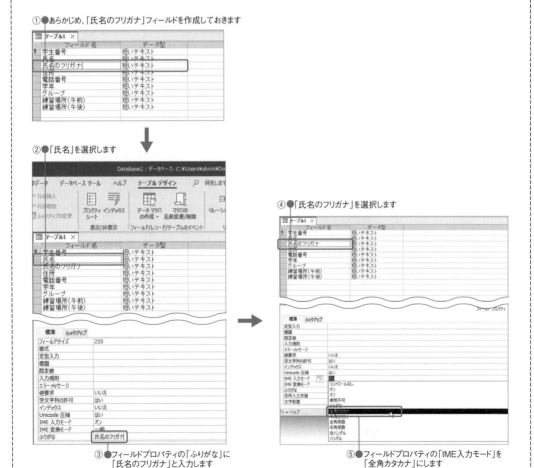

図6-17　ふりがなの設定

6.4
データの入力と抽出

作成したテーブルにデータを入力したり、データ入力済みのテーブルから、必要なデータ（レコード）を抽出する方法を学びます。

6.4.1 テーブルにデータを入力

前節までに作成したテーブルに、次の表6-4のようなデータを入力することにします。

表6-4 テニス部合宿名簿データ

学生番号	氏名	住所	電話番号	…
e2020a055	日野　謙一	大山市武川町2-71-2	090-1111-XXXX	…
e2020m104	大野　里子	黒川市谷川2-15	090-8888-XXXX	…
e2021b003	石井　たかし	東大名村5289-14	090-3333-XXXX	…
p2021a031	竹田村　国造	大山市武川町1-7-1	03-7777-XXXX	…
p2022a020	沢村　宏達	大山市上野原町3-9-3	03-4444-XXXX	…
s2020m112	山内　士郎	黒川市花通り1-7	090-2222-XXXX	…
s2021a002	朱野川　創二	黒川市花通り1-6	090-9999-XXXX	…
s2021a082	仲岡　沙保里	黒川市花通り3-6	090-5555-XXXX	…
s2022b077	工藤　道泰	大山市武川町2-54-4	03-6666-XXXX	…

それでは、データを入力してみましょう。もし、Accessの画面が**デザインビュー**になっている場合は、画面右下のアイコンをクリックして、**データシートビュー**に変更してください（図6-18）。

● ［データシートビュー］アイコンをクリックして、
　データシートビューに切り替えます

図6-18 デザインビューからデータシートビューへの切り替え

データシートビューに変更したら、Excelのデータシートにデータを入力するのと同じ要領で、データを入力します。「氏名」フィールドに名前を入力すると、そのときに変換に使用した文字が、カタカナで「氏名のフリガナ」フィールドに入力されるのを確認してください。なお、「氏名のフリガナ」フィールドは、手動でデータを入力することも可能なので、フリガナの修正・変更ができます（図6-19）。

■Advice

フリガナは変換に使用した文字が自動で入力されるため、とりわけ人名や地名などは必ずしも正確とは限りません。フリガナが正確に入力されているかどうかを、きちんと確認するようにしましょう。

●「氏名」フィールドを入力すると、
自動的に「氏名のフリガナ」フィールドに
フリガナが入力されます

図6-19　フリガナが自動的に入力される

また、「IME入力モード」がオフに設定されている「学生番号」や「電話番号」フィールドでは、自動的に入力モードが「半角英数」に切り替わることも確認してください。すべてのデータを入力し終えると、図6-20のようになります。

学生番号	氏名	氏名のフリガナ	住所	電話番号	学年	グループ	練習場所(午前)	練習場所(午後)
e2020a055	日野　謙一	ヒノ　ケンイチ	大山市武川町2-71-2	090-1111-XXXX	3	A	西コート	東コート
e2020m104	大野　里子	オオノ　リコ	黒川市谷川2-15	090-8888-XXXX	3	B	東コート	西コート
e2021b003	石井　たかし	イシイ　タカシ	東大名村5289-14	090-3333-XXXX	2	B	東コート	西コート
p2021a031	竹田村　国造	タケダムラ　クニックリ	大山市武川1-7-1	03-7777-XXXX	2	A	西コート	東コート
p2022a020	沢村　宏達	サワムラ　コウタツ	大山市上野原町3-9-3	03-4444-XXXX	1	A	西コート	東コート
s2020m112	山内　士郎	ヤマウチ　シロウ	黒川市花通り1-7	090-2222-XXXX	3	B	東コート	西コート
s2021a002	朱野川　創二	アケガワ　ソウジ	黒川市花通り1-6	090-9999-XXXX	2	B	東コート	西コート
s2021a082	仲岡　沙保里	ナカオカ　サオリ	黒川市花通り3-6	090-5555-XXXX	2	A	西コート	東コート
s2022b077	工藤　道泰	クドウ　ミチヤス	大山市武川町2-54-4	03-6666-XXXX	1	B	東コート	西コート

図6-20　テーブルへのデータ入力が完了した

6.4.2　レコードの並べ替え

テーブルに入力されたデータのうち、1行分のデータ（本書の例なら、「e2020a055、日野　謙一、ヒノ　ケンイチ、…」の1行）が「レコード」です。図6-20のテーブルでは、主キーの値の順番で並んでいます。

図6-21に示すように、ある1つのフィールドを基準として、レコードを並べ替えるには、基準となるフィールドを選択して、[ホーム]タブ→[並べ替えとフィルター]グループ→[昇順]ボタン、または[降順]ボタンをクリックしてください。他にも、並べ替えの基準にしたいフィールド名の右にある　をクリックして、メニューから[昇順で並べ替え]または[降順で並べ替え]をクリックする、という方法もあります。なお、並べ替えを解除するには、[ホーム]タブ→[並べ替えとフィルター]グループ→[並べ替えの解除]ボタンをクリックしてください。

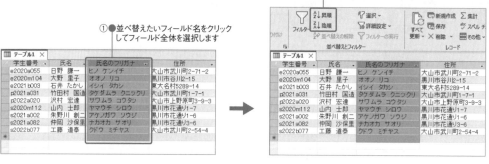

① ●並べ替えたいフィールド名をクリック
してフィールド全体を選択します

② ●[昇順]ボタン、または[降順]ボタンをクリックします

並べ替えを解除するには

フィールド名の右にある ▼ をクリックして、メニューから ●
[昇順で並べ替え]または[降順で並べ替え]をクリックしても可

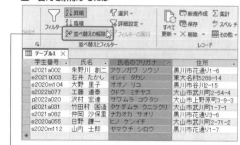

● [並べ替えの解除]ボタンをクリック

図6-21　フィールドの並べ替え

　複数のフィールドを使って並べ替えを行うには、[**ホーム**] タブ→ [**並べ替えとフィルター**] グループ→ [**詳細設定（高度なフィルターオプション）**] をクリックし、メニューから [**フィルター/並べ替えの編集**] を選択します（図6-22）。

①●詳細設定（高度なフィルターオプション）]をクリックします

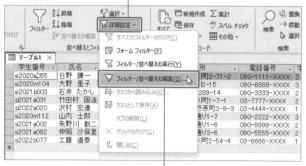

②●メニューから[フィルター/並べ替えの編集]を選びます

図6-22　複数のフィールドで並べ替え（1）

　[**フィルター/並べ替えの編集**] を選ぶと、[**（テーブル名）フィルター1**] というタブが開きます。このタブの画面下にある「**フィールド:**」で、並べ替えに使いたいフィールドの1つを指定します。「**並べ替え:**」では、昇順か降順かを指定します。さらに、その右隣の列に同じように並べ替えに使いたいもう1つのフィールド名と昇順か降順かを指定してください。条件の設定が終わったら、[**ホーム**] タブ→ [**並べ替え**

とフィルター]グループ→[フィルターの実行]をクリックします。これで、設定した条件によるレコードの並べ替えが実行されます（図6-23）。

　なお、複数のフィールドを指定して並べ替えを行う場合は、指定した順で優先順位が設定される仕組みです。具体的には、2つのフィールドを指定した場合、最初に指定したフィールドで並べ替えを行い、続いてもう1つのフィールドで並べ替えを実行します。

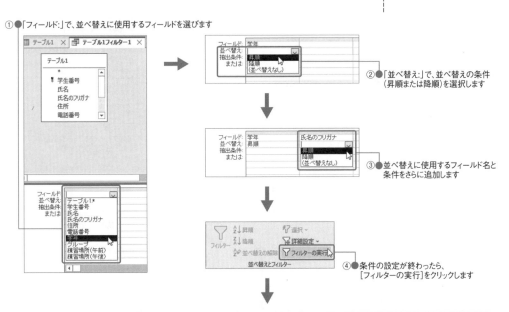

①●「フィールド:」で、並べ替えに使用するフィールドを選びます

②「並べ替え:」で、並べ替えの条件（昇順または降順）を選択します

③●並べ替えに使用するフィールド名と条件をさらに追加します

④●条件の設定が終わったら、[フィルターの実行]をクリックします

設定した条件（「学年」の小さい順で同学年ならば「氏名のフリガナ」の辞書順）で並べ替えが完了します

図6-23　複数のフィールドで並べ替え（2）

6.4.3　テーブルを拡張する

　ここまで、6.3で作成したテーブルを用いて説明を行ってきましたが、テーブルをいったん作成した後に、フィールドを追加したくなる場合もあるでしょう。そのような場合は、画面をデザインビューに切り替えて、[**テーブルデザイン**]タブ→[**ツール**]グループ→[**行の挿入**]でフィールドを追加することができます。フィールドを追加したら、データを入力するためにデータシートビューに画面を切り替えておきます。なお、ここでは「住所」フィールドを「住所01」フィールドに名称変更して「住所02」フィールドを「住所01」の下に挿入します（図6-24）。同様に、「年齢」フィールドを氏名のフリガナの下に挿入します。「年齢」フィールドのデータ型は「数値型」を設定します。

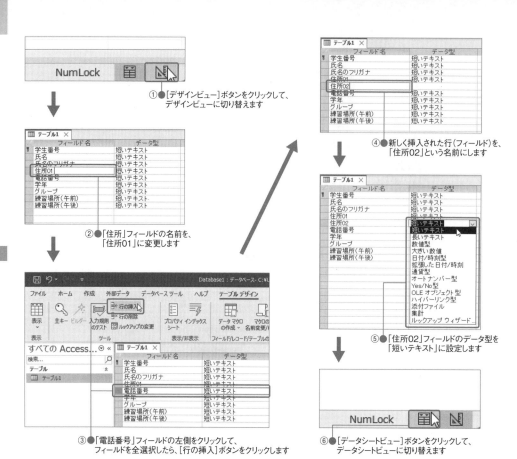

①●[デザインビュー]ボタンをクリックして、デザインビューに切り替えます

②●「住所」フィールドの名前を、「住所01」に変更します

③●「電話番号」フィールドの左側をクリックして、フィールドを全選択したら、[行の挿入]ボタンをクリックします

④●新しく挿入された行（フィールド）を、「住所02」という名前にします

⑤●「住所02」フィールドのデータ型を「短いテキスト」に設定します

⑥●[データシートビュー]ボタンをクリックして、データシートビューに切り替えます

図6-24　テーブルの拡張（1）

　新たに作成した「住所02」フィールドには、「住所01」フィールド（旧「住所」フィールド）の後半部分を入力してください。また、「年齢」フィールドには図6-25のデータを入力します。

●「住所01」フィールドと、「住所02」フィールドの内容

学生番号	氏名	氏名のフリガナ	年齢	住所01	住所02	電話番号
e2020a055	日野 謙一	ヒノ ケンイチ	21	大山市	武川町2-71-2	090-1111-XXXX
e2020m104	大野 里子	オオノ リコ	21	黒川市	谷川2-15	090-8888-XXXX
e2021b003	石井 たかし	イシイ タカシ	20	東大名村	5289-14	090-3333-XXXX
p2021a031	竹田村 国造	タケダムラ クニヅクリ	20	大山市	武川町1-7-1	03-7777-XXXX
p2022a020	沢村 宏達	サワムラ コウタツ	19	大山市	上野原町3-9-3	03-4444-XXXX
s2020m112	山内 士郎	ヤマウチ シロウ	21	黒川市	花通り1-7	090-2222-XXXX
s2021a002	朱野川 創二	アケノガワ ソウジ	20	黒川市	花通り1-6	090-9999-XXXX
s2021a082	仲岡 沙保里	ナカオカ サオリ	19	黒川市	花通り3-6	090-5555-XXXX
s2022b077	工藤 道泰	クドウ ミチヤス	18	大山市	武川町2-54-4	03-6666-XXXX
*			0			

●「年齢」フィールドの内容　データ型は「数値型」

図6-25　テーブルの拡張（2）

6.4.4 レコードの抽出

テーブルから、条件を指定してレコードを抽出する方法は、大きく分けて3種類あり、目的に合わせて選択可能です。

レコード抽出のうち、最も簡単なのはフィールド名の右にある ▼ をクリックして表示されるメニューから、抽出したいレコードの条件をチェックして選ぶ、という方法でしょう。この場合、チェックした文字列と一致するレコードが、抽出されます（図6-26）。

Advice

データの抽出を解除するには、[**ホーム**] タブ→ [**並べ替えとフィルター**] グループ→ [**フィルターの実行（フィルターの解除）**] をクリックするか、フィールド名の右にある ▼ をクリックして、メニューの [**（すべて選択）**] をチェックします（図6-27）。

図6-27　抽出の解除

① ●「住所01」フィールドの右にある ▼ をクリックします

② ●抽出したいデータをチェックします

③ ●[OK]ボタンをクリックします

学生番号	氏名	氏名のフリガナ	年齢	住所01	住所02	電話番号
e2020a055	日野　謙一	ヒノ　ケンイチ	21	大山市	武川町2-71-2	090-1111-XXXX
p2021a031	竹田村　国造	タケダムラ　クニツクリ	20	大山市	武川町1-7-1	03-7777-XXXX
p2022a020	沢村　宏達	サワムラ　コウタツ	19	大山市	上野原町3-9-3	03-4444-XXXX
s2022b077	工藤　道泰	クドウ　ミチヤス	18	大山市	武川町2-54-4	03-6666-XXXX
*			0			

「住所01」フィールドが「大山市」と一致するレコードが抽出されます

図6-26　チェックボックスで、抽出対象となる文字列を選ぶ

もう1つのレコード抽出方法は、フィルターを使う方法です。フィールド名の右にある ▼ をクリックして表示されるメニューには、そのフィールドのデータ型が「短いテキスト」や「長いテキスト」の場合は [**テキストフィルター**]、「数値型」の場合は [**数値フィルター**] という項目が表示されます。フィルターによって、対象となるレコードの条件を絞り込んで抽出できます（図6-28）。

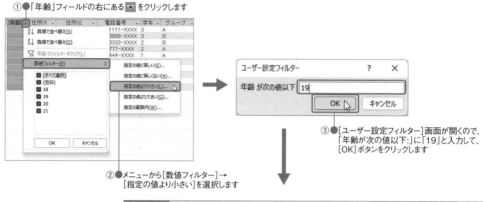

①●「年齢」フィールドの右にある ▼ をクリックします

③●[ユーザー設定フィルター]画面が開くので、
「年齢が次の値以下:」に「19」と入力して、
[OK]ボタンをクリックします

②●メニューから[数値フィルター]→
[指定の値より小さい]を選択します

「年齢」フィールドの値が19以下のレコードが抽出されます

図6-28　フィルターを使って、抽出条件を絞り込む

レコード抽出の最後の方法は、**ワイルドカード**を使った方法です。ワイルドカードとは、ある文字列を置き換えるための記号で、「*」や「?」などを使います。「*」は任意の数の文字を表し、「th*」なら「think」や「that」は当てはまりますが、「take」や「athlete」は該当しません。また、「?」は任意の1文字を表し、「fin?」なら「find」や「fine」が該当します。

　ワイルドカードを使えば、「指定した文字から始まる文字列」「指定した文字を含む文字列」のように、より詳細に抽出条件の指定が可能になります。ワイルドカードを使用するには、[**ホーム**] タブ→ [**並べ替えとフィルター**] グループ→ [**詳細設定（高度なフィルターオプション）**] をクリックして、メニューから [**フォームフィルター**] を選んでください（図6-29）。

Hint

　ワイルドカードで使用する「*」や「?」は、半角文字を使用します。

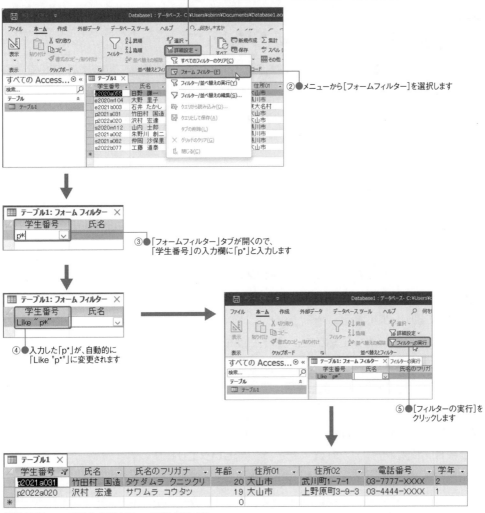

「学生番号」フィールドが、「p」で始まるレコードが抽出されます

図6-29 ワイルドカードを使って、レコードを抽出する

6.5
クエリとリレーションシップ

クエリやリレーションシップを使うことで、テーブルから必要なフィールドだけを取り出したり、複数のテーブルからレコードを取り出せるようになります。

6.5.1　選択クエリの作成

クエリとは、1つのテーブルから必要なフィールドだけを取り出したり、複数のテーブルから任意のフィールドを組み合わせて抽出したりするときに使用する機能です。クエリには、**選択クエリ**、**重複クエリ**、**クロス集計クエリ**などがありますが、ここでは、最もよく使われる選択クエリについて説明します。

選択クエリは、テーブルから任意のフィールドだけを取り出すときに用いるクエリです。ここでは、例としてこれまでに作成したデータベースの「テーブル1」から氏名と電話番号のフィールドを抽出する新しいクエリを作成します。

選択クエリを作成するには、[**作成**] タブ→ [**クエリ**] グループ→ [**クエリウィザード**] ボタンをクリックしてください。[**新しいクエリ**] ダイアログボックスで「選択クエリウィザード」を選択し、[**OK**] ボタンをクリックします。ウィザードの指示に従って、表示するフィールドを選択し、必要に応じてクエリの名前を付けます。

最後に、「クエリを実行して結果を表示する」を選択して、[**完了**] ボタンをクリックすると、必要なフィールドだけが取り出されて、テーブルのように表示されます。作成したクエリは画面左端のナビゲーションウィンドウに登録されるので、後から簡単に呼び出せます（図6-30）。

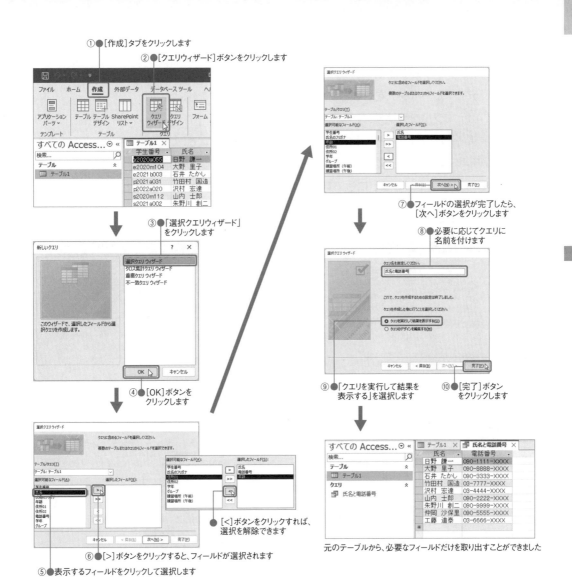

① ●[作成]タブをクリックします

② ●[クエリウィザード]ボタンをクリックします

③ ●「選択クエリウィザード」をクリックします

④ ●[OK]ボタンをクリックします

⑤ ●表示するフィールドをクリックして選択します

⑥ ●[>]ボタンをクリックすると、フィールドが選択されます

●[<]ボタンをクリックすれば、選択を解除できます

⑦ ●フィールドの選択が完了したら、[次へ]ボタンをクリックします

⑧ ●必要に応じてクエリに名前を付けます

⑨ ●「クエリを実行して結果を表示する」を選択します

⑩ ●[完了]ボタンをクリックします

元のテーブルから、必要なフィールドだけを取り出すことができました

図6-30　選択クエリの作成

6.5.2　リレーションシップの作成

　複数のテーブルを結合するときに用いるのが、**リレーションシップ**です。リレーションシップについて理解するために、6.4.3で拡張したテーブルに新たにフィールドを追加し、さらに新しいテーブルをもう1つ作成します。

　図6-31にテーブルの拡張と新規テーブルの作成の手順を示します。まずは、既存のテーブルにフィールドを追加します。テーブル1をデザインビューで開き、「住所01」フィールドの上に「学部コード」フィールドを追加します。データ型は「短いテキスト」です。また、フィールドプロパティでIME入力モードをオフにします。次に、データシートビューに戻り、「学部コード」フィールドには、「学生番号」フィールドに格納されている文字列の先頭にある、アルファベットを入

力します。

　続いて、新しいテーブルを作成します。[作成]タブ→[テーブル]グループ→[テーブル]ボタンをクリックして、新しいテーブルを作ります。新しいテーブルをデザインビューで開き、「学部コード」（主キー）と「学部名」というフィールドを作成します。データ型は、どちらも「短いテキスト」です。また、「学部コード」のフィールドプロパティでIME入力モードを「オフ」にします。

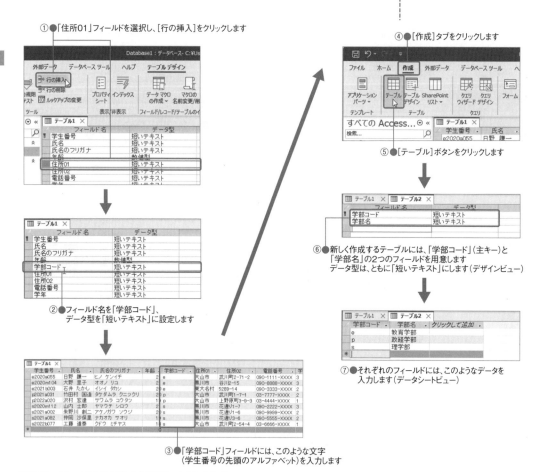

図6-31　テーブルの拡張と新規テーブルの作成

　テーブルの拡張と新規テーブルの作成が終わったら、リレーションシップを作成します（図6-32）。[データベースツール]タブ→[リレーションシップ]グループ→[リレーションシップ]ボタンをクリックします。表示される[テーブルの追加]作業ウィンドウから、リレーションシップを作成したいテーブルを選択します。ここでは「テーブル1」と「テーブル2」を選択し、[選択したテーブルを追加]ボタンをクリックします。次に、2つのテーブルを結合するために使用するフィールド（今回の例では「学部コード」フィールド）をドラッグ＆ドロップで関連付けます。以上でテーブル間のリレーションシップが作成できました。画面上で、フィールド同士が線で結ばれたのを確認

してください。

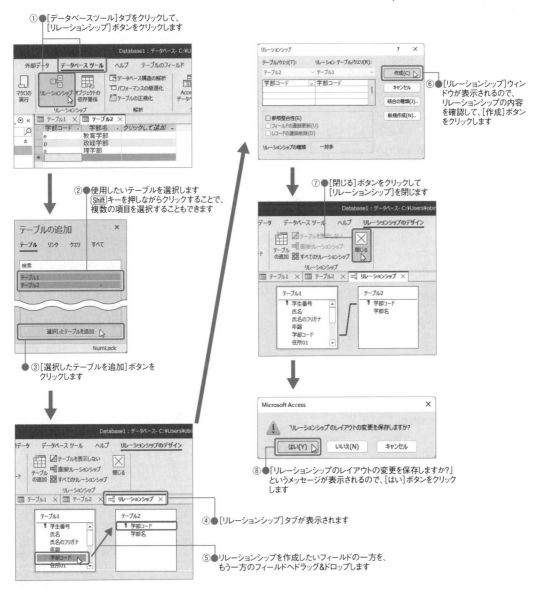

① ●[データベースツール]タブをクリックして、
[リレーションシップ]ボタンをクリックします

② ●使用したいテーブルを選択します
[Shift]キーを押しながらクリックすることで、
複数の項目を選択することもできます

③ ●[選択したテーブルを追加]ボタンを
クリックします

④ ●[リレーションシップ]タブが表示されます

⑤ ●リレーションシップを作成したいフィールドの一方を、
もう一方のフィールドへドラッグ&ドロップします

⑥ ●[リレーションシップ]ウィン
ドウが表示されるので、
リレーションシップの内容
を確認して、[作成]ボタン
をクリックします

⑦ ●[閉じる]ボタンをクリックして
[リレーションシップ]を閉じます

⑧ ●「リレーションシップのレイアウトの変更を保存しますか?」
というメッセージが表示されるので、[はい]ボタンをクリック
します

図6-32 リレーションシップの作成

リレーションシップを作成したら、図6-33では、リレーションシッ
プを利用したクエリを作成します。[**作成**] タブ→ [**クエリ**] グループ
→ [**クエリウィザード**] ボタンをクリックして、「**選択クエリウィザー
ド**」を選ぶところまでは、6.5.1と同じです。フィールドの選択画面
では、テーブル1（最初に作成したテーブル）から「学生番号」と「氏
名」フィールドを、テーブル2（後から作成したテーブル）から「学
部名」フィールドを選択してください。クエリを実行すると、「学生番
号」「氏名」「学部名」フィールドのみが抽出されます。「学生番号」フ
ィールドに入っているデータの先頭の文字と、「学部名」フィールドの
内容とが、テーブルに対応していることを確認しましょう。

■Advice■

クエリを開いたままデザ
インビューに切り替えよう
とすると、「**他のユーザー
がテーブルを使用してい
る**」という旨の警告メッセ
ージが表示されることがあ
ります。

その場合は、一度クエリ
を閉じてから、デザインビ
ューを開くようにしてくだ
さい。

263

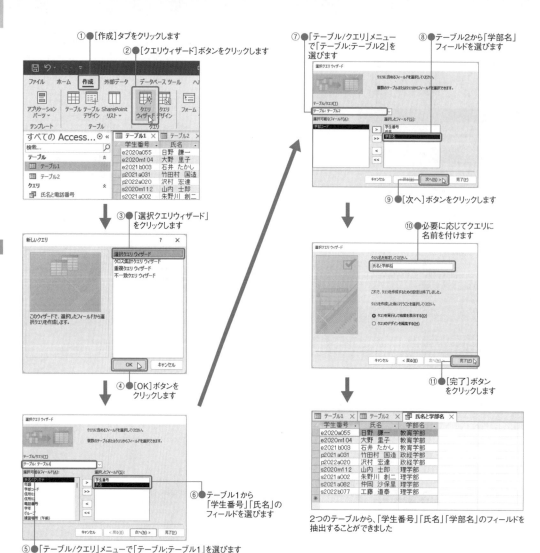

① ●[作成]タブをクリックします

② ●[クエリウィザード]ボタンをクリックします

③ ●「選択クエリウィザード」をクリックします

④ ●[OK]ボタンをクリックします

⑤ ●「テーブル/クエリ」メニューで「テーブル:テーブル1」を選びます

⑥ ●テーブル1から「学生番号」「氏名」のフィールドを選びます

⑦ ●「テーブル/クエリ」メニューで「テーブル:テーブル2」を選びます

⑧ ●テーブル2から「学部名」フィールドを選びます

⑨ ●[次へ]ボタンをクリックします

⑩ ●必要に応じてクエリに名前を付けます

⑪ ●[完了]ボタンをクリックします

2つのテーブルから、「学生番号」「氏名」「学部名」のフィールドを抽出することができました

図6-33　リレーションシップを利用したクエリの作成

Advice

フィールドなどの選択画面では、>> をクリックするとリスト内のすべての項目を選択できます。同様に、<< をクリックすれば選択内容をいったんキャンセルして、最初からやり直すことが可能です。

6

Microsoft Access

6.6
フォーム作成

　フォームを作成すると、テーブルのデータが見やすく表示されるため、簡単にレコードを登録できるようになります。

6.6.1　フォームを作る

　ここまでの説明では、データの入力にデータシートビューを使ってきました。しかし、データシートビューはAccessに慣れていない人にとっては、決してわかりやすい画面とは言えません。そこで、Accessにはデータをわかりやすく表示できる「フォーム」という機能が用意されています。

　フォームと聞くと、Webサイトにおけるアンケートや、ユーザー登録画面を思い浮かべる人もいるかもしれませんが、Accessのフォームは文字どおりあのような画面を作る機能なのです。

　フォームを作成するには、[**作成**] タブ→ [**フォーム**] グループ→ [**フォームウィザード**] ボタンをクリックします。[**フォームウィザード**] ダイアログボックスが開くので、フォームに表示したいフィールドを選択します。フィールドの選択方法は、クエリウィザードの場合と同じです。最後に、フォームのレイアウトを選べば、指定した形式でフォームが作成されます（図6-34）。

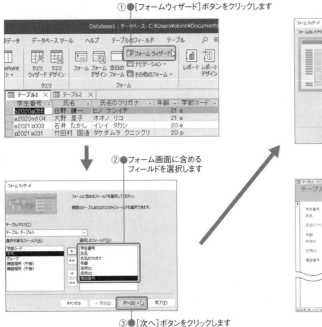

① ●[フォームウィザード]ボタンをクリックします

② ●フォーム画面に含めるフィールドを選択します

③ ●[次へ]ボタンをクリックします

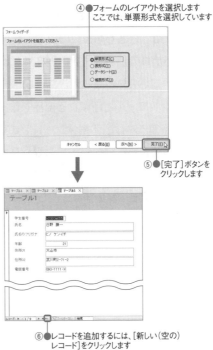

④ ●フォームのレイアウトを選択します
　　ここでは、単票形式を選択しています

⑤ ●[完了]ボタンをクリックします

⑥ ●レコードを追加するには、[新しい(空の)レコード]をクリックします

図6-34　フォームの作成

なお、フォームウィザードで選択したレイアウトによって、次のようにフォームの見た目や構成が変わります（図6-35）。

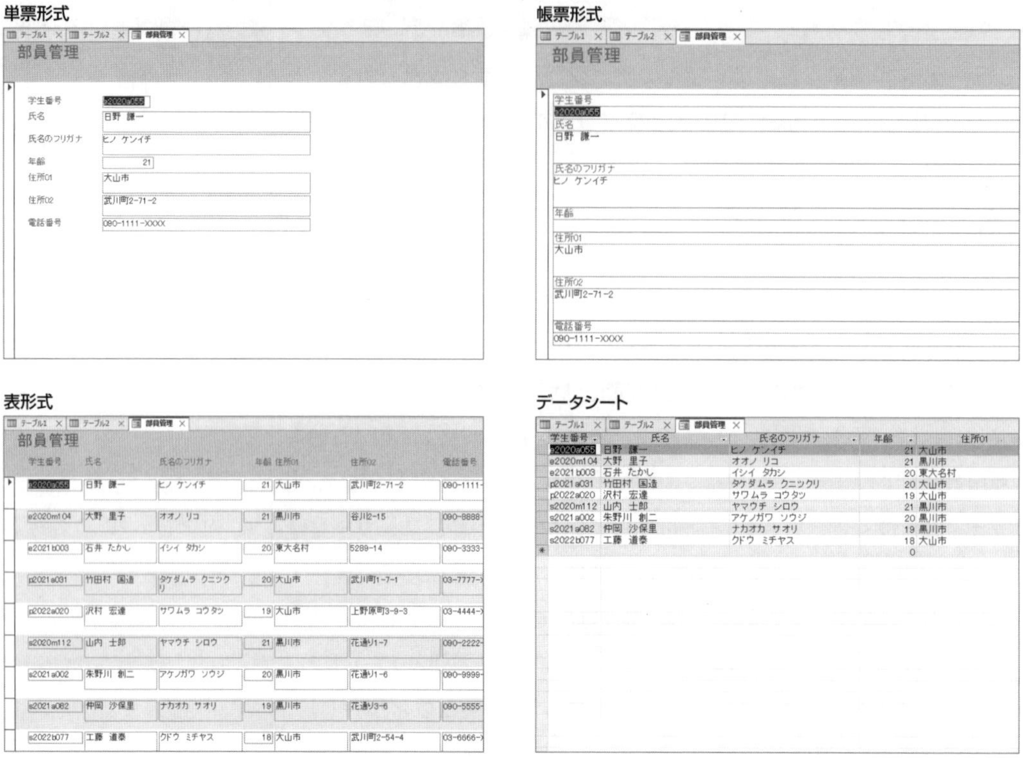

図6-35　フォームウィザードで選択できるレイアウト

　単票形式は、指定したフィールドについて、1レコードずつ表示したい場合に使用される基本的な形式です。帳票形式は、単票形式と似ていますが、横幅が揃えられたレイアウトになります。表形式とデータシート形式は、どちらも複数のレコードを同時に扱うための形式で、1レコードあたりの項目がそれほど多くない場合のデータの入力などに便利です。この2つの最も大きな違いは、フォームの利用時に、表形式ではコントロールと呼ばれる部品で作成されたレイアウトをそのまま使用するのに対し、データシート形式ではコントロールが使用できない代わりに自由にフィールドの幅や高さを調整したり、フィールドの順序を入れ替えたりできる点です。なお、これらの形式はフォームウィザード終了後に変更することも可能です。

フォームの詳細なデザインは、**デザインビュー**で変更できます。フォームを表示した状態で、［**ホーム**］タブの［**表示**］メニューから［**デザインビュー**］を選択すれば、フォームの細かいデザインを変更可能です（図6-36）。

Advice

画面右下の［**デザインビュー**］ボタンをクリックしてもデザインビューに切り替わります（図6-37）。

図6-37　［デザインビュー］ボタン

① ●［ホーム］タブをクリックします

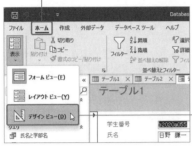

② ●［表示］→［デザインビュー］を選択します

● フォームのデザインを、細かく設定できます

図6-36　デザインビューでフォームのデザインを変更

6.6.2　テーマを適用する

　フォームには、様々なテーマを適用することができます。フォームにテーマを適用するには、デザインビューに切り替えて［**テーマ**］メニューからクリックして選択します。テーマがどのように適用されているかは、フォームビューで確認してください（図6-38）。

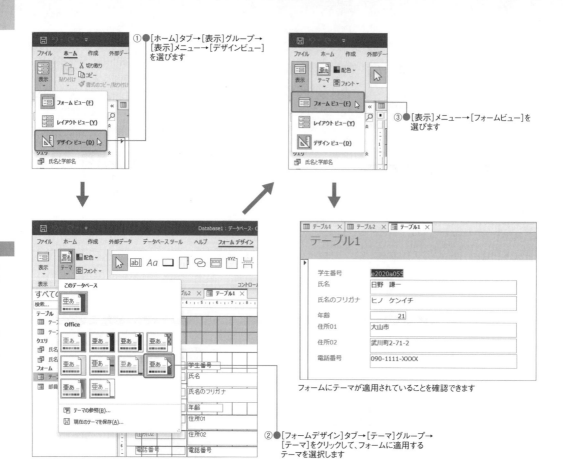

①●[ホーム]タブ→[表示]グループ→[表示]メニュー→[デザインビュー]を選びます

③●[表示]メニュー→[フォームビュー]を選びます

②●[フォームデザイン]タブ→[テーマ]グループ→[テーマ]をクリックして、フォームに適用するテーマを選択します

フォームにテーマが適用されていることを確認できます

図6-38　フォームにテーマを適用

6.6.3　ボタンを配置する

　フォームには、レコードの移動やレコードの検索に使用できる、ボタンを配置することができます。ボタンを設置するには、デザインビューで［**フォームデザイン**］タブ→［**コントロール**］グループ→［**ボタン**］をクリックします。マウスポインタが⁺□に変わったら、フォームのヘッダーやフッターをクリックして、ボタンを配置します。ボタンの動作は、ボタンを配置すると自動で表示される「コマンドボタンウィザード」で設定できます（図6-39）。

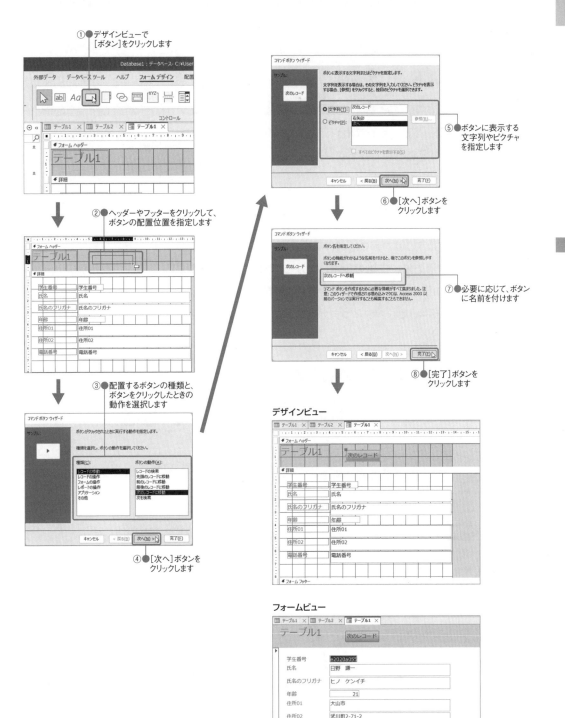

①●デザインビューで
[ボタン]をクリックします

②●ヘッダーやフッターをクリックして、
ボタンの配置位置を指定します

③●配置するボタンの種類と、
ボタンをクリックしたときの
動作を選択します

④●[次へ]ボタンを
クリックします

⑤●ボタンに表示する
文字列やピクチャ
を指定します

⑥●[次へ]ボタンを
クリックします

⑦●必要に応じて、ボタン
に名前を付けます

⑧●[完了]ボタンを
クリックします

デザインビュー

フォームビュー

図6-39　フォームにボタンを配置する

6.7 レポートの作成

レポートを用いることで、テーブルやデータベースのレコードを見やすくまとめて印刷することができます。

6.7.1 レポートを作成する

レポートを作成する方法は、大きく分けて**ウィザードを使った方法、テーブルから作成する方法、白紙のレポートから作成する方法**の3種類です。レポートの目的や内容に応じて、この3種類を使い分けるのがいいでしょう。図6-40では、ウィザードを使った方法について説明します。

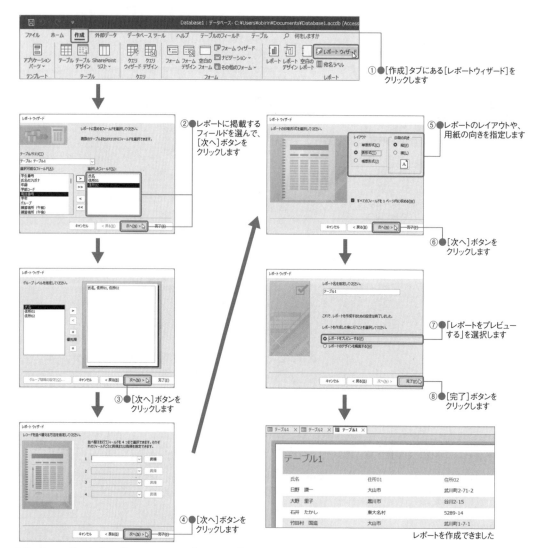

① ●[作成]タブにある[レポートウィザード]をクリックします

② ●レポートに掲載するフィールドを選んで、[次へ]ボタンをクリックします

③ ●[次へ]ボタンをクリックします

④ ●[次へ]ボタンをクリックします

⑤ ●レポートのレイアウトや、用紙の向きを指定します

⑥ ●[次へ]ボタンをクリックします

⑦ ●「レポートをプレビューする」を選択します

⑧ ●[完了]ボタンをクリックします

レポートを作成できました

図6-40 レポートウィザードによるレポートの作成

ウィザードを使った方法は、[**作成**]タブ→[**レポート**]グループ→
[**レポートウィザード**]をクリックして、**レポートウィザード**の指示に
従ってレポートを作成する方法です。テーブルからレポートに掲載し
たいフィールドを簡単に選ぶことができ、用紙方向の指定もできます。
　ウィザードを使ってレポートを作成する場合、フィールド(列)は
既定の幅に設定されます。ウィザードで作成したレポートのデザイン
を変更するには、いったん印刷プレビューを閉じた後、デザインビュ
ーを使用します。図6-36で紹介したフォームのデザイン変更のように、
フィールドをマウスでドラッグすればレポートのデザインも変更でき
ます(図6-41)。

Hint
　レポートにも、リレーションシップは反映されます。

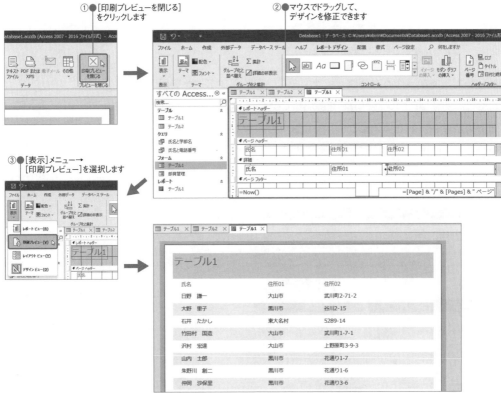

図6-41　レポートのデザインを変更する

　テーブルに含まれているフィールドを、すべてレポートに掲載した
い場合は、テーブルから直接レポートを作成する方法が手軽です。レ
ポートを作成したいテーブルを表示した状態で、[**作成**]タブ→[**レポ
ート**]グループ→[**レポート**]ボタンをクリックしてください。これで、
テーブル全体をレポートに変換できます(図6-42)。

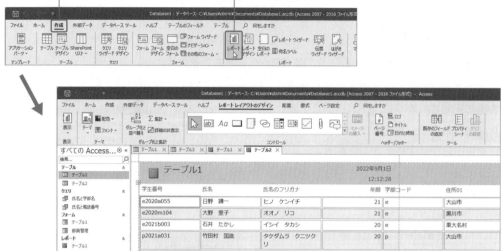

図6-42　テーブル全体をレポートに変換

　白紙のレポートから作る方法は、まず何もない白紙のレポートを用意し、そこに掲載したいフィールドを追加していく、という方法です。レポートにフィールドを挿入しつつ、マウスドラッグでレイアウトを調整できるのも便利なポイントです（図6-43）。

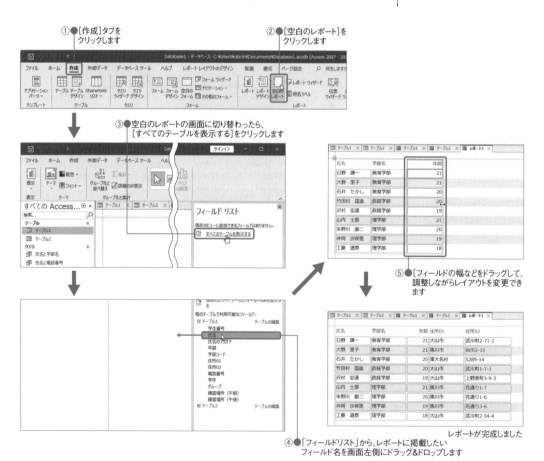

図6-43　白紙のレポートを作成する方法

6.7.2　レポートの書式設定

　レポートを印刷するには、用紙サイズの設定や余白の大きさといった、書式設定が不可欠です。これらの設定は、印刷プレビュー画面から行えます。

　［ホーム］タブ→［表示］グループ→［表示］メニュー→［印刷プレビュー］を選択して、印刷プレビュー画面に切り替えると、用紙サイズや余白の大きさ、用紙方向などを設定することが可能です（図6-44）。

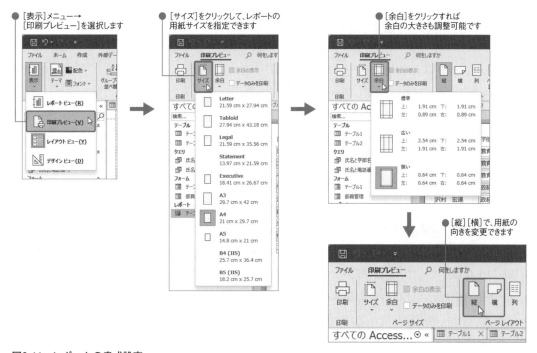

図6-44　レポートの書式設定

6.8
Excel との連携

Accessには、Excelのワークシートをテーブルとして読み込む機能が用意されています。Excelで行っているデータ管理を、Accessへと移行したい場合に便利です。

6.8.1　Excel の表を読み込む

Accessには、様々な外部データを読み込む機能が用意されています。その中でも、特によく使うのがExcelファイルのインポートでしょう。データベース化したいデータを、Excelで入力してもらい、Accessに読み込む、といった使い方が代表的です。

Excelのファイルは、テーブルとして読み込むことができます。新規のデータベースに読み込むことも、あるいは既存のデータベースに、新規のテーブルとして読み込むことも可能です。

図6-45では、Excelファイルを読み込む手順を説明します。Excelファイルを読み込むには、データベースを開いた状態で［**外部データ**］タブ→［**インポートとリンク**］グループ→［**新しいデータソース**］ボタン→［**ファイルから**］をクリックし、メニューから［**Excel**］ボタンをクリックしてください。［**外部データの取り込み - Excelスプレッドシート**］画面が表示されるので画面の指示に従い、読み込むファイルを選び、さらに読み込むワークシートを選びます。Excelファイルの1行目が見出しになっている場合は、それをフィールド名として利用することも可能です。また、フィールドのオプション（データ型など）を設定したり、主キーを設定することもできます。

最後に、テーブル名を指定すれば、Excelデータの読み込みは完了します。

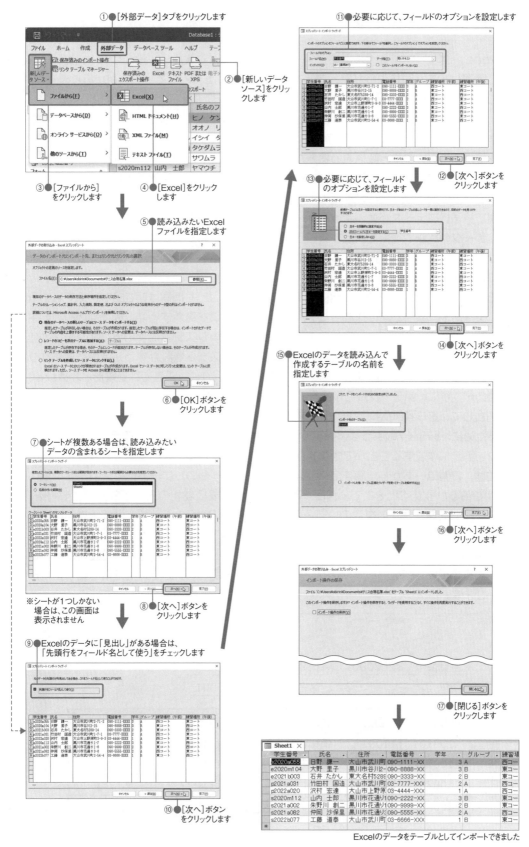

①●[外部データ]タブをクリックします

②●[新しいデータソース]をクリックします

③●[ファイルから]をクリックします

④●[Excel]をクリックします

⑤●読み込みたいExcelファイルを指定します

⑥●[OK]ボタンをクリックします

⑦●シートが複数ある場合は、読み込みたいデータの含まれるシートを指定します

※シートが1つしかない場合は、この画面は表示されません

⑧●[次へ]ボタンをクリックします

⑨●Excelのデータに「見出し」がある場合は、「先頭行をフィールド名として使う」をチェックします

⑩●[次へ]ボタンをクリックします

⑪●必要に応じて、フィールドのオプションを設定します

⑫●[次へ]ボタンをクリックします

⑬●必要に応じて、フィールドのオプションを設定します

⑭●[次へ]ボタンをクリックします

⑮●Excelのデータを読み込んで作成するテーブルの名前を指定します

⑯●[次へ]ボタンをクリックします

⑰●[閉じる]ボタンをクリックします

Excelのデータをテーブルとしてインポートできました

図6-45　Excelデータのインポート

■コラム■　正規化とは

Accessはリレーショナルデータベース管理システムですから、様々なデータをテーブルで管理します。同じようなテーブルを扱うソフトウェアとしてはExcelがありますが、どこが違うのでしょうか。

Excelは表計算ソフトウェアであり、シートと呼ばれる大きな表の中に複数の小さな表を作ることができます。第4章で解説されているように、Excelには簡単なデータベース機能を提供するテーブルと呼ばれる機能があります。しかし、シート内に様々な形状の表を自由に作成できるため、意識しないで作成した表でデータベース機能を使用すると、意図したデータの抽出ができないなどの不具合が生じます。一方、Accessのテーブルは、行と列で格子状にデータが並ぶようなテーブルであり、データが記憶される行や列の位置によりデータの意味や種類を決定することができます。そのため、フィールドの意味を決めれば、順番にレコードを挿入することによってデータベース用のテーブルを作成することができます。

それでは、Accessを使って自由にテーブルを作成しても問題は起こらないのでしょうか。実は、十分検討せずに作成したテーブルではデータを更新する際に様々な問題が発生します。そもそも、Accessはデータベースを管理するシステムですので、オフィスの他のソフトウェアとは違い、問題が起こらないようにシステムを設計する知識が必要になります。そこで、リレーショナルデータベースの設計方法として、ここでは**正規形**と呼ばれる、問題の起こりにくいテーブルの作成方法について触れておきます。

例として、図6-46のような成績表を考えます。この成績表を扱うデータベースを作成するために、図6-47のようなテーブル「**成績表**」を作成しました。このテーブルはExcelのシート上に作成することができますが、Accessのテーブルには登録できません。その理由は、授業コードから成績までのフィールドの値が1個のレコード内で入れ子状に記入されているからです。そこで、図6-47のテーブル「成績表」の入れ子部分を含む行を、フィールドを増やさずに複数のレコードに分割して図6-48のテーブル「成績表」に修正します。この作業を**正規化**と呼びます。また、図6-47のテーブルは正規化されていない状態なので**非正規形**と呼び、図6-48のテーブルは正規化された状態なので**正規形**と呼びます。正規形には複数の段階があり、図6-48は第一段階ですので、正確には**第一正規形**と呼びます。

成績表

学籍番号	s2020001	氏名	○田　太郎
学年	2	メール ID	m2020001

授業コード	科目コード	科目名	教員コード	教員名	成績
1100101	11001	情報リテラシー	t11003	□山	A
2100202	21002	情報モラル	t11001	△川	B
2100301	21003	プレゼンテーション	t11002	×海	C
2100403	21004	データベース演習	t11003	□山	A

図6-46　成績表

学籍番号	氏名	学年	メールID	授業コード	科目コード	科目名	教員コード	教員名	成績
s2020001	○田　太郎	2	m2020001	1100101	11001	情報リテラシー	t11003	□山	A
				2100202	21002	情報モラル	t11001	△川	B
				2100301	21003	プレゼンテーション	t11002	×海	C
				2100403	21004	データベース演習	t11003	□山	A
s2021002	◎畑　花子	1	m2021002	1100102	11001	情報リテラシー	t11001	△川	C

図6-47　非正規形のテーブル「成績表」

学籍番号	氏名	学年	メールID	授業コード	科目コード	科目名	教員コード	教員名	成績
s2020001	○田　太郎	2	m2020001	1100101	11001	情報リテラシー	t11003	□山	A
s2020001	○田　太郎	2	m2020001	2100202	21002	情報モラル	t11001	△川	B
s2020001	○田　太郎	2	m2020001	2100301	21003	プレゼンテーション	t11002	×海	C
s2020001	○田　太郎	2	m2020001	2100403	21004	データベース演習	t11003	□山	A
s2021002	◎畑　花子	1	m2021002	1100102	11001	情報リテラシー	t11001	△川	C

図6-48　第一正規形のテーブル「成績表」

　さて、すでに学習したように図6-48のテーブルをデータベースで扱うためには各レコードをただ1つに決定する**主キー**となるフィールドが必要です。主キーは1個のフィールドもしくは複数のフィールドの組み合わせ（**複合キー**）が考えられます。主キーを設定する上で重要な点は、データベースの設計方針によって各フィールドの扱いが異なることです。図6-48のテーブルにおいては、「**学籍番号**」は学生を特定し、「**授業コード**」は科目名や担当教員名などを特定するとします。「**氏名**」や「**教員名**」は、同姓同名が原因で他人と見分けが付かない同じ内容のデータが登録される可能性があり、ただ1つにレコードを特定できないことが設計段階で想定されます。また、学生は複数の授業を履修でき、教員は複数の授業を教えるという方針で設計されています。このような設計方針から考えて、図6-48のテーブルでは「**学籍番号**」と「**授業コード**」の組み合わせを主キーとすればよさそうです。なぜならば、フィールド「**成績**」の値を決定するには、この2つのフィールドが必要になるからです。もう1つ候補として「**メールID**」と「**授業コード**」の組み合わせも考えられますが、メールIDは入学後にネットワークの講習会を受講するなどの何らかの手続きを経て決定したり、メールシステムの移行に伴って一時的にサービスが停止されメールIDが削除されたりする可能性があります。つまり、空の値の状態になる可能性があり、主キーにするには向きません。そこで、「学籍番号」と「授業コード」の組み合わせを主キーとします。

　ここで、第一正規形である図6-48のテーブル「成績表」のデータを更新することを考えます。このテーブルに新しい学生を追加するには、主キーに授業コードフィールドを指定しているので、授業コードが必要になります。学生を追加するために授業コードが必要であるということは問題があります。また、科目「**データベース演習**」の入っているレコードは1個しかありません。そのため、「データベース演習」の成績を削除しようとしてテーブル「成績表」の4行目のレコードを削除すると、科目「データベース演習」そのものがデータベースから消えてしまいます。さらに、学籍番号「**s2020001**」の学年を修正する場合、複数のレコードを修正しなくてはなりません。このような問題はテーブルを分割することで解決できます。

　第一正規形のテーブルを分割するには、**主キーではないフィールドの中で、主キーの一部のみで決定することができるフィールド**がないか確認し、それらを新しい別のテーブル

にします。例えば、図6-48のテーブル「成績表」の主キーは、「学籍番号」と「授業コード」でした。この主キーの一部である「学籍番号」もしくは「授業コード」のみで値が決定するフィールドを見つけます。フィールド**「学籍番号」**の値によって決まるフィールドは**「氏名」**、**「学年」**、**「メールID」**です。また、**「授業コード」**によって決まるフィールドは**「科目コード」**、**「科目名」**、**「教員コード」**、**「教員名」**です。そこで、図6-49のようにテーブル「学生」とテーブル「授業」に分割し、テーブル「成績表」を修正します。

テーブル「成績表」

学籍番号	授業コード	成績
s2020001	1100101	A
s2020001	2100202	B
s2020001	2100301	C
s2020001	2100403	A
s2021002	1100102	C

テーブル「学生」

学籍番号	氏名	学年	メール ID
s2020001	○田　太郎	2	m2020001
s2021002	◎畑　花子	1	m2021002

テーブル「授業」

授業コード	科目コード	科目名	教員コード	教員名
1100101	11001	情報リテラシー	t11003	□山
1100102	11001	情報リテラシー	t11001	△川
2100202	21002	情報モラル	t11001	△川
2100301	21003	プレゼンテーション	t11002	×海
2100403	21004	データベース演習	t11003	□山

図6-49　第二正規形

　このとき、テーブル**「学生」**の主キーはフィールド**「学籍番号」**に、テーブル**「授業」**の主キーはフィールド**「授業コード」**になります。このような操作で得られたテーブルは**第二正規形**と言います。図6-48の説明で問題とした追加、削除、修正の問題は、第二正規形である図6-49のテーブル「成績表」においては起こらなくなります。しかし、まだ十分ではありません。例えば、新たに教員を追加するにはテーブル「授業」に追加するしかありませんが、必ず主キーの授業コードも登録しなくてはなりません。つまり、授業コードが明確に決まるまで教員が登録できないという問題が起こります。他にも、レコードの削除や修正でも問題が起こります。

　そこで、さらにテーブルを分割して問題の解決を試みます。第二正規形の各テーブルにおいて、**主キー以外のフィールドの中で主キー以外の別のフィールドからただ1つに決定されるようなフィールド**がないか確認し、そのようなフィールドを別のテーブルに分割します。例えば、図6-49のテーブル「授業」において主キー以外のフィールドは、「科目コード」、「科目名」、「教員コード」、「教員名」です。このフィールドの中で、**「科目名」**は**「科目コード」**により決定され、**「教員名」**は**「教員コード」**によって決定されます。そこで、テーブル「授業」を図6-50のように、テーブル「科目」とテーブル「教員」に分割して、テーブル「授業」を修正します。ここで、テーブル**「科目」**の主キーは**「科目コード」**に、テーブル**「授業」**の主キーは**「授業コード」**になります。テーブル「学生」の主キー以外のフィールドは主キーによってのみ決定されると考えてここでは分割しません。このような作業で得られたテーブルは**第三正規形**と言います。図6-50のすべてのテーブルは第三正規形になっています。このような手順で作成された第三正規形のテーブルでも、データによっては更新する上でいくつかの問題が発生する場合があり、さらに高い段階の正規形もありますが、第三正規形の段階で一般的にデータベースを運用する上で大きな問題は起

こりにくくなっています。

　最後に、図6-50までテーブルを分割した後で、図6-48のテーブル「成績表」に戻すにはどうしたらよいでしょうか。実は、前述の手続きで得られたテーブルは情報を失うことなく上手に分割されています。Accessでは、このように分割されてできた異なる主題のテーブルを**リレーションシップ**の機能で結び付けることができます。例えば、図6-50の複数のテーブルは、破線で接続されたように同一名のフィールドをリレーションシップ機能で結び付けることにより、図6-48のテーブルと同様の意味に各テーブルを関連付けることが可能です。さらに、選択クエリを使って図6-48と同じ順番でフィールドを選択すれば、その結果として図6-48を得ることができます。データベースのテーブルは、データの更新によって時間の経過とともに変化するテーブルです。データベースを円滑に運用するためには、テーブル作成の際にその時点の状況でテーブルを作成するのではなく、テーブルが正規形であるか十分に検討し、あらかじめ問題の発生を少なくするようにしておくことを勧めます。

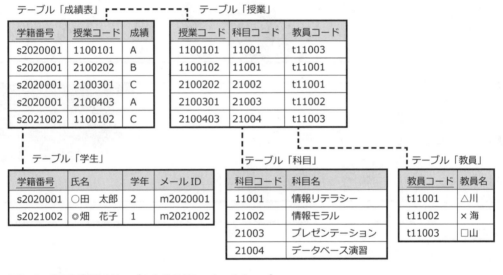

図6-50　第三正規形のテーブルとそのリレーションシップ
　　　　　（破線はテーブル間のリレーションシップを表す）

◆おしまい◆

索　引

索
引

索
引

情報リテラシー教科書
—Windows 11/Office + Access 2021 対応版—

2022 年 11 月 15 日　　第 1 版第 1 刷発行

監　　修　矢野文彦
発行者　村上和夫
発行所　株式会社 オーム社
　　　　郵便番号　101-8460
　　　　東京都千代田区神田錦町 3-1
　　　　電話　03(3233)0641(代表)
　　　　URL　https://www.ohmsha.co.jp/

© 矢野文彦 2022

組版　トップスタジオ　　印刷・製本　壮光舎印刷
ISBN978-4-274-22966-4　Printed in Japan

本書の感想募集　https://www.ohmsha.co.jp/kansou/

本書をお読みになった感想を上記サイトまでお寄せください。
お寄せいただいた方には、抽選でプレゼントを差し上げます。

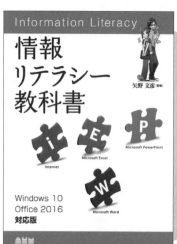
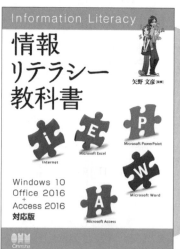